Taschen-Tierarzt für Hunde

ROBERTA BAXTER
MA VetMB MRCVS
BERATER: CHRIS C. PINNEY DVM

KYNOS VERLAG
Dr. Dieter Fleig GmbH
Konrad-Zuse-Straße 3 • D-54552
Nerdlen/Daun
www.kynos-verlag.de

ISBN: 978-3-95464-024-9

Titel der englischen Originalausgabe:
Mini Encyclopedia of Dog Health
Übersetzt aus dem Englischen von
Gisela Rau
Gedruckt in China

Autorin

Roberta Baxter MA VCetMB MRCVS ist Tierärztin mit mehr als 15 Jahren Berufserfahrung. Ihr besonderes Interesse gilt der Schmerzbehandlung von Tieren und sie engagiert sich stark zu den Themen Tierschutz, vorbeugende Medizin und Aufklärung der Tierbesitzer. Sie hat bereits mehrere Lernmaterialien für Pferde- und Hundebesitzer sowie Tierärzte und deren Mitarbeiter verfasst. Außerdem schreibt sie regelmäßig Artikel für Veterinärfachzeitschriften und Publikumszeitschriften.

Mit besonderem Dank an Adam, Eddie und Stella für ihre Hilfe sowie an meine Freunde Jo, Elizabeth und Jeanne für ihre Ratschläge aus der Sicht von Hundebesitzern bzw. Tierärzten.

Berater

Chris C. Pinney DVM ist Autor von acht Büchern sowie häufiger tierärztlicher Fachberater und Gast in Fernseh- und Radiosendungen. Er hat eine erfolgreiche Internetseite zur praktischen und erschwinglichen tierärztlichen Versorgung von Haustieren aufgebaut (www.veterinaryinsider.com) und ist als praktischer Tierarzt in Houston, Texas, tätig.

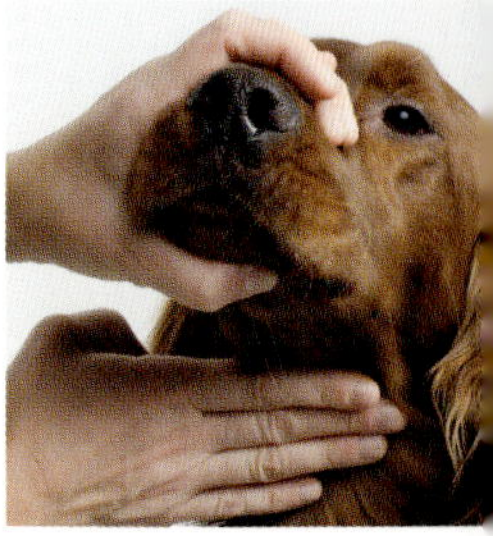

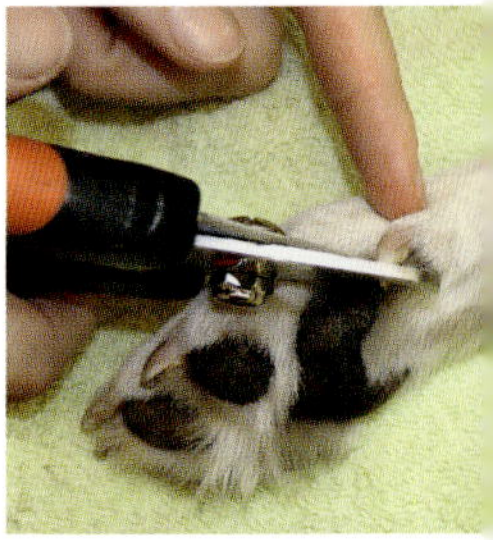

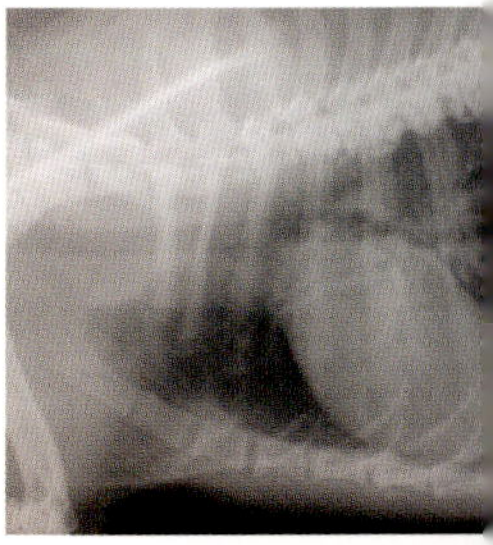

Inhalt

Kapitel 1

So bleibt Ihr Hund gesund 6-45

Kapitel 2

Gesundheitsprobleme 46-179

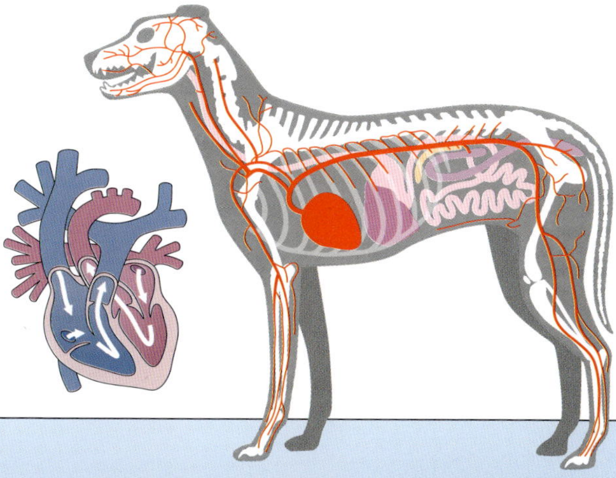

Inhalt

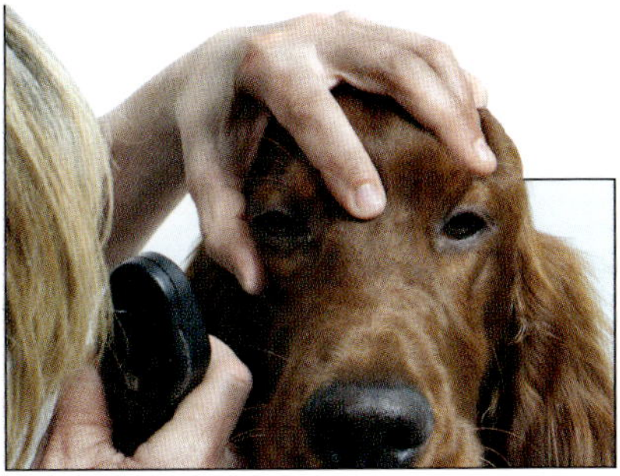

Inhalt

Kapitel 3

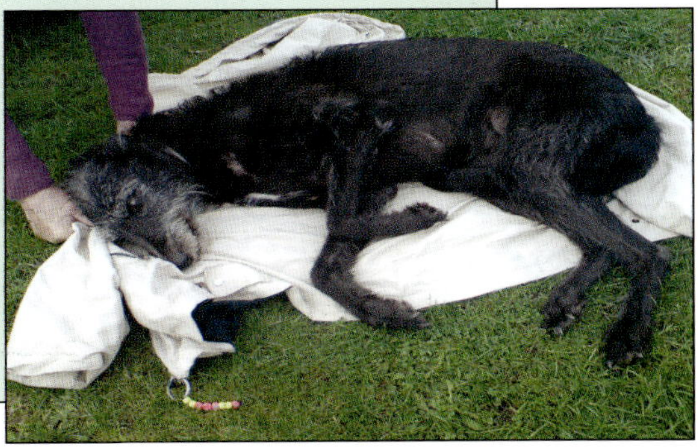

Kapitel 1

So bleibt der Hund gesund

Sind Sie bereit für einen Hund? Haben Sie gut überlegt, was seine Anschaffung alles mit sich bringen wird? Haben Sie genug Zeit, sich richtig um Ihren Hund zu kümmern? Einen Hund zu versorgen, egal ob erwachsen oder Welpe, macht Spaß und gibt einem viel zurück, bedeutet aber auch große Verantwortung. Es kann viel Zeit, Geld und Energie kosten, weshalb Sie diesen Schritt genau überdenken sollten. Unterhalten Sie sich mit Freunden, die schon Hunde haben, verbringen Sie Zeit mit ihnen und ihren Tieren, gehen Sie gemeinsam spazieren oder versorgen ihre Hunde im Urlaub, damit Sie sehen, ob ein Hund in Ihr Leben passt. Überlegen Sie, von welchen äußeren Zwängen Ihr Leben derzeit bestimmt wird und ob ein Hund dazu passt. Wenn Sie ganztags arbeiten und tagsüber niemand zuhause ist, ist ein Hund eher nicht das Richtige für Sie. Neben regelmäßigen Ausflügen in den Garten und mindestens einem Spaziergang pro Tag müssen Hunde auch gefüttert, gebürstet und trainiert werden – und vor allem brauchen sie viel Liebe und Zuneigung.

Die richtige Futterart und -menge ist für die Gesundheit entscheidend.

Ein gut gepflegter Hund kann ein toller Freund und Begleiter sein. Dieser Zwergspitz braucht regelmäßige Fellpflege, um in gutem Zustand zu bleiben.

Den richtigen Hund finden

Sind Sie bereit für einen Hund, bestimmen Ihre bestehenden Verpflichtungen in Sachen Arbeit, Reisen, Familie und anderer Tiere mit, welche Art von Hund Sie aussuchen sollten. Wählen Sie klugerweise einen Hund, der sich einfach in Ihr Leben einpassen kann, sodass Mensch und Hund die gegenseitige Gesellschaft bestmöglich genießen können. Familien mit kleinen Kindern haben den meisten Hunden viel Liebe und Aufmerksamkeit zu bieten, sind aber in der Regel nicht das ideale Zuhause für Wachhunderassen. Diese können eher zu dominantem Verhalten und Aggression neigen und sind daher besser für erwachsene, allein lebende Besitzer geeignet. Manche Rassen brauchen mehr Bewegung als andere und zeigen eher frustrationsbedingtes Problemverhalten, wenn sie nicht genug ausgelastet werden. Nehmen Sie sich die Zeit, alles Wichtige über den ursprünglichen Verwendungszweck und den Bewegungs- und Pflegebedarf einer Rasse herauszufinden, damit Sie den für sich passenden Hund finden.

Dackel können stur, aber auch sehr witzig sein.

Riesenrassen wie der Neufundländer brauchen sehr viel Zeit und Aufmerksamkeit.

Ursprünglich als Jagdhund gezüchtet, ist der Springer Spaniel auch ein guter Familienhund.

Welpe oder erwachsener Hund?

Einen Hund von klein auf zu haben ist toll, aber Welpen brauchen auch viel Zeit, Aufmerksamkeit und geduldige, konsequente Erziehung. Denken Sie nur dann über einen Welpen nach, wenn immer jemand zuhause ist und den Welpen mit allem Nötigen versorgen kann. Wenn das nicht geht, kann ein älterer Hund die bessere Option sein. Im Tierheim sitzen viele Hunde, die ohne eigenes Verschulden dorthin gelangt sind: Entweder hatte ihr Besitzer sich nicht klargemacht, was ein Hund bedeutet, sie wurden zu „Scheidungsopfern" oder haben Verhaltensprobleme entwickelt, weil sie zu wenig Bewegung und Aufmerksamkeit bekommen haben. Einem erwachsenen Hund ein neues Zuhause zu geben, kann eine gute Option sein, wenn Sie keine Zeit für einen Welpen haben – aber Achtung, alle Hunde brauchen viel Aufmerksamkeit!

Wachhunderassen wie der Rottweiler können loyale Begleiter sein, aber ihre Neigung zu dominantem Verhalten macht sie nicht unbedingt geeignet für junge Familien.

Greyhounds sind in der Regel entspannte, ruhige und loyale Charaktere – bis sie einen Hasen oder eine Katze sehen.

Dalmatiner sind pflegeleicht, können aber schwierig zu erziehen sein.

Kleinsthunderassen wie der Chihuahua sind einfach zu halten, können aber zum Schnappen neigen.

Was braucht Ihr Hund?

Vom kleinsten Miniwelpen bis zum Riesenrassen-Senior haben alle Hunde die gleichen Grundbedürfnisse. Nur wenn diese erfüllt sind, sind sie gesund und glücklich und der Entstehung von Gesundheits- und Verhaltensproblemen wird vorgebeugt.

Wasser Alle Hunde müssen jederzeit Zugang zu frischem Wasser haben. Außer auf tierärztliche Anweisung darf ihnen niemals Wasser vorenthalten werden.

Futter Die Ernährungs-Grundbedürfnisse von Hunden unterscheiden sich deutlich von unseren und müssen erfüllt werden, wenn das Tier gesund bleiben soll. Hunde sind Allesfresser – idealerweise sollte ihre Nahrung aus Fleisch und pflanzlichen Bestandteilen bestehen, um genügend Protein, Kohlehydrate und Fett zu liefern. Außerdem brauchen Hunde Aminosäuren, Vitamine, Mineralien und essenzielle Fettsäuren, um zu wachsen, gesund zu bleiben oder sich von einer Krankheit zu erholen.

Spiel ist ein wichtiger Bestandteil des Hundelebens. Sorgen Sie für passende Spielsachen.

Solche speziellen Futternäpfe verhindern, dass der Hund zu schnell frisst.

Wasser- und Futternäpfe aus Edelstahl sind für die meisten Hunde ideal und in vielen Größen erhältlich.

Unterschlupf Wie alle Tiere brauchen Hunde einen Schutz vor Regen und Schnee und einen warmen, bequemen Liegebereich. Meistens ist dieser Platz im Haus. Für alle draußen lebenden Hunde ist es wichtig, dass sie Zugang zu einem überdachten, sauberen, trockenen und isolierten Bereich haben, der weder zu warm noch zu kalt ist. Achten Sie auch auf Windrichtung und Wasserablauf, damit dieser Bereich gut geschützt ist und nicht überschwemmt werden kann. Im Sommer ist Schatten wichtig, um eine Überhitzung zu vermeiden.

Bewegung und Auslauf Alle Hunde müssen regelmäßig Zugang zu einem „Toilettenbereich“ haben. Das bedeutet, sie tagsüber mindestens alle vier Stunden nach draußen zu lassen (Welpen öfter) und sie nachts nicht länger als acht Stunden lang einzusperren. Längere Zeit kann ihre Blase oder ihr Schließmuskel unmöglich aushalten. Außerdem brauchen alle je nach Typ und Alter ausreichend Bewegung, am besten in Form von ein oder zwei Spaziergängen oder Trainingseinheiten pro Tag. Dabei müssen sie Gelegenheit haben, frei zu rennen und ihre Beine zu strecken, frische Luft zu schnappen und Abwechslung zu erleben, damit keine Langeweile aufkommt.

Zuwendung In der Regel genießen Hunde menschliche Zuwendung und die Gesellschaft von Artgenossen. Spiel und Aufmerksamkeit tun ihnen gut. Streicheln und regelmäßige Fellpflege ermöglichen es dem Besitzer außerdem, Anzeichen für Erkrankungen oder Auffälligkeiten frühzeitig zu entdecken.

Viel Aufmerksamkeit von Seiten des Menschen hilft Hunden, glücklich zu sein. Besitzer, die ihre Hunde gut kennen, bemerken Probleme schon im frühen Stadium.

Was brauche ich?

Bevor Sie Ihren neuen Hund mit nach Hause bringen, sollten Sie folgende Gegenstände zur Hand haben:

Einen Vorrat des Futters, an das der Hund schon gewöhnt ist.

Wasser- und Futternapf

Hundebett

Wärmflasche mit Bezug, falls es sich um einen Welpen handelt

Halsband und Adressmarke

Leine

Ein paar Spielsachen

Gesunde Leckerchen

Transportable Welpengitter, um den Hund auf bestimmte Bereiche im Haus zu begrenzen (fördert das Erlernen von Stubenreinheit und verhindert Zerkauen von Gegenständen).

Tierhalter-Haftpflichtversicherung, die für Schäden aufkommt, die Ihr Hund verursacht.

Der Wochencheck

Wenn Sie sich gut um Ihren Hund kümmern, ist es wichtig, dass Sie mögliche Probleme frühzeitig erkennen. Manche Krankheiten zeigen deutliche Symptome wie Erbrechen, Durchfall, Lahmheit, Husten oder Hecheln, während andere weniger offensichtlich sind und nur von einem wachsamen Besitzer im frühen Stadium entdeckt werden können. Streicheln, Kuscheln und Spielen helfen, die Bindung zu Ihrem Hund zu vertiefen. Darüber hinaus ist es hilfreich, eine gewisse Zeit pro Woche für einen gründlichen Check Ihres Hundes zu reservieren und ihn daran zu gewöhnen, sich überall untersuchen zu lassen. Das wird ihm zu Gute kommen, wenn er zum Hundefriseur oder Tierarzt muss oder Sie ihm Medikamente verabreichen oder ihn sonstwie behandeln müssen. Sagen Sie immer das gleiche Wort, wenn Sie ein bestimmtes Körperteil untersuchen wie etwa „Zähne" oder „Pfoten", damit Ihr Hund lernen kann, was er zu erwarten hat. Machen Sie das Ganze angenehm und loben Sie viel mit Stimme und Leckerchen, damit der Hund Vertrauen fasst, seien Sie aber gleichzeitig auch bestimmt und konsequent.

Wonach Sie schauen müssen

Die folgenden Untersuchungsschritte machen Sie auf mögliche Abweichungen vom Normalen aufmerk-

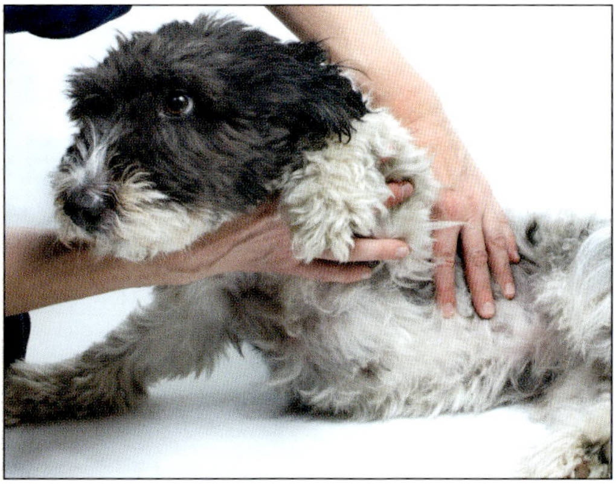

Streichen Sie zu Beginn über den ganzen Hund. Wie fühlen sich sein Fell, die Dicke des Fells und die Haut darunter an? Fühlen Sie über Kopf und Hals, den ganzen Rumpf und Bauch, alle vier Beine und die Rute.

sam. Alle Anzeichen für Krankheit oder Ungewöhnliches können dann sofort von Ihrem Tierarzt abgeklärt werden.

Tasten Sie nun tiefer, sodass Sie Schwellungen in oder unter der Haut erkennen können. Achten Sie auf mögliche Knoten und Verdickungen und kennzeichnen sie durch Wegschneiden von etwas Fell, damit Sie sie wiederfinden, wenn Sie sie dem Tierarzt zeigen.

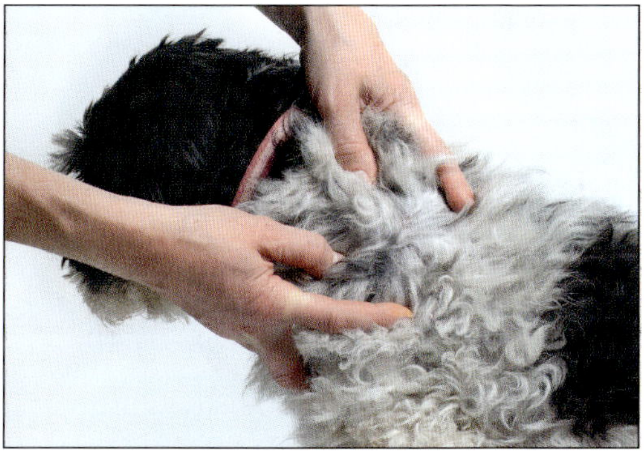

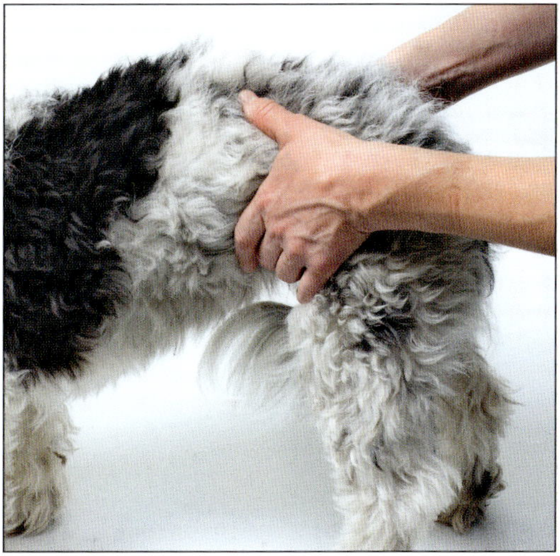

Lassen Sie Ihre Hände über den Rücken gleiten und fühlen Sie nach empfindlichen Bereichen.

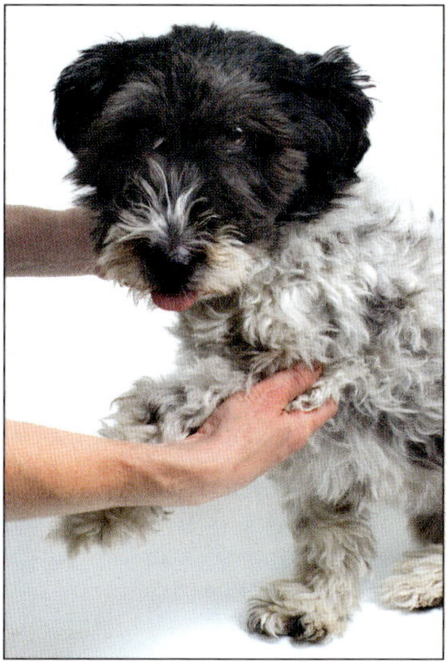

Heben Sie jeden Lauf vorsichtig vom Boden und bewegen Sie ihn vor und zurück. Untersuchen Sie die Pfoten auf Holzsplitter oder Grasspelzen. Schauen Sie, ob die Krallen weder zu kurz noch zu lang sind – veränderter Verschleiß kann ein Anzeichen für Probleme des Bewegungsapparates sein.

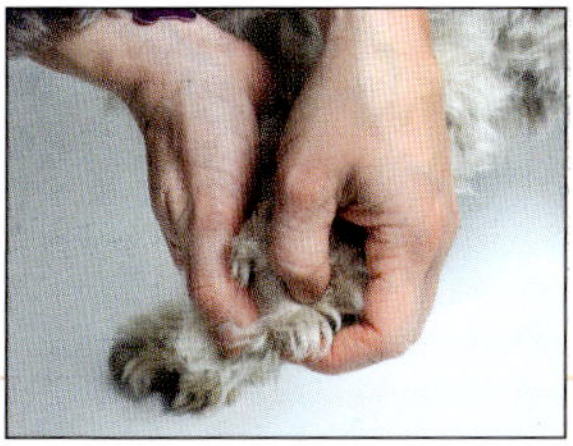

Lassen Sie Ihren Hund sitzen und schauen ihm gut ins Gesicht. Beginnen Sie mit den Ohren: Fühlen Sie die Ohrlappen entlang und am Ohransatz, heben Sie die Ohren hoch und werfen Sie einen Blick hinein. Sie sollten sauber sein und nicht riechen. Ausfluss oder übermäßig viel Ohrenschmalz können auf ein behandlungsbedürftiges Problem hinweisen.

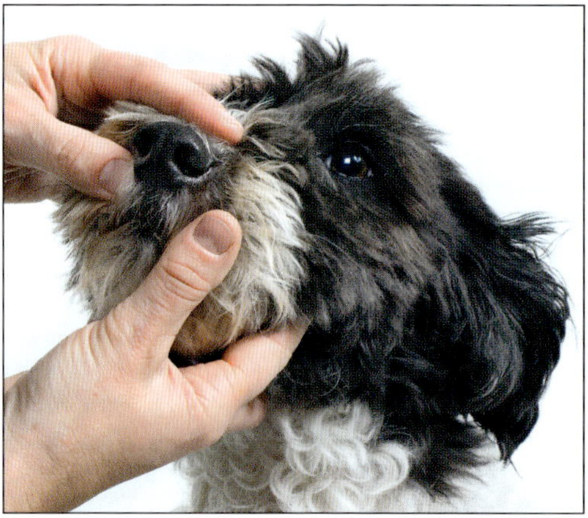

Überprüfen Sie die Nase auf Anzeichen von Ausfluss und achten Sie darauf, ob die Haut nicht rissig oder entzündet ist.

Die Augen sollen weit geöffnet, klar und sauber sein, ohne Verklebungen oder viel Tränenflüssigkeit.

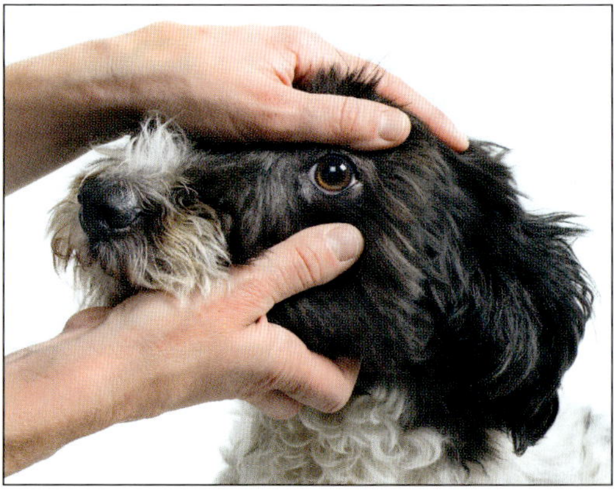

Heben Sie die Lefzen an und überprüfen die Zähne. Öffnen Sie den Fang und schauen Sie, ob die Zunge normal aussieht.

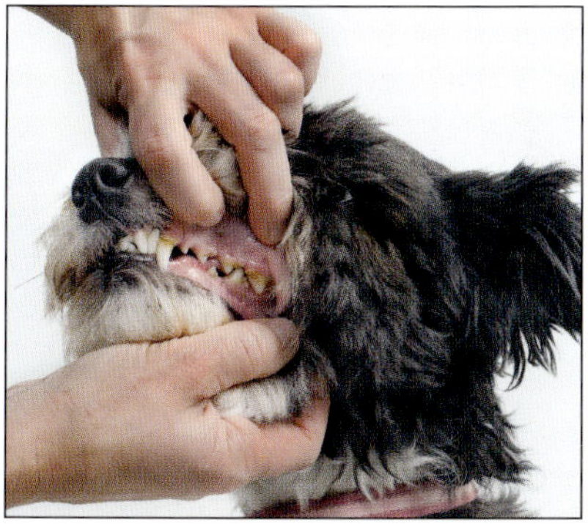

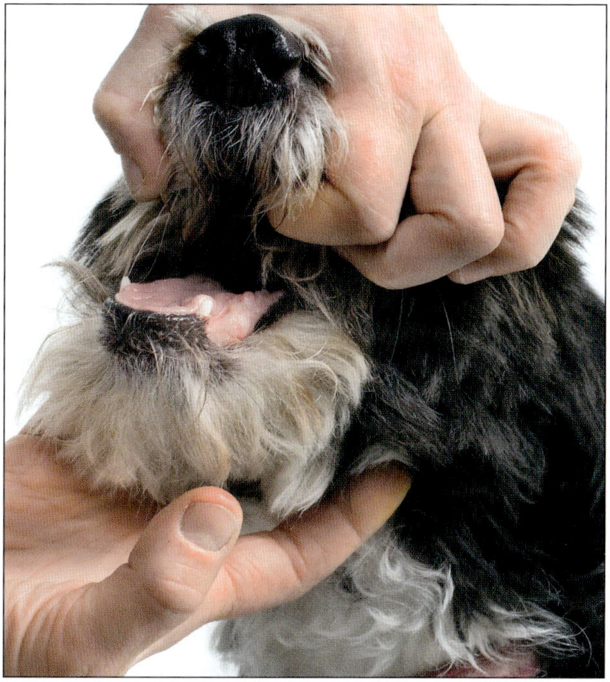

Zum Abschluss sorgen Sie dafür, dass Ihr Racker den Check auch künftig genießt – loben Sie ihn über den grünen Klee und geben ihm ein gesundes Leckerchen.

Krallenschneiden, Baden und Analbeutel prüfen

Von der Entwicklungsgeschichte her haben Hunde genau wie wir die Anlage für fünf Zehen an jeder Pfote. Die sogenannte Wolfskralle (Daumen bzw. dicker Zeh) bildet sich aber nicht immer aus oder wird manchmal entfernt, sodass Hunde entweder vier oder fünf Zehen haben können. Schauen Sie, ob Ihr Hund eine Wolfskralle hat, denn sie wird leicht übersehen und kann dann zu lang wachsen. Die Krallen sind innen mit Nerven und Blut versorgt, zu kurzes Schneiden führt deshalb zu starker Blutung. Seien Sie deshalb beim Schneiden

Krallen, die sich nicht natürlich durch Laufen abnutzen, müssen regelmäßig gekürzt werden.

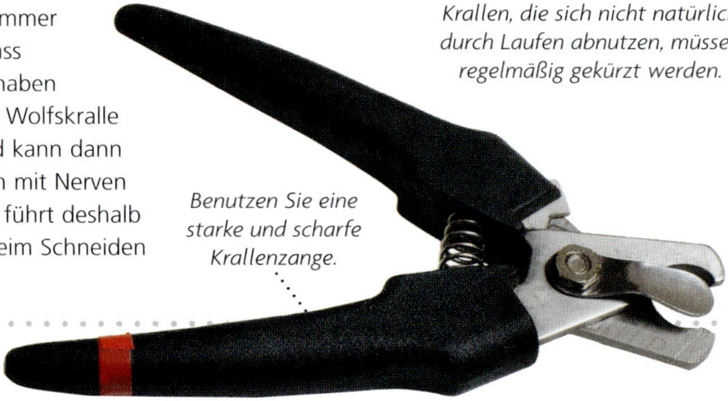

Benutzen Sie eine starke und scharfe Krallenzange.

Krallen schneiden

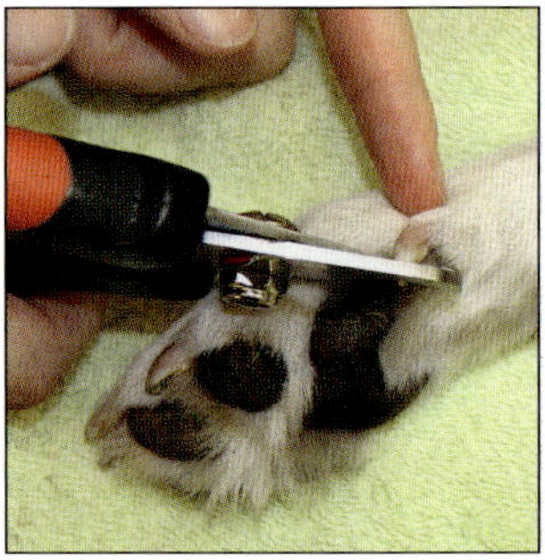

Halten Sie die Pfote ruhig und unterstützen Sie die Kralle, sodass Sie sie exakt kürzen können, ohne den durchbluteten Bereich zu verletzen.

Das Innere der Kralle ist gut durchblutet und blutet stark, wenn es beschädigt wird.

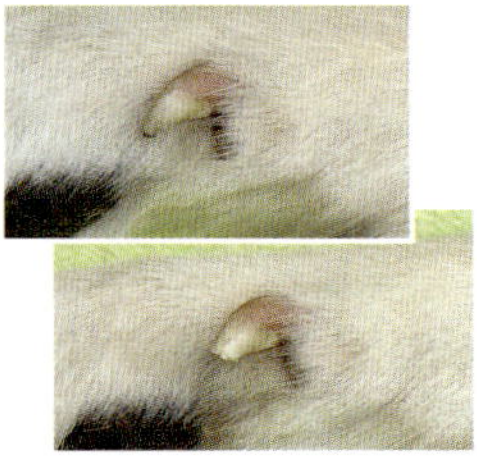

Die Wolfsklauen befinden sich seitlich am Bein. Knipsen Sie jeweils die scharfe Spitze ab, sodass eine kürzere Kralle zurückbleibt, die weniger leicht verletzt werden kann.

Zu lange gewachsene Krallen

Zu lang gewachsene Krallen können die normale Position der Zehen stören und Schmerzen verursachen. Schneiden Sie die Krallen 2-3 mm vor dem durchbluteten Teil ab (falls dieser sichtbar ist) oder bei schwarzen Krallen parallel zum Pfotenballen.

vorsichtig oder lassen sich vom Tierarzt oder Hundefriseur zeigen, was zu tun ist.

Baden

Hunde zu oft oder mit zu stark duftenden Shampoos zu waschen kann das natürliche Hautfett aus dem Fell entfernen und zu trockener, schuppiger Haut oder sogar Hautreizungen führen. Sie können sanfte Baby- oder Hundeshampoos verwenden, aber am besten ist es, den Hund nicht öfter als einmal im Monat zu baden, außer, ein Hautproblem muss mit einem Spezialshampoo behandelt werden. Sie können das Baden einem Hundefriseur überlassen, aber wenn Sie es zu Hause machen, achten Sie auf eine rutschfeste Einlage in der Wanne oder baden Sie ihn an einem sonnigen Tag draußen mit warmem Wasser.

Die Analbeutel prüfen

In den Analbeuteln seitlich unterhalb des Afters befinden sich Duftdrüsen, die gereizt werden können (erkennbar an Belecken und Rutschen über den Boden) und dann streng riechen. Verstopfte Analbeutel müssen vom Tierarzt oder einem erfahrenen Hundefriseur durch Ausdrücken geleert werden.

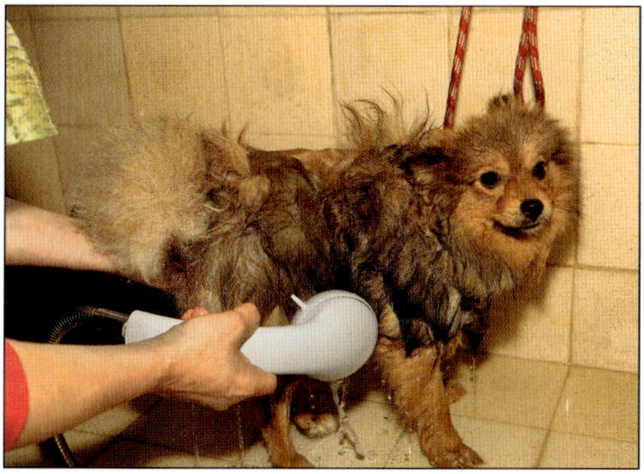

1. Ein gelegentliches Bad ist gut für das Fell und hilft, den Hundegeruch minimal zu halten. Benutzen Sie einen Duschkopf und lauwarmes Wasser.

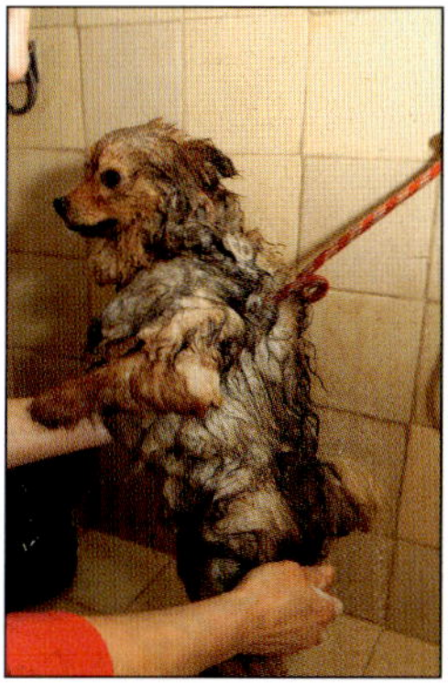

2. Benutzen Sie immer mildes Hundeshampoo, um Hautreizungen zu vermeiden.

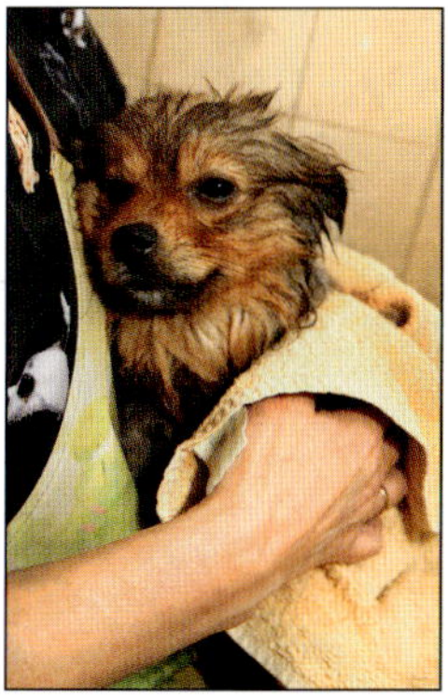

3. Trocknen Sie den Hund gründlich ab, damit er nicht auskühlt.

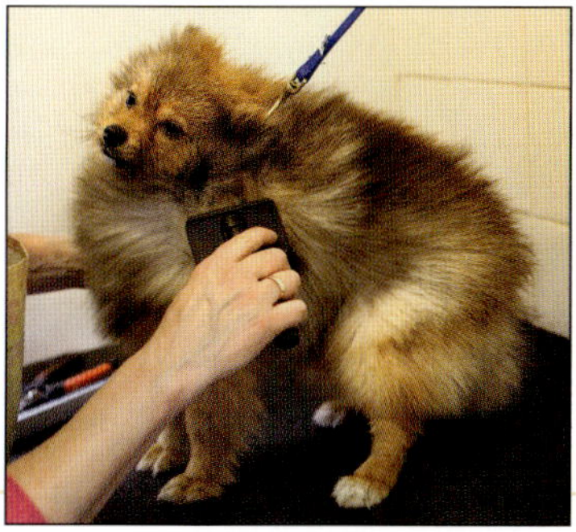

4. Gründliches Bürsten hilft, tote Haare zu entfernen und die Haut gesund zu erhalten. Benutzen Sie für Hunde mit langem Fell die richtige Bürste.

Verstopfte Analbeutel können Juckreiz und Hautirritationen verursachen.

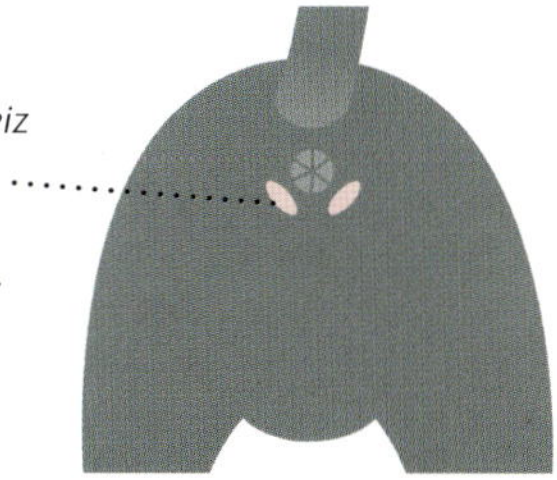

Zahnpflege

Prüfen Sie, ob die Zähne Ihres Hundes sauber, weiß und frei von Zahnstein sind. Untersuchen Sie auch das Zahnfleisch: Rötungen oder Blutungen können auf eine Entzündung (Gingivitis) hindeuten. Halten Sie Zähne und Zahnfleisch gesund, indem Sie sie zwei Mal pro Woche putzen, anderenfalls können Zahnerkrankungen zu Schmerzen, Appetitverlust und Verdauungsproblemen führen. Infektionen des Zahnfleischs können außerdem über das Blut auf andere Organe wie z.B. das Herz übertragen werden.

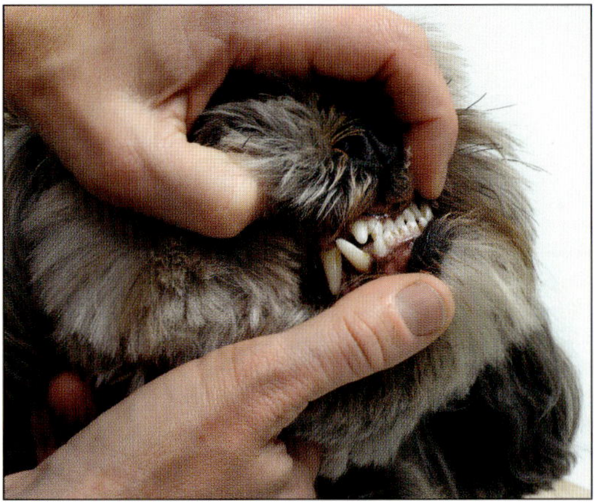

Die Zähne sollten regelmäßig gründlich untersucht werden, damit Probleme erkannt und behandelt werden können.

Zahnentwicklung

Das Gebiss eines Welpen hat normalerweise 28 Milchzähne, die im Alter zwischen drei und sieben Monaten durch bleibende Zähne ersetzt werden. Manchmal kann es vorkommen, dass die Milchzähne nicht ausfallen, obwohl die bleibenden Zähne schon durchkommen. Das kann die bleibenden Zähne schädigen, weshalb es nötig sein kann, übriggebliebene Milchzähne zu entfernen. Auch Ober- und Unterkiefer, die nicht richtig aufeinandertreffen (wie bei kurzschädeligen Rassen) können Probleme verursachen.

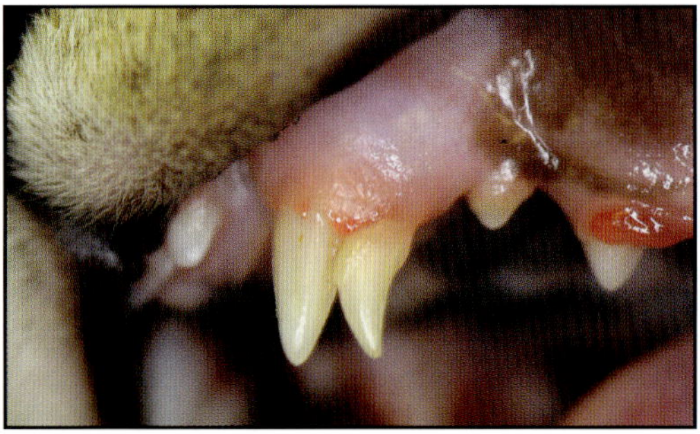

Hier ist der bleibende Fangzahn schon durchgebrochen, der Milchzahn aber noch nicht ausgefallen. Er wird gezogen, um den bleibenden Zahn nicht zu schädigen.

Steine fressen

Manche Hunde beißen fast zwanghaft auf Steinen herum, was zu absplitternden und gebrochenen Zähnen führen kann. Verschluckte Steine können Probleme im Verdauungstrakt verursachen (s.S. 76 - 77). Versperren Sie dem Hund Zugang zu Kiesflächen im Garten oder legen Sie ihm einen weichen Maulkorb an, um das Steinefressen zu verhindern. Beschädigte Zähne müssen behandelt oder entfernt werden.

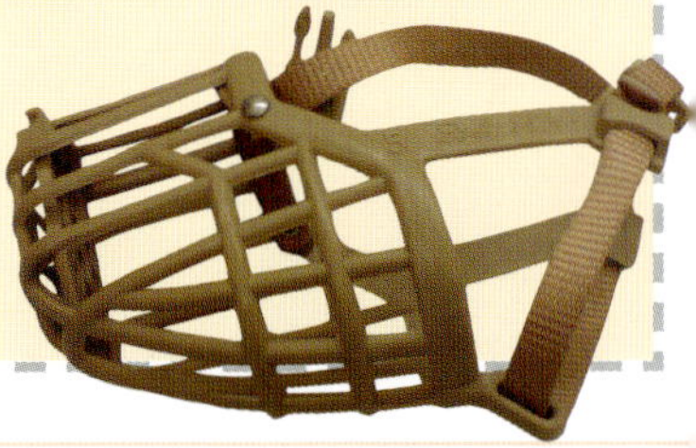

Knochen und harte Kauartikel helfen, die Zähne sauberzuhalten.

Zahnbelag und Zahnstein

Futterreste und Bakterien können dazu führen, dass sich Zahnbelag und Zahnstein bilden. In der Natur sorgt das regelmäßige Kauen von Knochen dafür, dass sich wenig Zahnstein bildet, aber die weichere Nahrung unserer Hunde lässt die Zähne nicht so sauber bleiben. Es gibt verschiedene Möglichkeiten, um die Bildung von Zahnbelag zu verlangsamen. Hat sich erst Zahnstein gebildet, kann eine professionelle Entfernung unter Vollnarkose nötig sein.

Zahnstein vorbeugen

- *Putzen Sie die Zähne zwei Mal wöchentlich.*
- *Geben Sie regelmäßig Kauknochen oder echte Knochen.*
- *Manchen Hunden hilft eine spezielle Mundspülung im Trinkwasser.*

Wie man Zähne putzt

Versuchen Sie, die Zähne mindestens zwei Mal wöchentlich zu putzen.

1. *Beginnen Sie allmählich. Gewöhnen Sie den Hund daran, dass er an Lefzen und Fang berührt wird.*
2. *Fahren Sie langsam fort, bis Sie mit dem Finger über alle Zähne fahren können.*
3. *Nehmen Sie dann eine Fingerzahnbürste oder Hundezahnbürste dazu und dann erst Zahnpasta. Nehmen Sie keine Menschenzahnpasta, sondern nur spezielle für Hunde, die nicht so scharf ist und Hunden besser schmeckt.*
4. *Putzen Sie alle Zähne mit sanft kreisenden Bewegungen.*

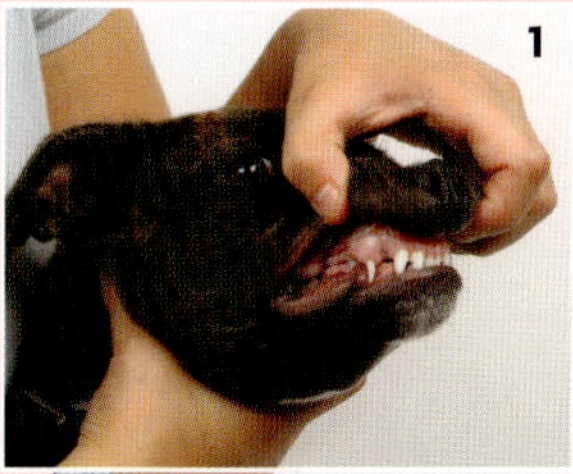

1

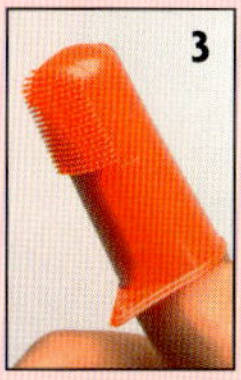

3

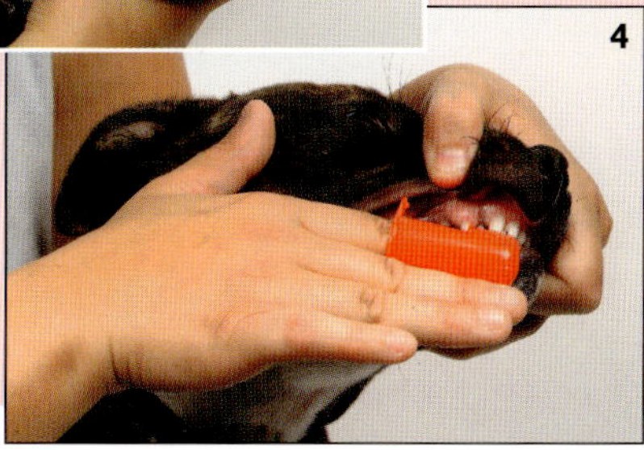

4

Impfen, Entwurmen und Tabletten geben

Impfungen geben Hunden Immunität gegen verschiedene schwere Infektionskrankheiten. Sie schützen nicht nur den einzelnen Hund, sondern tragen auch dazu bei, die Verbreitung dieser Krankheiten innerhalb der Population einzudämmen. Der Impfschutz verhindert außerdem, dass gewisse Erkrankungen, bei denen dies möglich ist, vom Hund auf den Mensch übertragen werden (Zoonosen).

Auf Spaziergängen kann ein Hund in Kontakt mit Würmern und ansteckenden Krankheiten kommen. Achten Sie auf regelmäßige Impfungen und Entwurmungen.

Impfungen

Es sind verschiedene Impfstoffe für Hunde erhältlich. Welcher der richtige ist, hängt auch davon ab, in welchem Land Sie leben und mit welchen Infektionskrankheiten Ihr Hund in Kontakt kommen kann. In Europa und den USA gibt es Impfstoffe gegen Staupe, Hepatitis contagiosa canis (ansteckende Leberentzündung), Parvovirose, Leptospirose und Parainfluenza (Zwingerhusten). Mitunter wird auch gegen Herpes und canines Coronavirus geimpft sowie in manchen Ländern gegen Lyme-Borreliose. In Ländern mit Wildtollwut oder wenn der Hund ins Ausland reist wird außerdem gegen Tollwut geimpft. Gegen den hoch ansteckenden Zwingerhusten impft man im Allgemeinen besonders dann, wenn der Hund verreist, in eine Tierpension geht oder in andere Situationen kommt, wo er mit vielen anderen Hunden Kontakt hat, Stress ausgesetzt ist und die Chancen für eine Ansteckung hoch sind.

Pflichtimpfungen (Core-Impfungen)

Diese umfassen in Deutschland Staupe, Hepatitis, Parvovirose, Leptospirose und Tollwut. Der aktuelle Nachweis dieser Impfungen ist z.B. Pflicht, wenn Sie mit Ihrem Hund an Ausstellungen oder Sportveranstaltungen teilnehmen. Einzelheiten hierzu regeln die jeweiligen Veranstalter. Zu den Wahlimpfungen (Non-Core-Impfungen) zählen Zwingerhusten, Borreliose, canines Coronavirus und canines Herpesvirus.

Wann geimpft werden sollte

Das Impfschema richtet sich nach den Empfehlungen der Impfstoffhersteller. Als Faustregel werden Welpen aber erstmalig mit etwa acht Wochen geimpft und dann noch einmal vier Wochen später. Die meisten Impfstoffe müssen jährlich aufgefrischt werden, manche aber auch nur alle zwei oder drei Jahre. Eine lückenlose Dokumentation im Impfpass ist wichtig.

Entwurmen

Hunde müssen regelmäßig entwurmt werden, um sie von inneren Parasiten freizuhalten. Zu den häufigsten zählen Plattwürmer, Rundwürmer, Herzwürmer, Lungenwürmer und Hakenwürmer. Manche von ihnen können auch auf Kinder und Erwachsene übertragen werden, die Kontakt mit dem infizierten Hund haben. Die meisten Welpen benötigen eine monatliche Entwurmung mit einem Breitbandmittel. Bei erwachsenen Hunden hängt die Häufigkeit von den Lebensumständen ab: Sind Kleinkinder oder immungeschwächte ältere Menschen im Haus und/oder nimmt der Hund auch draußen Nahrung auf oder frisst Mäuse, sollte alle drei Monate entwurmt werden, ansonsten reicht 1 - 2 Mal jährlich. Zuchthündinnen sollten vor dem Decktermin entwurmt werden und dann nach den Empfehlungen des Tierarztes.

So wird geimpft

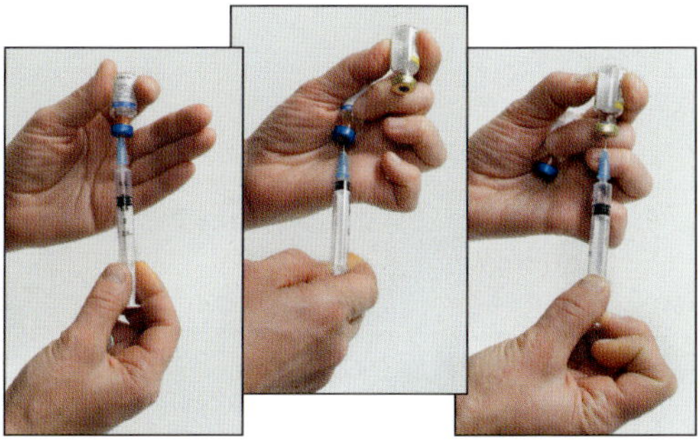

Der Tierarzt bereitet den entsprechenden Impfstoff zur Injektion vor. Notieren Sie sich die Impftermine sorgfältig, um Ihren Tierarzt zu unterstützen.

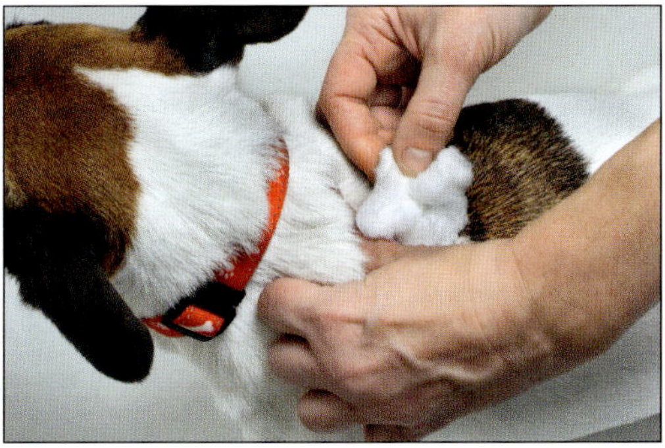

Der Tierarzt hält den Hund fest und säubert eine Hautstelle am Nacken für die Injektion mit etwas Alkohol.

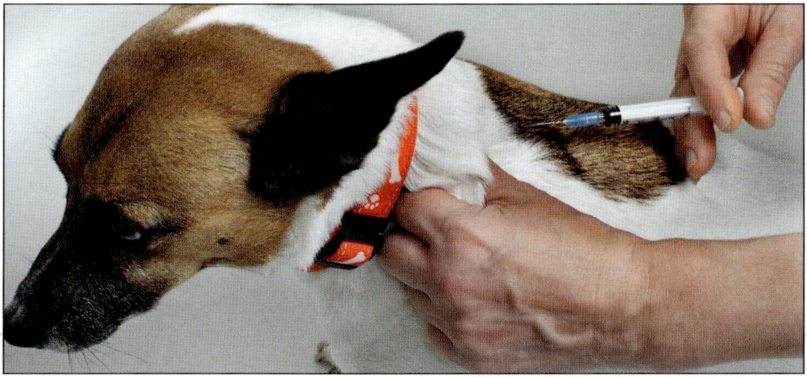

Der Impfstoff wird unter die Haut gespritzt. Das ist nicht schmerzhaft und die meisten Hunde lassen es sich gut gefallen.

Ektoparasiten (Äußere Parasiten)

Viele Hunde brauchen auch eine monatliche Behandlung gegen Flöhe, die am effektivsten als Spot-On aufgetragen wird. Manche dieser Mittel wirken auch gegen Milben und Läuse. In Gegenden mit Zeckenbefall sollte auch auf die Wirkung gegen Zecken geachtet werden, da diese Borreliose und andere bakterielle Infektionen wie Babesiose und Ehrlichiose übertragen können.

In heißen Klimazonen können Mittel gegen Sandmücken, Gnitzen und Moskitos nötig sein, um die Übertragung von Krankheiten wie Leishmaniose zu verhindern – insbesondere bei Hunden, die nicht aus dieser Gegend stammen und keine natürliche Immunität gegen diese Erkrankungen entwickelt haben.

Mittel gegen äußere Parasiten sind nicht schwierig anzuwenden und helfen, den Hund gesund zu halten.

Ein Spot-on Mittel gegen Flöhe auftragen

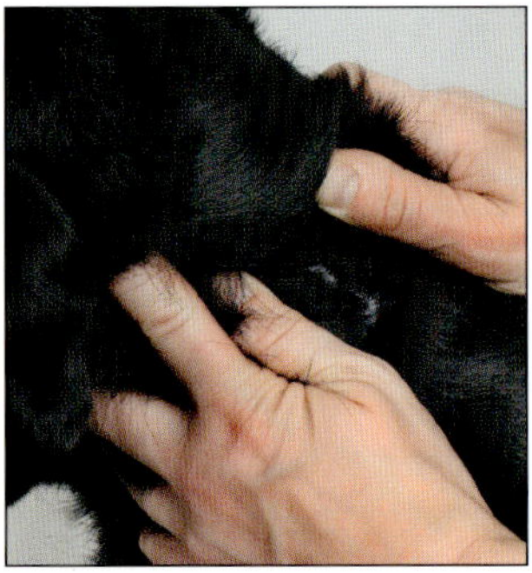

Teilen Sie das Nackenfell so auseinander, dass Sie die Haut sehen können.

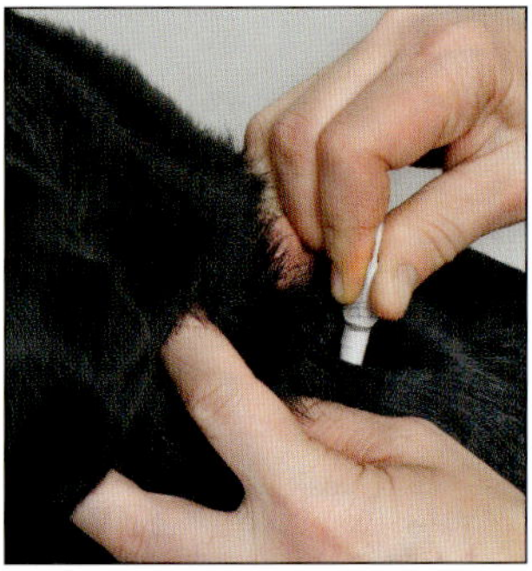

Bringen Sie das Spot-on gemäß Gebrauchsanweisung direkt auf die Haut auf.

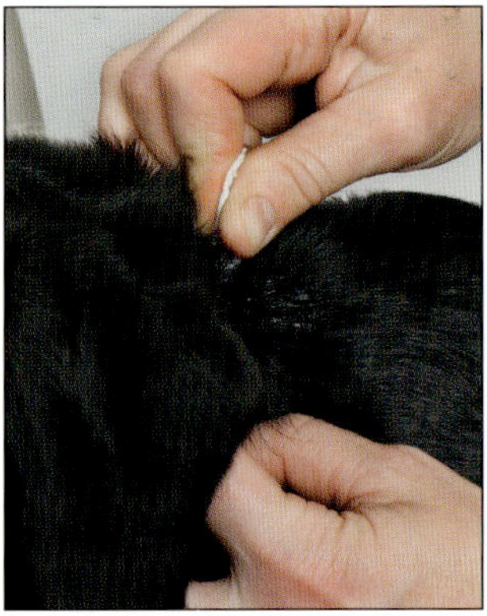

Berühren Sie die Stelle in den nächsten paar Stunden nicht, bis das Mittel eingezogen ist.

Tabletten verabreichen

Viele Hunde nehmen Tabletten mit dem Futter. Fragen Sie den Tierarzt, ob das möglich ist. Wenn ja, schmuggeln Sie sie in wirklich leckeres Fressen wie etwas Dosenfutter oder wickeln Sie sie in ein Stückchen Schinken oder Käse.

Oder versuchen Sie, Ihrem Hund die Tablette zuzuwerfen: Wenn er es kennt, Leckerchen zu fangen und zu fressen, klappt es wahrscheinlich auch mit der Tablette.

Alternativ öffnen Sie das Hundemaul weit, legen die Tablette so weit wie möglich nach hinten auf die Zunge, halten Sie das Maul zu und streicheln Sie seine Kehle, bis er schluckt.

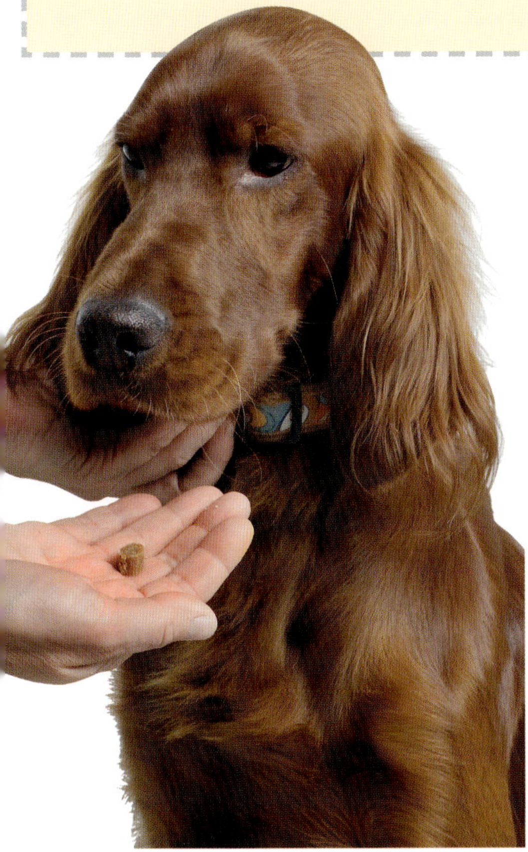

Tabetten geben

Versuchen Sie, dem Hund gleichzeitig mit der Tablette Leckerchen anzubieten, damit er das Medikament besser akzeptiert. Mit der Zeit gewöhnen sich Hunde an dieses Vorgehen.

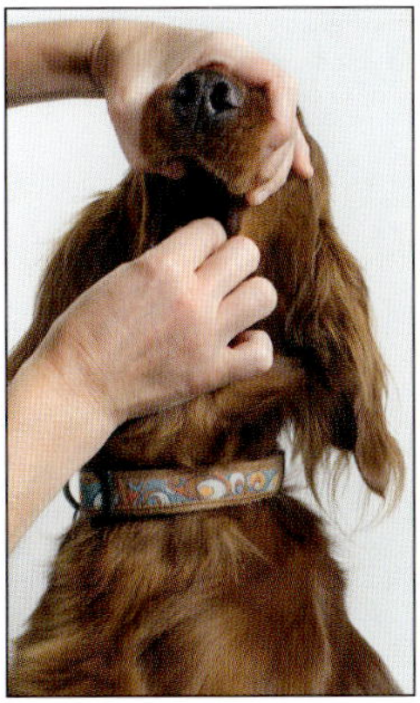

Wenn Sie die Tablette weit hinten auf die Zunge legen, aktiviert dies den Schluckreflex.

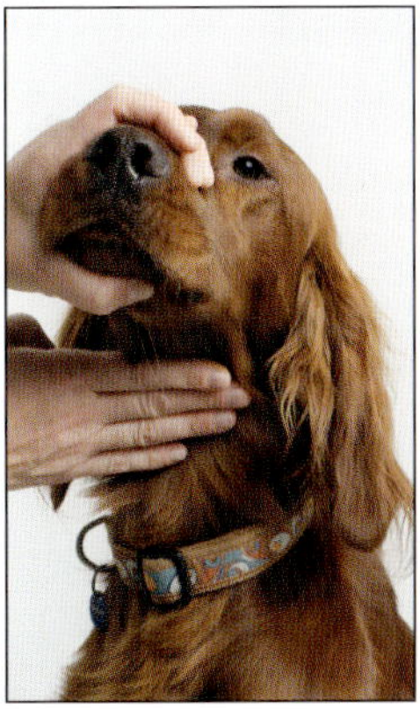

Halten Sie das Maul zu und streichen Sie die Kehle hinab, bis der Hund schluckt.

Mit Hunden verreisen

Beim Autofahren drohen viele Gefahren. Jeder Unfall kann den Hund verletzen, weshalb es wichtig ist, ihn während der Fahrt gut zu sichern.

Im Auto

Kaufen Sie ein spezielles Autogeschirr, das sich in die Halterung des Anschnallgurts einhaken lässt, um den Hund damit auf dem Rücksitz zu fixieren. Es muss allerdings genau passen, weil es sonst eher Schäden anrichten als sie verhindern kann. Alternativ können Sie den Hund im Heck eines Kombis in einer speziellen Box oder mit einem Trenngitter transportieren, damit er bei einem Unfall oder einer Vollbremsung nicht nach vorne fliegen kann. Falls Ihr Hund im Zug oder Flugzeug mitreisen darf, nutzen Sie auch hierfür eine Box und machen diese fest.
Achten Sie unterwegs darauf, dass Ihr Hund nicht überhitzt. Versuchen Sie, ihm einen schattigen Bereich zu bieten und achten Sie an heißen Tagen auf gute Belüftung. Machen Sie alle zwei Stunden Pause, um ihm Wasser zu geben und sich lösen zu lassen. Geben Sie ihm kein Futter, falls er zur Reisekrankheit neigt. Auf Reisen ist die Gefahr besonders groß, dass Ihr Hund sich verläuft und abhanden kommt, besonders, wenn er die Gegend nicht kennt. Achten Sie deshalb bei Pausen darauf, den Hund immer an der Leine zu halten.

Ein Geschirr oder Hunde-Sicherheitsgurt sichert den Hund während der Autofahrt. Üben Sie das Anlegen des Geschirrs schon vor der ersten Fahrt.

Reisen ins Ausland

Für Grenzübertritte, auch innerhalb der EU, benötigt der Hund einen sogenannten EU-Heimtierpass, den der Tierarzt ausstellt und der gleichzeitig (in Kombination mit dem Mikrochip oder der Tätowierung) als Identitätsnachweis und Impfpass dient. Manche Länder, zum Beispiel Großbritannien, verlangen zusätzlich den Nachweis einer Entwurmung 1-5 Tage vor der Einreise. Erkundigen Sie sich stets nach den aktuell gültigen Einreisebestimmungen Ihres Ziellandes, wenn Sie mit Hund verreisen!

Mikrochips

Ein Mikrochip speichert eine individuelle Kennnummer oder eine Kombination aus Zahlen und Buchstaben. Er wird unter die Haut implantiert, und zwar gewöhnlich an der Halsrückseite zwischen den Schulterblättern. Mit Hilfe eines Handscanners kann der Chip

So funktioniert ein Mikrochip

Ein Mikrochip oder Transponder kann verschiedene Größen haben, üblicherweise liegt sie zwischen 11 und 14 mm Länge bei einem Durchmesser von etwa 2 mm, das entspricht etwa der Größe eines Reiskorns. Es gibt aber auch besonders kleine Chips, zum Beispiel für Koi-Karpfen. Der eigentliche Chip ist zusammen mit einer Antennenspule in einer gewebeverträglichen Glas- oder Plastikhülle verpackt und enthält eine 15-stellige Identifikationsnummer, die weltweit einmalig ist. Der Chip kann einfach und schnell ohne Betäubung implantiert werden und bleibt während des ganzen Lebens des Tieres lesbar und funktionsfähig. Er sendet nicht ständig irgendwelche Strahlung, sondern wird erst durch das Ablesegerät dazu gebracht, seine Daten zu übertragen. In der Regel wandert ein Chip auch nicht durch den Körper des Tieres.

gelesen und der Hund identifiziert werden, zum Beispiel, wenn er verloren gegangen ist und der Besitzer gefunden werden muss. Außerdem können Sie damit im Fall eines Diebstahls nachweisen, dass es sich um Ihren Hund handelt. Stellen Sie also sicher, dass Ihr Hund einen international lesbaren Mikrochip besitzt und dass die Daten in der entsprechenden nationalen Datenbank hinterlegt sind.

International unterwegs

Hunde, die international unterwegs sind, kommen vielleicht auch durch Länder, in denen es Infektionen gibt, gegen die sie keine natürliche Immunität besitzen. Sie brauchen deshalb mehr Schutz als einheimische Hunde. Hunde sind in heißem und feuchtem Klima auch besonders anfällig für von Insekten übertragene Krankheiten, besonders, wenn sie diese Umgebung nicht gewohnt sind. Erkundigen Sie sich nach den passenden wirksamen Insektenschutzmitteln, bevor Sie mit Hund in eine solche Gegend reisen, damit Sie ihn bestmöglich vor Krankheiten schützen können. Das können spezielle Spot-On Präparate oder antiparasitär wirkende Halsbänder sein.

Reisekrankheiten bei Hunden

Auch Hunden kann beim Autofahren schlecht werden: entweder, weil sie Angst haben oder weil sie schlecht mit den Bewegungen zurechtkommen. Auf langen Reisen kann eine Sedierung helfen, den Hund zu beruhigen, aber sie kann gefährlich werden, wenn Herz- oder Atemwegserkrankungen vorliegen oder wenn es sehr heiß ist. In manchen Fällen helfen auch pflanzliche Mittel sehr gut.

Am besten kommen Hunde aber in der Regel zurecht, wenn man sie langsam an das Auto gewöhnt, indem man sie zuerst im stehenden Auto füttert oder darin mit ihnen spielt.

Später kommen dann Motorengeräusch und kurze Fahrten dazu. Probieren Sie auch verschiedene Positionen für den Hund im Auto aus: Manche fühlen sich im Fußraum wohler, andere auf dem Sitz mit guter Aussicht.

Fütterung

Die Ernährung des Hundes mit einem geeigneten Futter ist für seine gesunde Entwicklung und sein Wohlbefinden zentral. Eine gesunde Ernährung muss eine ausreichende Menge der Grundnährstoffe in für den Hund verdaulicher Form enthalten. Überschüssige Nährstoffe werden mit dem Kot ausgeschieden, können aber auch Probleme verursachen, genau wie ein Mangel daran.

Zu viel Futter kann zur Fettleibigkeit führen, einem Problem, das inzwischen fast die Hälfte aller Hunde betrifft und Folgeerkrankungen wie Herz- und Atembeschwerden, orthopädische Erkrankungen und Diabetes nach sich zieht. Zu dicke Hunde werden auch nicht so alt und sind öfter krank.

Auswahl des Futters

Das Verdauungssystem wandelt in einem mehrstufigen Prozess Futter in Energie und Grundnährstoffe um.

Für manche Hunde funktioniert eine Kombination aus Nassfutter und Flocken am besten.

Andere fressen lieber nur Trockenfutter.

Auch selbst zubereitetes Futter ist in manchen Fällen eine gute Lösung.

Gesunde Zähne

Zumindest ein Teil des Futters sollte als Trockenfutter gegeben werden, weil das Kauen hilft, die Zähne sauber und gesund zu halten. Auch Knochen und Zahnpflege-Sticks helfen dabei.

Die Verdauung beginnt im Maul mit Kauen und Speichelenzymen, wird im Magen fortgesetzt, wo die Nahrung mit noch mehr Enzymen vermischt und zerkleinert wird und endet dann im Dünn- und Dickdarm, wo Nährstoffe und Wasser absorbiert werden. In diesem Aufspaltungs- und Absorptionsprozess können jederzeit Probleme auftreten. Jede Futterart wird unterschiedlich verdaut und nicht jeder Hund verträgt jede gleich gut. Sie haben mehrere Optionen (frisches Wasser muss immer vorhanden sein):

Trockenfutter Es enthält eine ausgewogene Nährstoffmischung und ist die einfachste Art, Hunde zu ernähren.

Mischfutter Eine Mischung aus Nassfutter und Beiflocken, um eine ausgeglichene Nährstoffversorgung zu erreichen.

Selbst zubereitetes Futter Rohes oder gekochtes Fleisch, Gemüse, Kohlehydratquellen sowie Vitamin- und Mineralzusätze. Die Befürworter argumentieren, dass bestimmte Krankheiten bei dieser Ernährung seltener seien. Es kann allerdings schwierig sein, das richtige Gleichgewicht der Nährstoffe zu finden, was wiederum zu Gesundheitsproblemen führen kann. Die Fütterung von rohem, unbehandeltem Fleisch

Gesundes Futter, das Ihr Hund gerne mag, ist für sein Wohlbefinden zentral. Es gibt eine große Auswahl an Futter, von denen manche speziell für Welpen oder alte Hunde zubereitet sind.

kann zu Magen- und Darm-Infektionen, zum Beispiel mit Salmonellen, führen.

Wichtigste Nährstoffe

Ein Hund braucht ausreichend Energie für seine Bedürfnisse, aber keine übermäßigen Kalorien, sonst wird er zu dick. Energie kann in Form von Kohlehydraten und/oder Fett zugeführt werden. Protein und die dann enthaltenen Aminosäuren sind für Wachstum, Heilung und biologische Prozesse im Körper nötig.

Das Futter muss Mineralien wie Kalzium, Phosphor, Natrium, Chlorid und Magnesium enthalten; außerdem Spurenelemente wie Eisen, Kupfer, Mangan, Zink, Jod, Selen und Kobalt. Diese Mineralien fungieren als Bausteine für Knochen und andere Zelltypen, halten Haut, Muskeln und Nieren gesund und sind wichtig für die Bildung roter Blutkörperchen sowie von Schilddrüsenhormonen. Manche spielen auch eine Rolle in der Vorbeugung von Krebs und Verlangsamung des Alterungsprozesses. Vitamine werden außerdem für Wachstum, Entwicklung und Gesunderhaltung benötigt. Manche sind fettlöslich und können nur aus dem Fett in der Nahrung gewonnen werden, weshalb eine gewisse Fettmenge nötig ist. Andere sind wasserlöslich und kommen in pflanzlichen Bestandteilen vor, die in Fertigfutter enthalten sind.

Welpenfütterung

Ein Welpe wächst und entwickelt sich schnell und braucht mehr Nährstoffe als ein erwachsener Hund. Füttern Sie deshalb anfangs vier Mal täglich. Mit etwa vier Monaten können Sie auf drei Mal täglich zurückgehen, mit sechs Monaten auf zwei Mal und ab etwa neun Monaten auf eine Mahlzeit pro Tag.

Im Alter von sechs Monaten sollte der Welpe etwa die Hälfte seines Erwachsenengewichts haben. Zu schnelles Wachstum sollte unbedingt verhindert werden, da dies die Entstehung von Knochen- und Gelenkserkrankungen fördert. Auch können in diesem Alter angelegte Fettzellen zu späterer Fettleibigkeit führen, achten Sie deshalb darauf, dass der Welpe nicht übergewichtig wird.

Fertigfutter für Welpen enthält mehr Protein, Energie und Mineralien, die Gelenkerkrankungen vorbeugen sollen. Besonders wichtig für ein optimales Wachstum ist das richtige Kalzium-Phosphor-Verhältnis. Ein Überschuss an einem von beiden behindert die Absorption des jeweils anderen. Ein hochwertiges Welpenfutter wird beides im richtigen Verhältnis enthalten. Geben Sie kein zusätzliches Kalzium in irgendeiner Form!

Futterumstellung

Jede Futterumstellung sollte immer langsam über einen Zeitraum von fünf bis sieben Tagen erfolgen, um Durchfall und Erbrechen infolge von Störungen im Verdauungssystem vorzubeugen.

Fütterung erwachsener Hunde

Erwachsene Hunde, die aus der Wachstumsphase heraus sind, haben einen niedrigeren Nährstoffbedarf. Achten Sie genau auf die Futtermenge, damit sie nicht zu fett werden. Geben Sie ein hochwertiges Erhaltungsfutter ohne weitere Mineral-oder Vitaminzusatzfutter, da zu hohe Mineraliengaben zu Problemen führen können. Hunde, die zu Übergewicht neigen, sollten ein kalorienärmeres Futter bekommen.

Fütterung während Trächtigkeit und Laktation

Während Trächtigkeit und Laktation brauchen Hündinnen das gleiche Nährstoffverhältnis wie Welpen, erhöhen Sie also die Futtermenge je nach Bedarf des Hundes. Als Faustregel kann man ab der 5. Trächtigkeitswoche die Futtermenge um 15% pro Woche erhöhen. Führen Sie diese Erhöhung auch während der Laktation fort, denn eine Hündin, die vier bis fünf Wochen alte Welpen säugt, hat einen etwa drei Mal höheren Nährstoffbedarf gegenüber dem Normalen. Geben Sie ihr mehrmals täglich Welpenfutter, damit sie mit den Anforderungen der wachsenden Welpen mithalten kann, ohne untergewichtig zu werden oder unter Nährstoffmangel zu leiden.

Durchfall und Erbrechen

Hunde, die wegen einer Gastroenteritis Durchfall haben oder sich erbrechen, sollten zusätzlich zur tierärztlichen Behandlung 12-14 Stunden lang nichts fressen und anschließend eine leicht verdauliche Mahlzeit bekommen. Das kann ein Fertigfutter für sensible Hunde oder gekochtes Hühnchen ohne Knochen mit Reis im Verhältnis 1:3 sein.

Bieten Sie anfangs mehrere kleine Mahlzeiten pro Tag an und gewöhnen Sie den Hund dann langsam wieder an normale Futterzeiten und normales Futter. Wasser muss immer bereitstehen und Elektrolytlösungen können helfen, einer Dehydratation vorzubeugen.

Ältere Hunde haben besondere Bedürfnisse hinsichtlich der Ernährung. Achten Sie darauf, sie nicht zu überfüttern.

Fütterung alter Hunde

Alte Hunde sind oft weniger mobil, haben einen niedrigeren Stoffwechsel und weniger Energiebedarf. Riesenrassige Hunde altern am schnellsten. Ab dem Alter von sechs Jahren profitieren sie von dem niedrigeren Gehalt an Energie, Fett und Salz sowie dem höheren

Rohfasergehalt, den Seniorfutter zu bieten haben. Mehr Rohfaser hilft auch Verstopfung vorzubeugen, einem häufigen Problem bei alten Hunden. Mittelgroße bis große Rassen sollten ab etwa acht Jahren Seniorfutter bekommen, kleine Rassen ab 10 Jahren. Das Seniorfutter hilft, Übergewicht und Verstopfung vorzubeugen. Auch Alterssymptome wie Muskelschwund und verstärktes Trinken können kontrolliert werden, indem die Belastung wichtiger Organe wie Leber und Nieren verringert wird.

Fütterung bei Krankheit

Für Hunde mit bestimmten Erkrankungen, die sich über die Ernährung beeinflussen lassen, gibt es Spezial-Futtermittel, die man über den Tierarzt beziehen oder selbst zubereiten kann. Bei manchen Erkrankungen können auch Futterzusätze sinnvoll sein.

Gewichtsprobleme

Schon 1% Kalorienüberschuss über einen längeren Zeitraum reichen aus, damit der Hund zunimmt, aber damit er abnimmt, muss die Kalorienzufuhr um rund 65% reduziert werden. Das kann man entweder über eine Reduktion der Futtermenge (Leckerchen!) erreichen oder Umstellung auf ein kalorienärmeres Futter. Der Tierarzt kann sogar vorübergehend ein extrem kalorienarmes Futter verschreiben. Zusätzliche Bewegung hilft, das Fett loszuwerden.

Falsches oder zu wenig Futter kann aber auch zu Untergewicht, Schwäche, schlechter Bemuskelung, Haut- und Knochenerkrankungen, Herz- und Lungenproblemen oder einem schwachen Immunsystem führen. Auch Durchfall und Erbrechen sowie Leber- und Nierenprobleme können auftreten.

Übergewicht kann zu vielen Problemen führen.

Schlanke Hunde bleiben eher gesund.

Training und Bewegung

Eine frühe Sozialisation hilft Hunden, positives Verhalten zu entwickeln.

Welpen lernen gerne neue Dinge. Mit frühem Training können Besitzer Nutzen aus der Aufnahmefähigkeit und Neugier ihres Kleinen ziehen und damit von Anfang an gutes Verhalten etablieren. Welpen lernen viel schneller als alte Hunde. Bis zum Alter von vier oder fünf Monaten haben sie noch keine Angstreaktion etabliert, sondern reagieren auf neue Umwelterscheinungen mit Vertrauen und Interesse. Das bedeutet, dass junge Welpen so früh wie möglich viel mit nach draußen genommen werden sollten und andere Tiere, Straßenverkehr, Autofahren, andere Menschen, Kinder usw. kennenlernen sollten. Früh sozialisierte Hunde neigen dazu, später viel weniger ängstlich zu sein und entwickeln mit geringerer Wahrscheinlichkeit Phobien als Welpen, die länger nur im Haus gehalten wurden. Natürlich muss dies gegen die Notwendigkeit abgewogen werden, Welpen zum Schutz in fremden Umgebungen impfen zu lassen. Frühimpfungen machen es aber möglich, dass man den Welpen im Alter von 11 bis 12 Wochen mit nach draußen nehmen kann. Welpenspielgruppen beginnen oft früher, verlangen aber meist nur die Erstimpfung.

Clickertraining

Ein Clicker ist eine der besten Trainingshilfen. Benutzen Sie ihn, um Ihren Hund für gutes Verhalten zu belohnen und Anweisungen zu befolgen.

Das Clickgeräusch kündigt eine Belohnung wie Leckerchen oder ein Spielzeug an und ermöglicht so ein punktgenaues Belohnen ohne Zeitverzögerung. So können Sie das erwünschte Verhalten exakt in dem Moment bestätigen, in dem der Hund es zeigt, was das Verständnis für den Hund wesentlich leichter macht. Gleichzeitig wird der Hund stark motiviert, selbst nach der richtigen Problemlösung zu suchen.

Erste Schritte

Ab dem Tag, an dem Ihr Welpe nach Hause kommt, können Sie ihn nach draußen lassen (wenigstens auf Ihrem Arm, falls er noch nicht geimpft ist) und ihn so viele Erfahrungen wie möglich sammeln lassen. Bis der Impfschutz vollständig ist (1-2 Wochen nach der Wiederholungsimpfung) kann er sich immer noch anstecken. Vermeiden Sie in dieser Zeit Kontakt zu ungeimpften Hunden und setzen Sie ihn außerhalb des eigenen Gartens nicht auf den Boden.

Üben Sie das Gehen an der Leine gleich im eigenen Garten, damit der Welpe sich schnell ans Halsband und die Leine gewöhnt.

Grundkommandos

Sie können ihm auch schon einige Grundkommandos beibringen. Achten Sie aber darauf, dass das Training immer positiv ist, d.h. mit Motivation und Belohnung. Lautwerden und Bestrafen funktionieren schlechter und können bewirken, dass der Welpe Angst bekommt und folglich schlechter lernt. Beim Hundetraining ist Augenkontakt immer sehr wichtig. Bedenken Sie, dass Welpen sich nur kurze Zeit konzentrieren können und machen Sie nicht zu viel auf einmal, damit sie sich nicht langweilen. Bauen Sie lieber hier und da ein paar Minuten Training ins Spiel ein.

Das Lernen von „Bleib" ist komplexer und braucht mehr Übung.

Sitz Locken Sie den Welpen mit einem Leckerchen über Kopf in die Sitzposition und sagen dazu „Sitz". Geben Sie ihm das Leckerchen, sobald er sitzt.

Platz Locken Sie ihn aus dem Sitz mit einem Leckerchen nach unten, das sie in Richtung Vorderpfoten zum Boden führen. Sagen Sie „Platz" und geben ihm das Leckerchen, sobald er liegt.

„Sitz" für ein Leckerchen oder vor dem Füttern ist schnell gelernt.

Das Kommando „Steh" kann genauso belohnt werden.

Steh Bringen Sie Ihren Hund in Stehposition, sagen Sie das Kommando und belohnen ihn.

Bleib Lassen Sie Ihren Hund „Sitz" machen und sagen dann „Bleib". Gehen Sie mit erhobener Hand rückwärts und rufen ihn dann schnell zu sich, damit er dafür belohnt wird, erst zu kommen, wenn Sie rufen. Dehnen Sie allmählich die Zeit für das „Bleib" weiter aus.

Hier Rufen Sie Ihren Hund mit weit ausgebreiteten Armen. Belohnen Sie ihn fürs Kommen.

Weitere Kommandos Üben Sie auch beim wöchentlichen Gesundheitscheck gleich ein paar Kommandos. Das kann hilfreich sein, wenn Sie ihn zum Tierarzt bringen müssen, denn dann weiß er, was zu erwarten ist.

Das Lernen von „Gib Pfote" macht die Untersuchung leichter, wenn der Hund später einmal lahmt.

Zähne Heben Sie die Lefzen an und untersuchen Sie die Zähne. Sagen Sie das Kommando auch, wenn Sie die Zähne putzen.

Augen Sagen Sie dies beim Untersuchen der Augen.

Pfoten Sagen Sie dies, wenn Sie alle vier Pfoten anschauen.

Weitere, schwierigere Kommandos können Sie in Ihre Trainingslektionen mit einbauen. Bei „Sitz", „Platz" und „Hier" kann es nützlich sein, Pfeif- und Handzeichen mit einzubauen, weil Sie damit über größere Entfernung mit dem Hund kommunizieren können oder wenn sein Gehör später nachlassen sollte. Achten Sie auf einen gleichbleibenden Ton für jedes Kommando und geben Sie das Pfeifsignal zusammen mit Ihrem Wort- oder Handzeichen, um die Reaktion Ihres Hundes zu verbessern.
Knackpunkt des Trainings ist, dass Sie ein immer gleichbleibendes Signal geben und das richtige Verhalten des Hundes mit viel Lob und ein paar gesunden Leckerchen belohnen. Unerwünschte Reaktionen ignorieren Sie einfach. Hunde lernen schnell, wenn sie für etwas Richtiges belohnt werden.

Stubenreinheit

Mit positiven Trainingsmethoden werden Welpen schnell stubenrein. Bringen Sie Ihren Welpen ab dem ersten Tag bei sich zuhause sehr oft am Tag hinaus in den Garten. Belohnen Sie jedes Lösen draußen mit viel Lob und Aufmerksamkeit, während Sie Missgeschicke im Haus ignorieren und aufwischen. Es kann Wochen oder Monate dauern, bis der Hund ganz stubenrein ist, aber mit Geduld und Hinausgehen im Zwei-Stunden-Rhythmus lernt der Welpe, im Haus einzuhalten und kann später auch bis zu vier Stunden aushalten.
Am Anfang hilft es, Inkontinenzwindeln oder Matten in die Nähe der Tür zu legen für den Fall, dass der Welpe nicht schnell genug herauskommt. Ermuntern Sie ihn, das Papier zu benutzen und belohnen ihn dafür. Sobald er es zu benutzen gelernt hat, schieben Sie es immer weiter in Richtung Tür und schließlich nach draußen.
Die beste Methode ist in der Regel die Benutzung einer Hundebox im Haus. Weil Hunde ihren Schlafplatz nicht gern verschmutzen, schafft ein Liegeplatz in einer Box einen Ort, den er um jeden Preis sauber zu halten versuchen wird. Wenn Sie ihn über Nacht

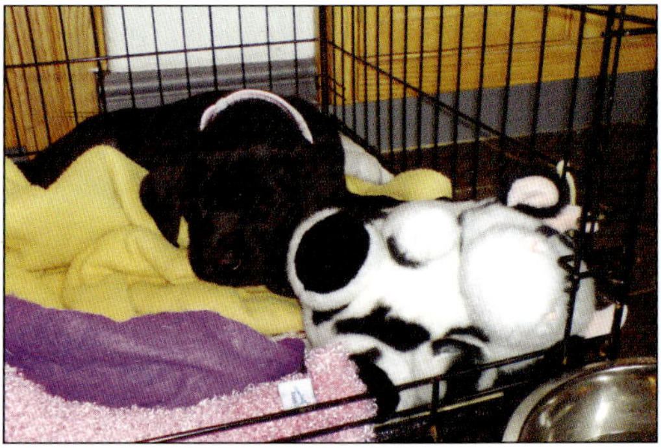

Eine Gitterbox oder ein „Kennel" verschafft dem Welpen einen sicheren Platz, den er als seinen zu betrachten lernt. Auch die Stubenreinheit ist damit schneller gelernt, da Welpen versuchen, ihren Schlafplatz nicht zu beschmutzen.

Futterspielzeuge helfen, Hunde zu beschäftigen und die Wahrscheinlichkeit zu verringern, dass sie aus Langeweile zerstörerisches Verhalten zeigen.

oder wenn Sie aus dem Haus sind auf die Box begrenzen, bringen Sie ihm bei, einzuhalten und zu warten, bevor er zum Lösen hinausgelassen wird. Wenn ein Hund immer wieder zu einer bestimmten Tageszeit, wenn der Besitzer nicht da ist, ins Haus macht, kann es helfen, die Futterzeit zu ändern, damit der Drang zum Lösen besser in den Zeitplan passt.

Kaubedürfnis

Alle Welpen haben ein großes Kaubedürfnis, wenn sie zahnen, denn das lindert die Schmerzen und stimuliert das Zahnfleisch. Geben Sie Ihrem Welpen viele Kauspielsachen und Kauartikel aus Rohhaut. Falls er etwas von Ihren Sachen nimmt, nehmen Sie es ihm mit „Nein" ab und geben ihm stattdessen eins seiner Spielzeuge. Mit der Zeit (und so lange er genug andere Anregung im Leben hat) wird er lernen, auf anderen Sachen herumzukauen und Ihre in Ruhe zu lassen.
Zerstörerisches Verhalten stammt meistens aus Langeweile und Reizarmut. Solche Hunde brauchen oft mehr Training und Bewegung, damit sie auf andere Gedanken kommen. Sie profitieren möglicherweise auch von interaktiven Spielzeugen wie z.B. Futterlabyrinthen. Der Hund bekommt das Futter nur langsam heraus und ist über Stunden beschäftigt. Das Einsperren in die Box, wenn Sie außer Haus sind, verhindert natürlich auch, dass der Hund Ihre Sachen zerstört, aber er braucht viele Spielsachen und viel Platz in seinem Käfig. Achten Sie darauf, was Ihr Hund kaut und nehmen Sie es ihm weg, wenn kleine Teile abzubrechen beginnen. Splitter von Spielzeugen und Knochen oder Steinen sind häufige Ursachen für Schäden an Magen und Darm und können eine Notfalloperation erforderlich machen.

Bewegung

Bewegung erfüllt mehrere wichtige Aufgaben im Leben Ihres Hundes. Sie erhält seine Knochen und Muskeln stark, unterstützt Herzfunktion und Kraft und hält die Lungen gesund. Das Immunsystem wird gestärkt und der Hund wird nicht übergewichtig. Außerdem spielt Bewegung eine wichtige Rolle für

Gehen Sie mit Ihren Hund möglichst zwei bis drei Mal pro Tag spazieren und bauen Sie die Dauer je nach Rasse von 5-10 Minuten pro Spaziergang mit 12 Wochen bis zu 30-60 Minuten mit 12 Monaten aus.

die Lebensqualität Ihres Hundes und Ihre eigene. Ihr Hund bleibt glücklich, kann neue Dinge sehen und hören und andere Hunde treffen, was alles der Langeweile vorbeugt. Das wiederum hilft ihm, sich zuhause zu entspannen und die Entstehung von Verhaltensproblemen ist viel unwahrscheinlicher.
Für die meisten Hunde sind zwei oder drei Spaziergänge oder Bewegungseinheiten pro Tag gut – zusätzlich zur freien Bewegung im Garten. Der Bewegungsbedarf ist je nach Alter, Gesundheitszustand und Rasse von Hund zu Hund unterschiedlich. Auf jeden Fall tut es aber Hund und Halter gut, wenn Sie sich von Anfang an angewöhnen, zwei Mal am Tag nach draußen zu gehen. Regelmäßige, tägliche Bewegung hilft Verletzungen zu vermeiden, die durch Überlastung entstehen.

Auch im Winter und bei schlechtem Wetter ist regelmäßige Bewegung wichtig, besonders für aktive Arbeitshunderassen wie diesen Finnenspitz.

Bewegung für Welpen

Geimpfte Welpen können auf 10-15 Minuten lange Spaziergänge gehen. Steigern Sie die Dauer langsam mit dem Älterwerden. Bauen Sie die Möglichkeit zum unangeleinten Spielen oder Apportieren mit ein, um mehr Tempo einzubringen. Auch „Sitz", „Bleib" und „Hier" zwischendrin geübt machen den Spaziergang abwechslungsreicher und beschäftigen das Gehirn. Bewegen Sie junge Hunde nicht zu viel, auch wenn sie daran Spaß zu haben scheinen. Lange Spaziergänge oder Joggen sind nichts für sie, bis ihre Knochen und Gelenke ganz ausgewachsen sind. Bei Hunden großer Rassen wie Rottweiler, Labrador oder Deutscher Schäferhund kann das bis zu 18 Monate dauern, bei Riesenrassen wie der Deutschen Dogge oder dem Mastiff sogar bis zu zwei Jahren. Zu viel frühzeitige Belastung kann zu Knochen- und Gelenkproblemen führen.

Bewegung für erwachsene Hunde

Mit dem Erwachsenwerden können Hunde mehr Bewegung vertragen, solange sie keine Gelenksprobleme haben. Die Spaziergänge können nach und nach länger und schneller werden und sie können öfter ohne Leine laufen. Aktive Rassen können auch mit laufen oder wandern gehen. Sportarten wie Canicross (Geländelaufen mit Hunden) oder Bergwandern passen hier gut. Bauen Sie das Training langsam auf, da Hunde genau wie Menschen ihre Fitness nur langsam steigern können. Auch Knochen und Gelenke müssen sich an die gesteigerte Belastung anpassen. Andere Möglichkeiten zur Bewegung sind Agility, Flyball oder Dummytraining, Sportarten, die fast jede Hundeschule anbietet. Zusammen mit den normalen Übungsstunden bieten sie Ihnen und Ihrem Hund die Möglichkeit, in Gesellschaft anderer viel Spaß zu haben.
Überlegen Sie auch, wozu die Rasse Ihres Hundes ursprünglich gezüchtet wurde. Labradore und andere Retriever haben Spaß am Apportieren, können aber

für Flyball oder Agility etwas zu unbeweglich sein. Terrier- und Collietypen sind hierfür besser geeignet. Huskys und Jagdhunderassen können gute Laufpartner sein, während schwere Wachhunderassen wie Rottweiler oder Mastiffs besser mit langsamerer Bewegung zurechtkommen. Natürlich gibt es von jeder Regel Ausnahmen. Wenn ein Hund einen Sport liebt, der schlecht zu seinem Körperbau passt, sollte man sehr vorsichtig sein, weil man das Verletzungsrisiko sonst erhöht.

Bewegung für ältere Hunde

Ältere Hunde – Riesenrassen ab sechs und kleine Rassen ab etwa zehn Jahren – haben besondere Bedürfnisse. Mit dem Älterwerden nimmt die Mobilität durch Verletzungen oder arthritische Veränderungen in den Gelenken oft ab. Auch andere Erkrankungen wie Herz- und Atemprobleme oder hormonell bedingte Erkrankungen können die Belastungsfähigkeit verringern. Mit dem Älterwerden können auch Probleme mit dem Gleichgewichtssinn oder dem Sehen und Hören dazukommen, was die Hunde verwirrt und ebenfalls beeinflusst, welche Art von Bewegung noch angemessen ist.

Ältere Hunde haben auch einen geringeren Kalorienbedarf, der, wenn er nicht bedacht wird, in Verbindung mit der reduzierten Bewegung zu Übergewicht führen kann. Das wiederum lässt die Gelenke schlechter funktionieren und Herz und Lunge schlechter mit Belastung zurechtkommen.

Wenn Hunde altern, ist es deshalb wichtig, auf ihre Bewegung und Fütterung zu achten. Reduzieren Sie gegebenenfalls die Futtermenge und bieten Sie ein Seniorfutter an, das weniger Kalorien enthält. Halten Sie das Maß an Bewegung so weit wie möglich aufrecht, damit der Hund mobil bleibt. Frisches Wasser muss immer zur Verfügung stehen, besonders vor und nach Aktivitäten und auch während der Bewegung, besonders an heißen Tagen.

Hunden mit Mobilitätsproblemen tut konstante tägliche Bewegung gut. Versuchen Sie, drei Mal am Tag kurz spazieren zu gehen und nicht auf eine Zehn-Kilometer-Wanderung am Wochenende, wenn Ihr Hund so viel Bewegung nicht gewohnt ist. Versuchen Sie Ihren Hund zum regelmäßigen Rausgehen zu motivieren, aber zwingen Sie ihn nicht über das Maß hinaus,

Gesunde erwachsene Hunde können langsam Ausdauer aufbauen und Sportarten wie Bergwandern ausüben. Für manche Hunde können wasserfeste Mäntel sinnvoll sein.

Ältere Hunde haben immer noch Spaß an abwechslungsreicher Bewegung, solange sie sie nicht überanstrengt oder zu Lahmheiten führt.

das er leisten kann, sonst können Verletzungen die Folge sein. Hydrotherapie wie z.B. Schwimmen kann eine sehr gute Methode sein, für Bewegung und Beweglichkeit der Gelenke zu sorgen, da Gelenk- und Muskelfitness hier mit reduzierter Belastung erreicht werden können.

Hunde mit Herz- oder Lungenproblemen hecheln häufig bei Belastung, was ihre Mobilität weiter einschränkt. Fragen Sie immer einen Tierarzt, wenn solche Symptome auftreten. Lassen Sie sich immer von Ihrem Hund leiten und überfordern Sie ihn nicht. Gehen Sie am besten morgens und abends und meiden Sie die Mittagshitze, um den Hund nicht zu überanstrengen.

Achten Sie besonders gut auf Hunde, deren Seh- oder Hörvermögen nachlässt oder die Anzeichen von Verwirrung zeigen, um Unfälle und Verletzungen zu vermeiden. Blinde Hunde können auch gut ohne Leine mit einem anderen, sehenden Hund zusammen laufen, besonders, wenn dieser ein Glöckchen am Halsband trägt. Lassen Sie den Hund in der Nähe von Straßen, Gewässern oder anderen Gefahren aber nicht von der Leine. Bewegung an einer Flexi-Leine kann für einen blinden oder tauben Hund viel besser geeignet und sicherer sein.

Verletzungen und Rekonvaleszenz

Wenn Hunde an Knochen- und Gelenksverletzungen leiden, brauchen sie entweder Ruhe oder kontrollierte Bewegung, um wieder Kraft aufzubauen. Achten Sie auf folgende Punkte:

- Jede Verletzung, die zu plötzlicher Lahmheit führt, kann die Gelenke betreffen. Bewegen Sie den Hund nicht weiter und suchen Sie einen Tierarzt auf.
- Bei Verdacht auf ein Gelenksproblem ordnet der

Tierarzt vermutlich strenge Ruhe an, das heißt es sind nur kurze, angeleinte Toiletten-Gänge in den Garten erlaubt. In manchen Fällen können aber auch 5-10 Minuten Bewegung an der Leine 2x täglich angebracht sein.

- Mit fortschreitendem Heilungsprozess steigern Sie das Maß der Bewegung langsam über zwei bis vier Wochen, bis das Normalmaß wieder erreicht ist. Eine zu plötzliche Steigerung kann einen Rückfall provozieren.
- Nach Operationen kann die Rekonvaleszenzphase länger dauern. Je nach Art der Verletzung und der Operation können anfänglich 2x 5 Minuten Bewegung an der Leine pro Tag bis hin zu 2x 10-15 Min. nach einigen Monaten angesagt sein. So, wie die Kraft zunimmt, dann die Dauer sich steigern.
- Spezielle physiotherapeutische Übungen können helfen, bestimmte Körperpartien gezielt zu stärken. Sie können Ihren Hund zum Beispiel gezielt über Bordsteinkanten oder Stangen führen, um seine Koordination und das Anheben der Beine zu fördern. Ein Tierarzt oder Physiotherapeut kann Ihnen die passenden Übungen zeigen.
- Hydrotherapie unterstützt die Heilung nach Verletzungen und stärkt die Muskulatur bei Hunden mit Problemen wie z.B. HD (s. S. 172). Kontrolliertes Schwimmen in einer speziellen Gegenstromanlage oder das Laufen auf einem Unterwasserlaufband kann die Muskeln stärken sowie Beweglichkeit und Stärke der Gelenke verbessern.

Hydrotherapie kann für viele Hunde von großem Vorteil sein. Dauer und Intensität des Schwimmens können langsam gesteigert werden, um Fitness und Muskeln aufzubauen oder die Heilung nach Verletzungen zu unterstützen.

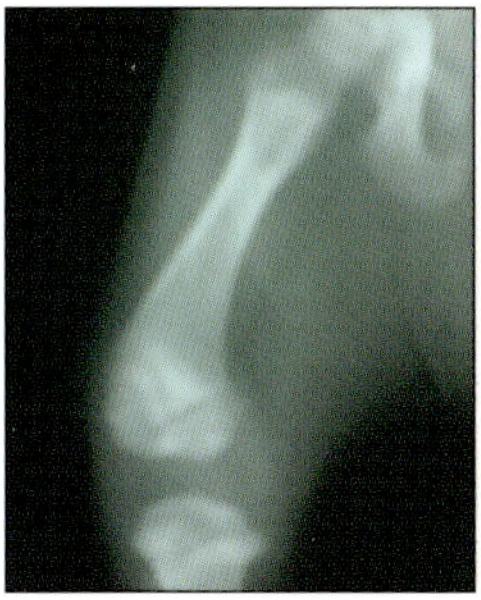

Auf diesem Röntgenbild sind die noch offenen Wachstumsfugen bei einem jungen Hund gut zu sehen. Die Gelenke sind noch besonders anfällig für Überanstrengungen und Verletzungen.

Kastration

Die meisten nicht zur Zucht bestimmten Hunde werden im Alter zwischen sechs und neun Monaten kastriert. Das verhindert nicht nur unerwünschte Welpen, sondern kann auch gesundheitliche Vorteile für die Hunde selbst haben. Kastration bedeutet die Entfernung der Geschlechtsdrüsen – der Hoden beim Rüden und der Eierstöcke, meist mit einem Teil der Gebärmutter, bei der Hündin.

Vorteile der Kastration

Bei Rüden hilft die Kastration, Streunen und unerwünschtes Sexualverhalten zu verhindern. Sie kann auch Aggressions- und Dominanzverhalten vorbeugen. Ältere unkastrierte Rüden haben häufig Probleme mit der Prostata. Auch Hodenkrebs kann vorkommen und wird durch eine Kastration vermieden. Bei jungen Rüden können nicht abgestiegene Hoden Tumore entwickeln. Eine Kastration ist deshalb besonders wichtig, wenn die Hoden bis zum Alter von sechs bis neun Monaten noch nicht abgestiegen sind.
Für Hündinnen sind die gesundheitlichen Vorteile noch größer. Jeder Hitzezyklus (Östrus) geht mit einer Hormonausschüttung einher, die das Risiko der Erkrankung an Gesäugekrebs erhöht. Eine vor der ersten Hitze kastrierte Hündin hat nur ein geringes Risiko zur Entstehung von Gesäugekrebs, während etwa ein Viertel der unkastrierten erwachsenen Hündinnen an Gesäugetumoren erkrankt.
Ältere unkastrierte Hündinnen erkranken auch häufiger an Pyometra, einer Infektion der Gebärmutter, die oft eine Notoperation zur Entfernung der Gebärmutter nach sich zieht. Eine Kastration macht diese lebensbedrohliche Erkrankung natürlich unmöglich. An Diabetes oder Epilepsie leidende Hündinnen haben übrigens weniger Beschwerden und kommen besser zurecht, wenn sie kastriert sind. Allerdings nimmt man auch an, dass die Kastration bei Hündinnen im späteren Leben eher zu einer Harninkontinenz führen kann. Dies ist aber kein sehr häufiges Problem, und wenn es doch auftritt, ist es behandelbar.

Chemische Kastration

Man kann bei Rüden eine zeitweise „Kastration" mit Medikamenten erreichen, welche die Testosteronbildung hemmen. Sie reduzieren die Libido und helfen bei der Behandlung von Prostataproblemen. Ähnlich kann man auch den Östrus der Hündin mit Medikamenten unterdrücken oder verzögern.

Wann kastrieren?

Bei Rüden ist der Zeitpunkt nicht so wichtig – sie können gefahrlos im Alter zwischen sechs und neun Monaten oder auch noch später kastriert werden. Bei

Kastration bei Hündinnen

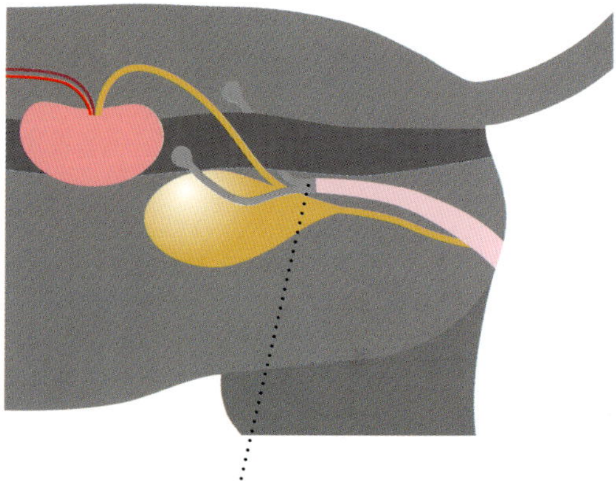

Normalerweise werden Eierstöcke, Gebärmutterhörner und Gebärmutter entfernt, ein Teil der Vagina bleibt erhalten.

Bei Rüden hilft die Kastration, übermäßig stürmisches oder unangemessenes Sexualverhalten in den Griff zu bekommen.

Kastration bei Rüden

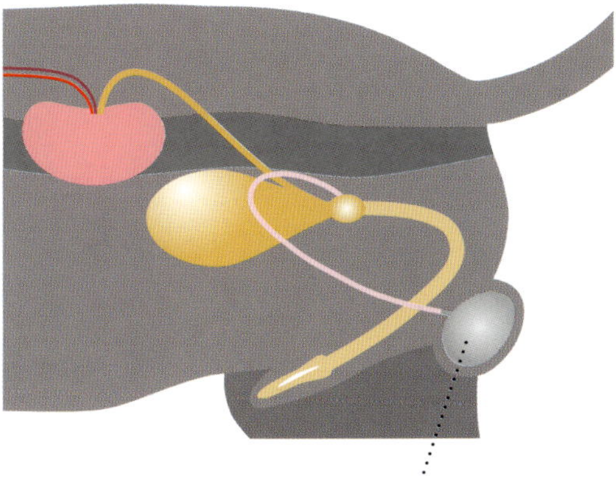

Die Hoden werden aus dem Hodensack (oder dem Bauchraum, falls sie nicht abgestiegen waren) entfernt.

Hündinnen ist das richtige Timing aber entscheidend, weil der Uterus während der Hitze viel stärker durchblutet ist als zu anderen Zeitpunkten des Zyklus. Die Kastration ist deshalb viel einfacher und gefahrloser, wenn sie zwischen zwei Hitzen ausgeführt wird. Deshalb werden Hündinnen meistens drei Monate nach ihrer ersten (oder der folgenden) Hitze kastriert, damit die Operation so problemlos wie möglich verläuft.

Nach der Kastration

Am Abend nach einer Narkose sind Hunde oft schläfrig und wacklig auf den Beinen und frieren schneller, weil sie ihre Körpertemperatur noch nicht regulieren können. Sie können auch Übelkeit empfinden, das Fressen verweigern oder es anschließend wieder erbrechen.
Bieten Sie eine kleine Portion leicht verdauliches Futter wie z.B. Hühnchen mit Reis an und vermeiden Sie große Futtermengen.

Achten Sie genau auf die Wunde und verhindern Sie, dass der Hund sie beleckt. Benutzen Sie einen Halskragen, um das Lecken zu verhindern.

Bei genähten Wunden halten Sie den Hund möglichst ruhig, bis die Wunde verheilt ist und die Fäden gezogen werden können. Fragen Sie Ihren Tierarzt, wie viel Ihr Hund sich bewegen darf. In der Regel sind zwei fünfminütige Spaziergänge an der Leine angesagt und freies Herumtollen verboten.

Hundezucht

Die Aufzucht eines Wurfs Welpen ist eine sehr verlockende Idee, aber hier ist das Für und Wider zu betrachten. Es geht nicht nur darum, einen ganzen Wurf quirliger Welpen sicher unterzubringen, die jede Menge Schmutz und Unordnung verursachen. Sie müssen auch sicherstellen, dass Sie nur mit gesunden und gut geeigneten Hunden züchten und für jeden Welpen ein gutes Zuhause finden können. Züchten kann auch für die Hündin durchaus gefährlich sein. Während der Trächtigkeit kann es zu Komplikationen kommen oder die Welpen kommen nicht auf natürlichem Weg und müssen per Kaiserschnitt geholt werden. Oder die Hündin kann nicht säugen und die Welpen müssen von Hand aufgezogen werden. Bedenken Sie, dass Sie für die Gesundheit von Hündin und Welpen verantwortlich sind. Letzten Endes ist Züchten auch ein teures Hobby. Die Kosten können sich schnell in die Höhe schrauben und nicht gegen alles kann man sich versichern. Auf der anderen Seite kann es natürlich auch viel Spaß machen, einen Wurf Welpen großzuziehen.

Bevor Sie züchten

Bevor Sie züchten, beurteilen Sie genau Körperbau und Wesen Ihres Hundes, denn es wäre sehr unklug, mit einem Hund zu züchten, der Gebäudefehler, Krankheiten oder ein schwieriges Temperament aufweist. Zu einem guten Körperbau gehört auch eine gesunde Form, die den Hund nicht für Verletzungen oder Erkrankungen anfällig macht. Ihr Tierarzt hat die Möglichkeit, je nach Rasse verschiedene Tests auf bestimmte Erbkrankheiten hin durchzuführen, damit nur mit den gesündesten Hunden gezüchtet wird und defekte Gene nicht an die nächste Generation weitergegeben werden. Bei Rassehundewelpen sind solche Tests extrem wichtig, denn sie geben Züchtern und Käufern die Sicherheit, dass sie gesunde Welpen haben und einen angemessenen Preis dafür verlangen können. Aber auch bei Mischlingen können solche Tests sinnvoll sein, vor allem, wenn zwei Rassen mit ähnlichen Krankheitsprofilen gekreuzt werden.

Beispiele für Zuchttauglichkeitstests sind zum Beispiel die Untersuchung von Hüfte und Ellbogen auf HD und ED, um die Wahrscheinlichkeit zu bestimmen, dass der Hund diese Fehlbildung weitergeben wird. Aber auch Hörtests und Augenuntersuchungen sind je nach Rasse üblich.

Die erste Hitze
Das erwartet Sie:

Scheidenausfluss – etwa 10 Tage lang blutig, dann klar.

Die Hündin wirkt anziehend auf Rüden.

12-15 Tage nach Einsetzen des blutigen Ausflusses ist die Bedeckung am erfolgversprechendsten.

Bei der Paarung können Rüde und Hündin bis zu 20-30 Minuten lang ineinander „hängen" und nicht auseinanderkommen, bis die Muskeln der Hündin sich entspannen.

Suchen Sie bei unerwünschter Bedeckung sofort tierärztlichen Rat, um die Möglichkeiten zu besprechen.

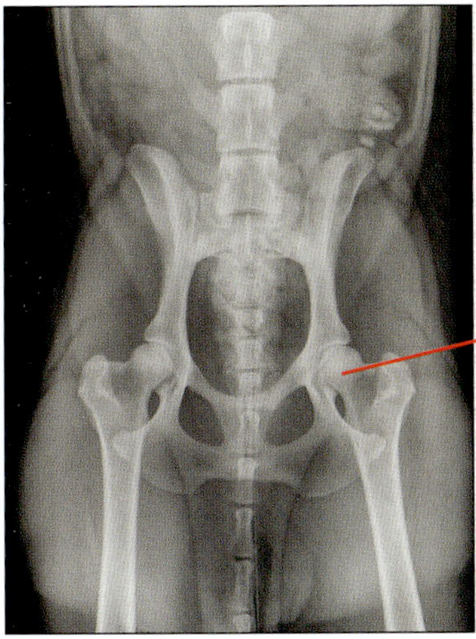

Diese Röntgenbilder zeigen einen Hund mit guten Hüften (links) und einen mit HD (rechts).

Hier passen Gelenkkopf und Gelenkpfanne eng ineinander.

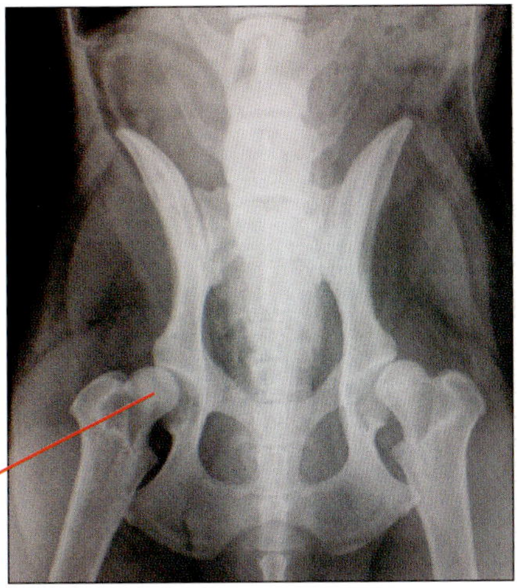

Hier passt der nicht ganz runde Femurkopf schlecht in die flache Gelenkpfanne.

- Bei der HD-Untersuchung werden Röntgenbilder von der Hüfte gemacht. Diese werden auf eine Reihe von Kriterien überprüft und der Hund erhält einen Wert auf der Schweregrad-Skala für HD. Nur Hunde mit Werten, die über dem Rassedurchschnitt liegen, sollten zur Zucht eingesetzt werden.
- Bei der Untersuchung auf Ellbogengelenks-Dysplasie (ED) wird entsprechend das Ellbogengelenk geröntgt, um zu sehen, ob dies vielleicht eine anormale Form hat, die erblich sein könnte.
- Bei einigen Rassen werden auch Tests auf erbliche Augenkrankheiten durchgeführt. Nur, wenn beide Eltern den Test bestehen, können die Welpen die Erkrankung nicht erben.
- Auch Hörtests werden durchgeführt, z.B. bei Dalmatinern.
- Es gibt Gentests für verschiedene Stoffwechselerkrankungen und Störungen der Blutgerinnung.

Vor dem Zuchteinsatz sollte außerdem überprüft werden, dass beide Elterntiere ein gesundes Körper-

Bei Labrador Retrievern ist eine Überprüfung von Hüfte, Ellbogen, Augen sowie ein Gentest auf die Muskelstörung Myopathie vor dem Zuchteinsatz ratsam.

gewicht haben und geimpft und entwurmt sind. Es kann auch ratsam sein, sie auf sexuell übertragbare Krankheiten wie Herpes oder Brucellose zu testen. In manchen Ländern werden Zuchthunde gegen Herpes geimpft, um eine Infektion während der Trächtigkeit zu verhindern, die zum Tod der Welpen und zu Unfruchtbarkeit führen kann.

All diese Tests werden normalerweise am erwachsenen Hund vor dem ersten Zuchteinsatz durchgeführt. Dieser sollte nicht vor Abschluss der körperlichen Reife stattfinden, die je nach Rasse und Typ zu unterschiedlichen Zeitpunkten eintritt. Als Faustregel sollte man nicht mit unter zwei Jahre alten Hunden züchten.

Zum Zeitpunkt der höchsten Fruchtbarkeit ist die Hündin bereit, den Rüden zu akzeptieren.

Praktische Überlegungen

Die gesunde Hündin ist in der Regel zwischen dem 12. und 15. Tag nach Einsetzen der Blutung am fruchtbarsten. In diesem Zeitfenster und solange sie den Rüden akzeptiert kann alle zwei Tage gedeckt werden. Man kann auch Tests durchführen, um den Zeitpunkt des Eisprungs genau zu bestimmen und die Wahrscheinlichkeit einer erfolgreichen Bedeckung zu erhöhen. Das ist besonders für diejenigen Hündinnen wichtig, die nicht gerne stehen oder für die eine natürliche Bedeckung nicht möglich ist. Es gibt zwei verschiedene Testmethoden hierzu:

- Der Tierarzt kann einen Scheidenabstrich nehmen und die vorhandenen Zelltypen untersuchen. Diese zeigen den besten Bedeckungszeitpunkt an.
- Man macht sieben Tage nach den ersten Blutungsanzeichen einen Bluttest und weitere im Abstand von einem oder zwei Tagen, um das plötzliche Ansteigen des Progesteronspiegels zu messen. Dieses kündigt den kurz bevorstehenden Eisprung an.

Die meisten Hündinnen sind zwei Tage später fruchtbar und können gedeckt werden. Es ist aber immer gut, nochmals zu testen und den Eisprung mit dem hohen Progesteronspiegel zu bestätigen, da manche Hündinnen mehr als zwei Tage brauchen, um dieses Stadium zu erreichen.

Decken

Bei der Bedeckung springt der Rüde normalerweise auf den Rücken der Hündin auf und dringt in sie ein. Sein Penis wird fest von den Scheidenmuskeln der Hündin umschlossen, sodass die Hunde aneinander „hängen". Der Rüde rutscht zwar möglicherweise vom Rücken herab, aber das „Hängen" kann trotzdem noch mehrere Minuten lang andauern, sodass die Hunde in dieser Zeit Rute an Rute stehen. Versuchen Sie nicht, Rüde und Hündin voneinander zu trennen – dies gelingt nicht und kann zu Verletzungen führen. Erst, wenn alles sich entspannt, kommen die beiden wieder auseinander.

Trächtigkeit

In der Frühphase der Trächtigkeit gibt es nur wenige Hinweise darauf, dass irgendetwas vorgeht. Manche Hündinnen können einen gesteigerten Appetit und Verhaltensänderungen zeigen, indem sie zum Beispiel ruhiger werden. Ab dem 25. Tag kann man mit Bluttests hormonelle Veränderungen nachweisen und so die Trächtigkeit bestätigen. Mit einer Ultraschalluntersuchung lassen sich Vesikel nachweisen, in denen sich Embryonen in der Entwicklung befinden. Schon nach wenigen Tagen kann man die einzelnen Welpen detaillierter erkennen und ihren Herzschlag messen, um ihre Vitalität zu überprüfen. Versuche, die Welpen

zu zählen, enden aber eher ungenau, weil es auf dem Ultraschallmonitor schwierig sein kann, zwischen den verschiedenen Welpen zu unterscheiden. Tiefer liegende Welpen sind eventuell gar nicht zu sehen.
In der 3.- 4. Trächtigkeitswoche wird die Vergrößerung des Uterus tastbar und die Bauchform kann sich äußerlich verändern. Jetzt sollte die Hündin mehrmals am Tag spezielles Zuchtfutter bekommen, weil sie mehr Nährstoffe braucht, um gesunde Welpen auszubilden.

Geburtsvorbereitungen

Die Trächtigkeit dauert normalerweise etwa 63 Tage. Gegen Ende wird die Hündin sehr voluminös und schwerfällig. Es fällt ihr schwer, eine bequeme Position zu finden und sie frisst möglicherweise nicht mehr so gern. Ihre Zitzen schwellen an – achten Sie darauf, dass sie nicht heiß und hart werden, was Anzeichen für eine Mastitis ist. Eine tragende Hündin beginnt Nestbauverhalten zu zeigen und inspiziert verschiedene dunkle Ecken im Haus, wenn sie sich auf das Werfen vorbereitet. Jetzt sollten Sie ihr eine Wurfkiste oder einen anderen geeigneten Ort zur Verfügung stellen und ihre Schlafdecke hineinlegen. Je nach Größe des Hundes enthält der Wurfbereich idealerweise die gewohnte Schlafdecke oder waschbare Handtücher auf einer Seite und eine mit Zeitung ausgelegte Ecke auf der anderen Seite, wo die Welpen fressen und sich lösen können. Im Idealfall ist der Wurfbereich von einer niedrigen Kante eingefasst, sodass die Hündin jederzeit bequem hinauskann, die Welpen aber sicher drinnen bleiben.

Die Geburt

Die Reihenfolge der Ereignisse ist:

- Das erste Anzeichen für die bevorstehende Geburt ist ein Abfall der Körpertemperatur der Hündin von etwa 38 auf 37 Grad oder weniger. Die meisten Hündinnen werfen innerhalb von 24 Stunden nach einem solchen Temperaturabfall. Es ist deshalb rat-

Eine gute Wurfbox bietet Hündin und Welpen eine sichere und bequeme Umgebung.

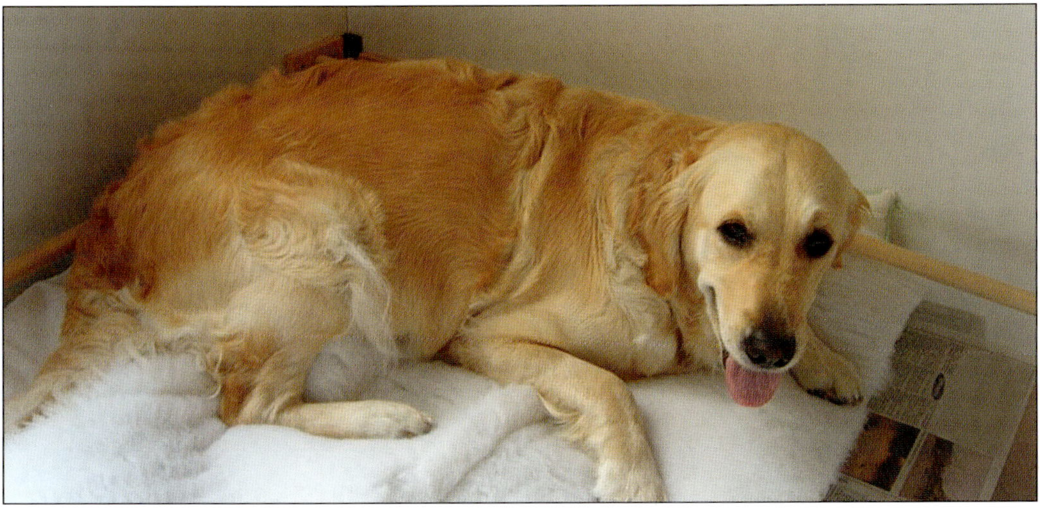

sam, die Temperatur der Hündin ab dem 60. Tag zwei Mal täglich zu kontrollieren.
- Nach dem „Temperatursturz" folgen Anzeichen von Ruhelosigkeit, manchmal auch Zittern oder sogar Erbrechen, was die Wehen ankündigt. Diese Phase dauert 12-24 Stunden.
- Sobald sichtbare Wehen einsetzen, ist die Hündin bereit zur Geburt. Normalerweise kommen die Welpen im Abstand von ein bis zwei Stunden zur Welt. Nach 12 bis 24 Stunden sind die Wehen in der Regel beendet. Normalerweise folgt jedem Welpen eine Nachgeburt, die Sie im Idealfall zählen und damit sicherstellen können, dass keine Nachgeburten zurückgeblieben sind. Da die Hündin die Nachgeburt auffrisst, müssen Sie aber besonders wachsam sein, um das mitzubekommen.

Pflege der Neugeborenen

Welpen werden blind und taub geboren. Anfangs sind sie für Urin- und Kotabsatz ganz auf die Hündin angewiesen, weil sie ihn durch Lecken stimuliert. Erst langsam beginnen die Welpen zu sehen und zu hören und werden mobil – Augen und Ohren öffnen sich mit etwa 10 Tagen. Anfangs rutschen sie auf dem Bauch, stemmen sich aber schon bald auf ihren Beinchen in die Höhe. Mit wachsender Mobilität krabbeln sie auch aus dem Nest und erkunden ihre Umgebung. Gesunde Welpen trinken regelmäßig und schlafen kurz darauf ein. Anfangs schlafen sie für jeweils etwa zwei Stunden und werden dann wieder zum Trinken wach. Dünn aussehende und ständig jammernde Welpen, die nie zur Ruhe kommen, bekommen vermutlich nicht genug Milch. Ihr Zustand kann sich schnell so weit verschlechtern, dass sie sterben. Schreiten Sie bei Anzeichen ungestillten Hungers deshalb sofort

Die Mutter leckt die Neugeborenen kräftig ab, um die Atmung zu stimulieren.

Zwischen der Geburt der einzelnen Welpen ruht die Hündin und säugt die bereits Geborenen. Das fördert die weiteren Wehen.

ein. Vielleicht braucht die Hündin mehr Futter oder Medikamente, um die Milchproduktion zu steigern. Die Welpen können auch zusätzlich mit einem Milchersatz gefüttert werden.
Mit etwa 3-4 Wochen beginnen die Welpen langsam, etwas von dem Welpenfutter zu fressen, das der Mutter angeboten wird und können sich mit etwa sechs Wochen ganz davon ernähren. Sie saugen aber in der Regel noch etwa zwei Wochen lang bei der Mutter weiter, wenn man sie lässt.

Vorbereitungen aufs neue Heim

Mit 4-6 Wochen können Sie ihnen etwas Freiheit gönnen und sie die Mutter auf ihren Toilettengängen nach draußen begleiten lassen, was die Stubenreinheit fördert. Jetzt können sie auch mit anderen Haustieren und Kindern sozialisiert werden, sollten aber noch nicht mit fremden Hunden zusammenkommen, weil ihr Impfschutz noch nicht ausreicht. Ab dem Alter von 2-4 Wochen sollten Welpen regelmäßig entwurmt und mit 6-8 Wochen geimpft werden. Eventuell ist auch eine Flohbehandlung nötig. Mit etwa 8 Wochen können die Welpen ihr Zuhause verlassen. Bereiten Sie ein Informationsblatt vor, welche Behandlungen und welches Futter wie oft die Welpen bekommen haben. Geben Sie eine Probe des gewohnten Futters mit, damit die neuen Besitzer es ggf. mit dem neuen Futter mischen können. Wenn Sie dem Welpen ein ungewaschenes Stück Stoff aus der Wurfkiste mitgeben, hilft ihm das, sich schneller sicher zu fühlen.

Wie man die Temperatur misst

Benutzen Sie bei einem normal großen Hund ein normales Fieberthermometer, dessen Spitze Sie mit etwas Vaseline gleitfähig machen und führen Sie es etwa 2 cm tief (bei kleinen Rassen weniger) in den After ein. Halten Sie es dabei mit der Spitze leicht schräg und warten etwa 30 Sekunden. Wischen Sie es mit einem sauberen Tuch ab und lesen die Temperatur sofort ab. Die normale Körpertemperatur von Hunden liegt bei etwa 38 Grad.

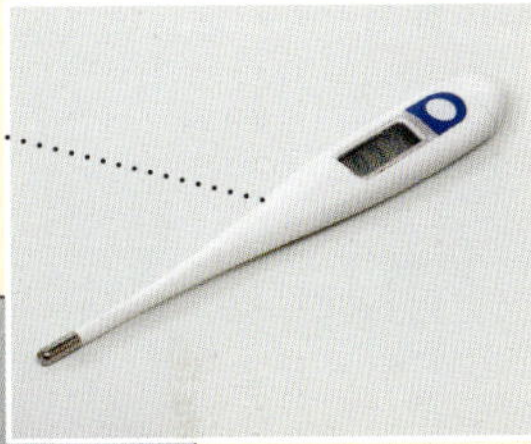

Benutzen Sie am besten ein Digitalthermometer.

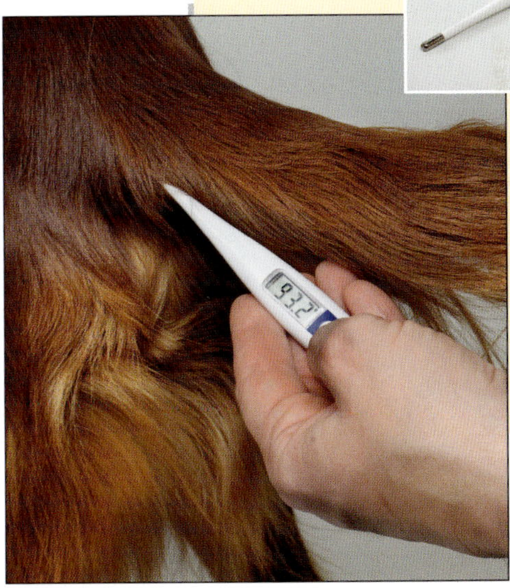

Führen Sie es sanft ein kurzes Stück ins Rektum ein.

Kapitel 2

Gesundheitsprobleme

Die meisten Hunde sind die meiste Zeit über gesund und man sollte sich mit Überlegungen, was alles schief gehen könnte, nicht zu verrückt machen. Informationen über Gesundheitsprobleme helfen Ihnen aber zu verstehen, was im Krankheitsfall vor sich geht. Egal wie gut Sie sich um Ihre Hunde kümmern und sie mit der richtigen Menge an Futter, Bewegung, Zuneigung und vorbeugenden Behandlungen versorgen, wird es immer wieder mal Zeiten geben, zu denen sie krank sind.

Die ersten Anzeichen für Probleme früh zu erkennen macht es Ihnen möglich, die passende Behandlung schnellstmöglich zu organisieren und hilft Ihrem Hund, schnell wieder gesund zu werden. Die Kosten für Medikamente oder Operationen können hoch sein und die Kostenspirale bei komplizierten Fällen in die Höhe treiben. Es gibt aber auch Operationskostenversicherungen für Hunde, die Ihnen je nach Umfang einen Teil der Kosten erstatten und Ihnen die Sorge abnehmen, sich die beste Untersuchungs- und Behandlungsmethode für Ihren Hund vielleicht nicht leisten zu können.

Grundkenntnisse in Anatomie helfen Ihnen, Gesundheitsprobleme zu erkennen.

Nur eine gründliche Untersuchung ermöglicht eine genaue Diagnose und damit eine effektive Behandlung.

Eine tierärtzliche Untersuchung

Für den Tierarzt sind Ihre Informationen sehr hilfreich, wenn Sie bei einer gründlichen Untersuchung des Hundes mit dabei sind. Bei der Untersuchung überprüft der Tierarzt meist die Normalwerte von Puls, Atmung und Temperatur, schaut den Hund genau an und tastet ihn ab. Mit einem gründlichen Check stellt er fest, ob der Hund unter Herzproblemen oder Atembeschwerden leidet, wie gut der Kreislauf funktioniert und ob der Flüssigkeitshaushalt in Ordnung ist. Er entdeckt auch Schwellungen oder Verdickungen der Haut, im darunter liegenden Gewebe oder in der Bauchhöhle. Ein Durchbewegen von Hals, Rücken und Läufen bringt mögliche orthopädische Probleme zutage und eine Untersuchung von Augen, Ohren und Gesicht sowie der Reaktion des Hundes auf bestimmte Reize lässt eine Beurteilung des Nervensystems zu.

Oft ist nach einer solchen Erstuntersuchung schon eine Diagnose möglich, aber manchmal sind auch weitere Untersuchungen nötig, um die Schwere eines Problems zu bestimmen. Typische Diagnoseverfahren sind unter anderem Blutuntersuchungen, Röntgen und Ultraschall.

Blutuntersuchungen decken Probleme mit den roten und weißen Blutkörperchen auf oder geben über biochemische Marker Hinweise auf die Funktion von Leber, Niere, Darm, Herz oder auch Knochen. Über das Blut lassen sich auch Diabetes mellitus und andere Stoffwechselstörungen identifizieren. Mittels Röntgen untersucht man Knochen und andere Strukturen, während Ultraschall und MRT für das Weichgewebe zuständig sind.

Erst nach einer klaren Diagnose ist es möglich, den besten Behandlungsplan festzulegen. Dieser kann

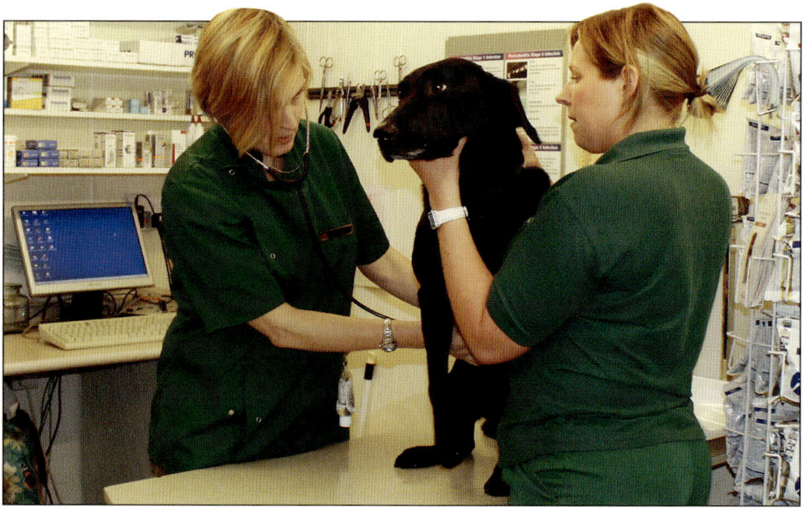

Die gründliche klinische Untersuchung kann schon einen großen Teil an Informationen liefern.

Die Untersuchung der Ohren mit dem Otoskop geht am einfachsten, wenn der Hundekopf ruhig gehalten wird.

eine Operation beinhalten oder allein auf Medikamenten beruhen wie z.B. Antibiotika gegen Bakterien, Entzündungshemmern und Schmerzmitteln oder Mitteln zur Unterstützung der Herzfunktion, zur Regulierung des Stoffwechsels und so weiter. Operationen (meist unter Vollnarkose) sind bei der Behandlung von Knochenbrüchen oder anderen orthopädischen Problemen sowie zur Entfernung anormaler Strukturen nötig. Bei Krebs setzt man Chemo- und Strahlentherapie oder auch komplementäre Behandlungsmethoden wie die Akupunktur zur Schmerzlinderung ein. In manchen Fällen sind auch Nahrungsergänzungsmittel, Physiotherapie und Hydrotherapie sinnvoll.

Zu einem Check beim Tierarzt können folgende Untersuchungen gehören:

- Augen (mit einem Ophtalmsoskop)
- Ohren (mit einem Otoskop)
- Kiefer und Zähne
- Zahnfleisch
- Haut
- Herz- und Lungengeräusche (mit einem Stethoskop)
- Bauch (durch Palpation/Abtasten)
- Geschlechtsorgane und Anus
- Rücken und Gliedmaßen

Was sind **Röntgenbilder**

Röntgenbilder machen den Schatten einer Körperstruktur sichtbar, wenn man diese Röntgenstrahlen aussetzt. Am hilfreichsten sind sie für Knochen, sie können aber auch die Beurteilung von Größe, Form und Lage anderer Organe ermöglichen.

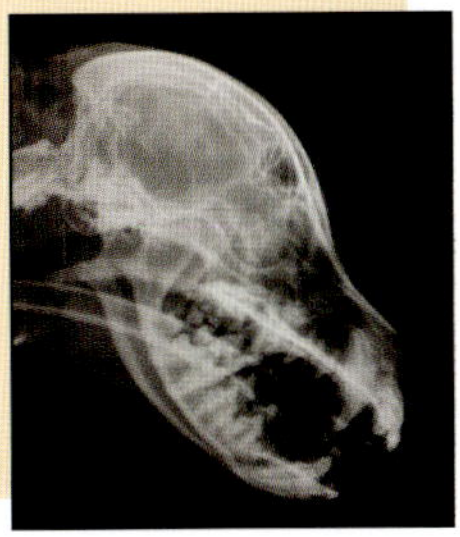

Hautkrankheiten

Hautkrankheiten sind bei Hunden nicht unüblich und können verschiedene Formen annehmen. Sie können den ganzen Körper betreffen, aber Pfoten und Ohren sind besonders problemanfällig.

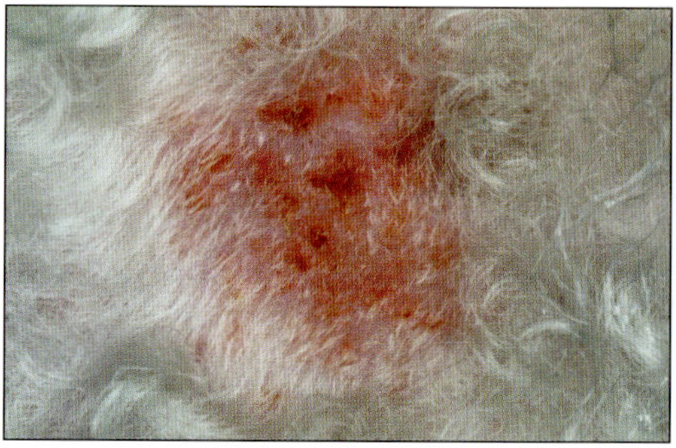

Rötung, Haarausfall und Verdickung sind typische Anzeichen einer Hauterkrankung.

Symptome

Zu den Symptomen gehören:

- Haarausfall, Entstehung von geröteten, verfärbten oder kahlen Hautstellen oder Ausschlag, Juckreiz
- Die betroffene Haut sieht andersfarbig, verdickt und schuppiger oder fettiger aus als normal.
- Auch ohne Juckreiz können die Hunde nässende oder eiternde Hautstellen haben.

Diagnose

Zur Diagnose können weitere Tests erforderlich sein, um zwischen Erkrankungen mit ähnlichen Symptomen unterscheiden zu können.

- An Hautabstrichen von betroffenen Stellen kann im Labor die Art der Bakterien nachgewiesen und damit das richtige Antibiotikum bestimmt werden.
- Bei Wunden mag die Entstehungsursache klar sein, aber andere Erkrankungen erfordern oft weitere Untersuchungen. Manche Arten von Flechten- oder Pilzbefall fluoreszieren z.B. unter UV-Licht leuchtend grün und können mit Hilfe einer sogenannten Wood-Lampe identifiziert werden. Pilzbefall kann auch durch eine mikroskopische Untersuchung von Hautschuppen und Haaren nachgewiesen werden oder anhand einer auf einer speziellen, mit einem Farbwechselindikator ausgestatteten Platte gezüchteten Pilzkultur aus Hautschuppen: Wenn ein Pilz vorliegt, verändert die Platte nach wenigen Tagen ihre Farbe.
- Für den Nachweis von Parasiten wie Läusen, Milben, Zecken oder Flöhen sind gründliches Kämmen, Hautgeschabsel und Haarproben nötig. Eventuell müssen Haut- und Haarproben mikroskopisch untersucht werden.
- Über die Behandlung mit einem Breitspektrum-Antiparasitikum kann ein Parasitenbefall als Ursache für Juckreiz und sekundäre Hautinfektionen ausgeschlossen werden.
- Zu den Test gehört auch eine Ausschlussdiät auf Futterallergie (s.S. 58). Bei Blut- oder Hauttests auf Umweltallergien sucht man nach Antikörpern im Blut oder Reaktionen der Haut auf bestimmte Blütenpollen, Staubmilben oder andere Spezies.
- Auch eine Hautbiopsie (chirurgische Entnahme einer Hautprobe, die dann mikroskopiert wird) kann hilfreiche Informationen liefern.
- Blutuntersuchungen ermöglichen die Diagnose von Hauterkrankungen, die als Folge anderer Krankheiten wie z.B. Hormonstörungen auftreten.

Behandlungsmöglichkeiten

Die Behandlung richtet sich nach der Ursache des Problems.

- Antiparasitika bei Parasiten, Antibiotika bei Bakterien und Antimyotika bei Pilzbefall
- Bei allergischen Hunden hilft eine Vermeidung der Allergene und ggf. eine Spezialdiät.
- Antihistaminika helfen, allergische Reaktionen zu dämpfen. Auch Steroide können eingesetzt werden, um Allergien, Entzündungen und Juckreiz zu lindern.
- Bei einer Hyposensibilisierung werden dem Hund kleinste Mengen des Stoffs injiziert, auf den er allergisch reagiert, um damit seine Toleranz gegenüber dem Allergen zu erhöhen.
- Hautknoten müssen ggf. entfernt und zugrunde liegende Probleme behandelt werden.
- Essenzielle Fettsäuren können die allgemeine Hautgesundheit verbessern und sind bei fast allen Hauterkrankungen hilfreich. Es gibt auch noch weitere Nahrungsergänzungen, die eine gesunde Haut fördern.

Was ist ein ***Hautgeschabsel***

Für ein Hautgeschabsel streicht man mit einer scharfen Klinge über die betroffene Hautstelle und streift sie an einem Mikroskopierplättchen ab. Auch von den kranken Hautstellen ausgezupfte Haare oder ausgedrückte Flüssigkeit kann unter dem Mikroskop untersucht werden. Damit können Milben oder andere Parasiten, Hautbakterien und Hefepilzinfektionen wie z.B. die Ringflechte nachgewiesen werden.

Aufbau der Haut

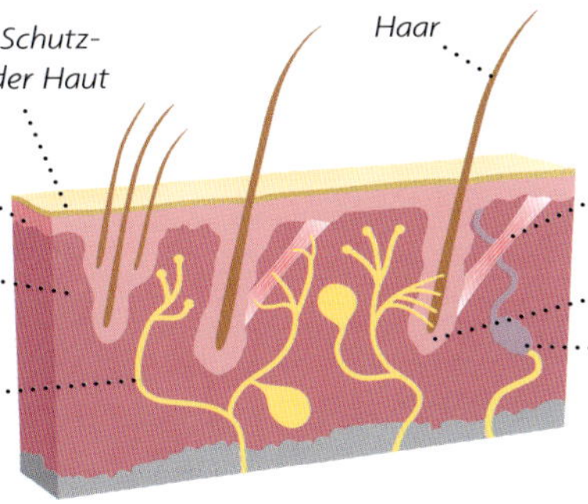

Bakterielle Hauterkrankungen (Pyodermien)

Bakterielle Infektionen der Haut sind sehr häufig. Sie können als eigenständiges Problem auftreten, aber häufig ist eine Pyoderma (Hautinfektion) auch die Folge einer anderen Erkrankung, welche die Gesundheit der Haut beeinträchtigt und sie für Infektionen anfälliger gemacht hat. Bakterien und Hefepilze sind immer auf der Hautoberfläche vorhanden und verursachen nur selten Probleme. Wenn sie allerdings die oberste Hautschicht durchdringen, die Haarfollikel befallen und Infektionen anderer Hautstrukturen verursachen, können sie Pusteln, Ausschlag oder Bereiche geröteter, kahler oder nässender Hautstellen zur Folge haben.

Tiefe Pyodermie

Die Infektion kann sich durch die gesamte Haut „fressen" und zu Abszessen oder entzündeten Gängen führen, die extrem schmerzhaft sein können.

Symptome

- Juckreiz ist häufige Folge einer Pyodermie. Durch Kratzen und Beißen verbreiten die Hunde die Infektion oft auf weitere Hautbereiche und schädigen die Haut außerdem noch mehr, was wiederum zu noch stärkeren Infektionen führt.
- Bis der Hund einem Tierarzt vorgestellt wird, ist die Infektion oft so stark, dass sie die ursprünglichen Symptome der zugrunde liegenden Erkrankung verdeckt hat. Das bedeutet, dass meistens sowohl die Pyodermie als auch das zugrunde liegende Problem behandelt werden müssen, wenn wiederkehrende Infektionen vermieden werden sollen.

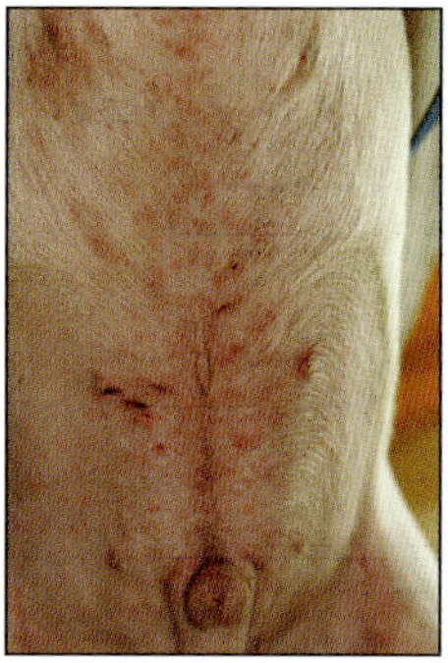

Pyoderma verursacht einen pickligen, juckenden Hautausschlag, der sich schnell ausbreiten kann.

Diagnose Mit Hautgeschabseln lässt sich die Bakterienart bestimmen (meist Staphylokokken). Auch Hefepilze wie *Malassezia* oder *Candida*, die sehr ähnliche Hauterkrankungen hervorrufen können, lassen sich so nachweisen.

Behandlung Pyodermien benötigen oft eine lang andauernde Behandlung. Antibiotika gegen bakterielle Infektionen müssen sechs bis 12 Wochen oder noch länger gegeben werden. Pilzinfektionen werden oft mit medizinischen Waschungen oder Shampoos behandelt, die ebenfalls über Wochen oder Monate angewendet werden müssen.

Pododermatitis

Diese tiefe Infektion des Pfotengewebes ist sehr schmerzhaft und kann zu Lahmheit sowie erhöhter Empfindlichkeit der Pfoten führen. Eine Infektion des Krallenbetts (Paronychie), die zum Krallenausfall führen kann, kann die Folge sein.

Symptome

- Juckreiz und Entstehung wunder Stellen zwischen den Zehen und Ballen der Pfote und der umgebenden Haut.

Behandlung Neben Antiobiotika und der Behandlung zugrundeliegender Erkrankungen wie Allergien oder Parasiten können Pfotenbäder in einem milden Desinfektionsmittel nötig sein.

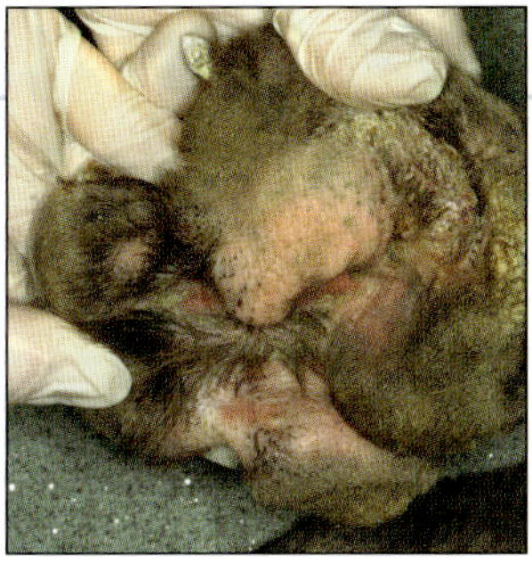

Eine chronische Verdickung der Haut an den Pfoten ist oft bei der Pododermatitis zu beobachten.

Furunkulose

Eine tiefe Infektion der Haut, meist an warmen, feuchten Körperstellen. Es können z.B. die Pfoten oder der Nasenbereich betroffen sein. Die häufigste Form ist die Furunkulose im Analbereich, die vor allem bei Hunden mit tiefer Rutenhaltung vorkommt.

Symptome

- Abszesse und entzündete Bereiche

Behandlung Medikamente gegen die Entzündung, manchmal ist eine operative Behandlung nötig.

Hautfaltenpyodermie

Sie betrifft am häufigsten Hunderassen mit loser Haut und kurzen Schnauzen und kommt vor allem in den Gesichtsfalten von Bulldogs oder Möpsen vor, aber auch in den Lefzenfalten oder dem Genitalbereich.

Symptome

- Die Hautfalten können gerötet sein und jucken, manchmal ist Ausfluss vorhanden.

Behandlung Antibiotische Medikamente und Salben, gründliches Reinigen und Trocknen der betroffenen Stellen. In extremen Fällen operative Straffung der Hautfalten. Vaseline kann als Schutz vor Neuinfektionen helfen.

Akne/Impetigo

Ein häufiges Problem im Gesichtsbereich von Welpen und Junghunden. Kann spontan verschwinden, aber auch antibiotische Behandlung erfordern.

Ellbogenschwielen

Kommen oft bei älteren Hunden vor, vor allem bei solchen, die nicht auf weichen Unterlagen schlafen.

Symptome

- Die Haut über Stellen, die häufigem Druck ausgesetzt sind wie Ellbogen, aber auch Hüfte, Pfoten, Sprunggelenke oder Teile der Pfoten wird kahl und verdickt.
- Manchmal bilden sich Entzündungen oder Geschwüre.

Behandlung Ist Letzteres der Fall, kann die Behandlung langwierig sein. Evtl. ist eine chirurgische Entfernung nötig. Vaseline hilft, die verdickte Haut weich und gesund zu halten. Betroffene Hunde benötigen dickere Liegebetten.

Diese rötlichen Pusteln an den Lefzen eines jungen Boxers sind typisch für Akne.

Parasitäre Hauterkrankungen

Parasitäre Hauterkrankungen sind häufig und sollten immer als möglicher Grund für Hautprobleme in Betracht gezogen werden.

Symptome

- Haarausfall, Juckreiz, geschädigte Haut.
- Manche Parasiten können auch andere Probleme wie z.B. **Anämie** verursachen.

Flöhe

Die häufigsten Hautparasiten. Sie sind je nach Art 1-3 mm lang. Es gibt verschiedene Spezies, die jeweils hauptsächlich auf Nager, Vögel, Katzen, Hunde oder sogar Menschen spezialisiert sind, aber alle auch Hunde befallen können.

Symptome

- Flöhe sind mit bloßem Auge sichtbar. Wenn man das Fell auseinanderteilt, sieht man sie oft zwischen den Haaren krabbeln und springen. Erwachsene Flöhe legen Hunderte von Eiern, die alle vom Tier abfallen, sich in Teppichen, Fußbodenritzen etc. weiterentwickeln und so für einen ständigen Neubefall sorgen.

Behandlung Erwachsene Flöhe bekämpft man am effektivsten mit monatlich angewandten Spot-On-Produkten vom Tierarzt. Zur Behandlung der Umgebung und Unterbrechung der Larvenentwicklung sind zusätzliche andere Produkte nötig. Flöhe können auch Bandwürmer übertragen, achten Sie deshalb auf eine regelmäßige Entwurmung.

Zecken

Sie leben vor allem in feuchten Waldgebieten, aber auch auf Wiesen. Sie krabbeln auf vorbeikommende Hunde, beißen sich fest und saugen Blut.

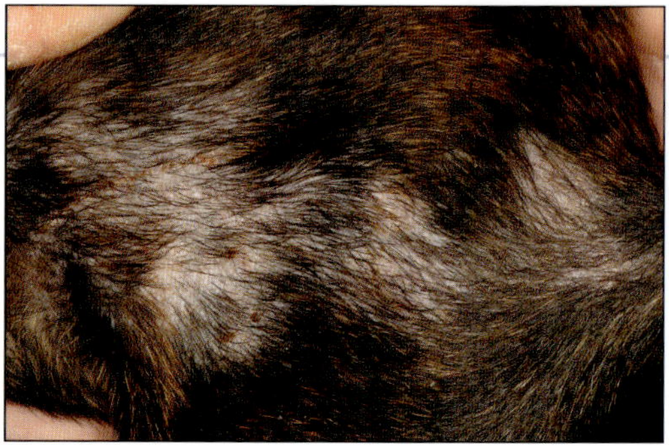

Juckender Hautausschlag und Haarausfall haben oft mit Parasitenbefall zu tun.

Symptome

- Zecken verursachen nur wenig Hautreizung, können aber eine Hautinfektion mit geröteter, geschwollener Bissstelle auslösen. Sie können auch Infektionen wie z.B. die Lyme-Borreliose in die Blutbahn übertragen.

Behandlung In zeckenreichen Gebieten können Zeckenschutzmittel zum Auftragen auf die Haut helfen, zusätzlich sollten Sie den Hund aber nach jedem Spaziergang gründlich absuchen. Versuchen Sie die Zecken zu entfernen, bevor sie sich festbeißen oder so bald wie möglich danach.

Läuse

Die 1-2 mm langen Läuse kommen manchmal im Fell vor und verursachen eine Reizung sowie manchmal eine Anämie (einige Arten saugen Blut). Die Nissen (Eier) sind an den Haaren zu sehen.

Symptome

- Intensiver Juckreiz und Reizung der Haut

Behandlung Problemlos mit Antiparasitika.

Eine Zecke entfernen

Versuchen Sie nicht, Zecken mit einer Zigarette zu versengen oder sie mit Vaseline, Nagellack o.ä. zu ersticken. Letzteres funktioniert zwar, dauert aber zu lange.

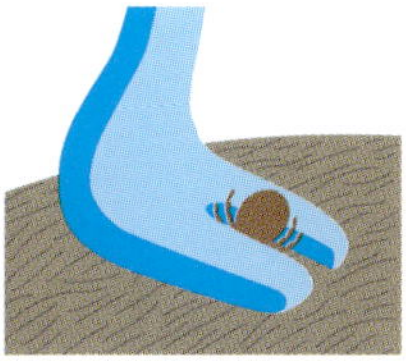

1. Beträufeln Sie die Zecke mit Alkohol und entfernen sie mit einem Zeckenhaken.

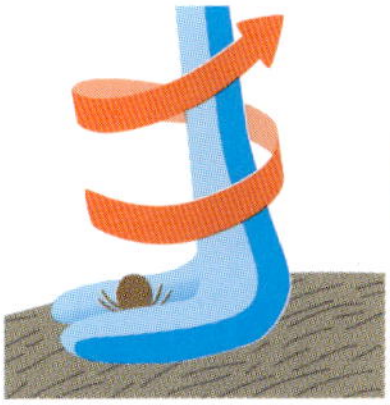

2. Wenn Sie sie gepackt haben, ziehen Sie sie mit einer Drehbewegung heraus.

3. Ist die Zecke komplett? In der Haut steckengebliebene Beißwerkzeuge können eine Entzündung verursachen.

Diese Zecke nah am Auge kann eine Entzündung verursachen, wenn sie nicht gleich entfernt wird.

Räudemilben

Räudemilben sind mit bloßem Auge nicht sichtbar, leben aber auf und in der Haut betroffener Hunde.

Symptome

- Juckreiz und Verdickung der Haut

Diagnose Ein Hautgeschabsel oder eine Hautbiopsie können erforderlich sein. Verschiedene Arten kommen vor.

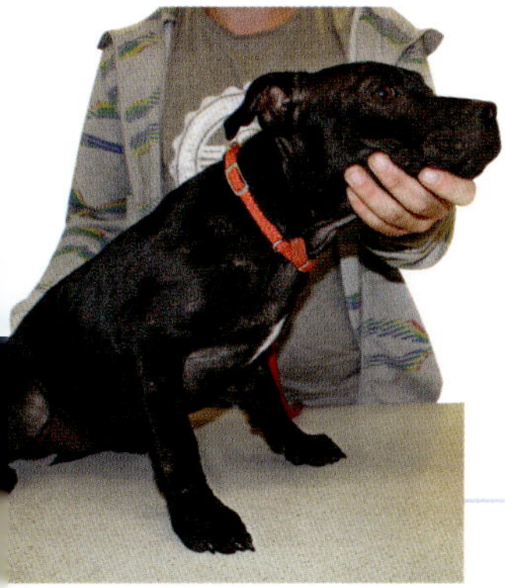

Milben können zu Stellen mit dünnerem Haarkleid führen, was den Hund wie von Motten angefressen aussehen lässt.

Behandlung Die Sarkoptes-Milbe und die Cheyletiella-Milbe sind relativ leicht zu bekämpfen, während die Demodex-Milbe vor allem bei besonders anfälligen Hunden vorkommt und sich hartnäckiger hält. Regelmäßige Spot-on-Produkte oder Bäder mit Insektiziden können nötig sein.

Leishmaniose

Sie wird durch einen winzigen Parasit (*Leishmania*) verursacht, der von der Sandmücke und in manchen Teilen der Welt auch von Stechmücken auf Hunde übertragen wird. Die Parasiten befallen die Immunzellen und verursachen eine Reihe von Problemen.

Symptome

- Verdickung und Krustenbildung der Haut (aber kein normaler Juckreiz).
- Gewichtsverlust und Immunerkrankung. Leishmaniose kann tödlich sein und ist auf Menschen übertragbar. Vorbeugung kann sein: Vermeidung befallener Gebiete, Verwenden von Insektenschutzmitteln und Insektenhalsbändern.

Ohrmilben

Ein weiteres häufiges Parasitenproblem. Die Otodectes-Milbe kann den Gehörgang befallen.

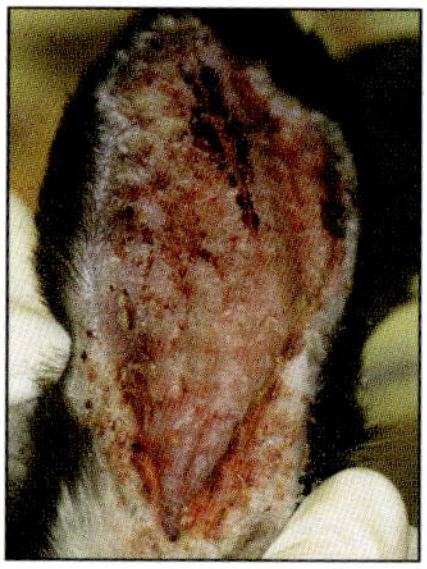

Starke Verkrustungen in der Ohrmuschel sind ein Krankheitsanzeichen.

Symptome

- Starke Reizung und Juckreiz der Ohren, vermehrte Produktion von Ohrenschmalz
- Dunkelbrauner, übelriechender Ausfluss aus den Ohren
- Betroffene Hunde leiden oft unter sekundären Infektionen mit Bakterien oder Hefepilzen, die zur Eiterbildung führen.

Diagnose Die Milben sind mit bloßem Auge schwer zu erkennen, aber bei zehnfacher Vergrößerung mit einem Otoskop oder in einem Ohrabstrich gut zu sehen.

Behandlung In der Regel mit antiparasitären Ohrentropfen. Diese müssen in der Regel zwei Wochen lang gegeben werden, bis der Milbenbefall gänzlich gestoppt ist.

Ohreninfektionen

Bakterien und Hefepilze können auch primäre Ohrinfektionen verursachen.

Symptome

- Eitriger Ausfluss, Rötung und Schmerzen
- Infektionen, die über das Außenohr hinaus in das Mittel- oder Innenohr reichen, können auch das Allgemeinbefinden beeinträchtigen. Der Hund kann Fieber bekommen, den Kopf schief halten und Gleichgewichtsstörungen zeigen. Es kann zum Riss des Trommelfells kommen, der das Gehör vorübergehend oder andauernd beeinträchtigt.

Diagnose Mittels Laboruntersuchung eines Ohrabstrichs lassen sich die Ursache der Infektion und die beste Behandlungsmethode ermitteln.

Behandlung Solange das Trommelfell intakt ist, werden meist Ohrentropfen gegeben. Bei gerissenem Trommelfell können Ohrentropfen zu Gleichgewichtsverlust führen, weshalb stattdessen systemische Medikamente genutzt werden müssen.

Ohrinfektionen kommen besonders häufig bei Hunden mit engen Gehörgängen oder sehr stark behaar-

Blutohr (Auralhämatom)

Alles, was Ohrreizungen und Kopfschütteln verursacht, kann zu einem Auralhämatom oder „Blutohr" führen. Dabei platzt ein zwischen den beiden Hautschichten des Ohrlappens liegendes Blutgefäß, sodass sich eine große Blutblase am Ohrlappen bildet und ihn zum Anschwellen bringt. Manchmal ist eine Drainage möglich, oft aber auch eine Operation nötig. In beiden Fällen ist eine Narbenbildung unvermeidlich und es kann eine leichte Deformation des Ohrs zurückbleiben („Blumenkohlohr").

ten Ohren vor, z.B. bei Pudeln, da solche Ohren sich nicht von selbst reinigen können. Auch Hunde mit allergischen Hauterkrankungen können für Ohrinfektionen prädisponiert sein. In manchen Fällen kann die regelmäßige (z.B. 2x wöchentliche) Reinigung der Ohren mit einem speziellen Ohrreiniger hilfreich sein, während in anderen evtl. eine Operation nötig ist, um den Gehörgang zu öffnen. Das Auszupfen der Haare im Ohrinnern kann nötig sein.

Fremdkörper im Ohr

Schiefhalten des Kopfes und Ohrenschmerzen können auch das erste Anzeichen für einen Fremdkörper im Ohr sein. Grasspelzen sind ein häufiges Problem und können ins Ohr gelangen, wenn der Hund durch hohes Gras rennt. Manchmal ist die Entfernung mit Hilfe von Otoskop und feiner Pinzette am wachen Hund möglich, mitunter ist aber auch eine Vollnarkose nötig, damit der Hund für die Prozedur still genug hält.

Ohren reinigen

Bringen Sie den flüssigen Ohrreiniger tief in den vertikalen Gehörgang ein. Massieren Sie das Ohr gut, um die Tropfen zu verteilen. Wischen Sie die mit Schmutz vermischte Flüssigkeit, die dann aus der Ohröffnung kommt, mit einem sauberen Wattebausch weg und wiederholen Sie die Prozedur, bis die Watte sauber bleibt. Bei stark behaarten Ohren kann es nötig sein, zuvor die Haare im Ohrinnern auszuzupfen. Das kann der Hundefriseur machen oder Sie versuchen es sehr vorsichtig selbst, weil es sehr schmerzhaft sein kann.

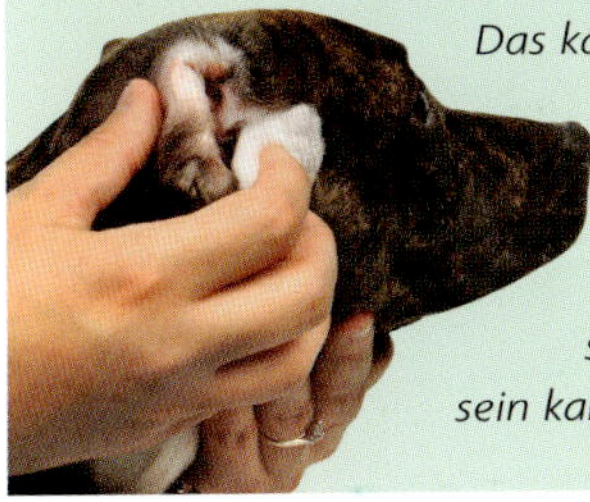

Anatomie des Ohrs

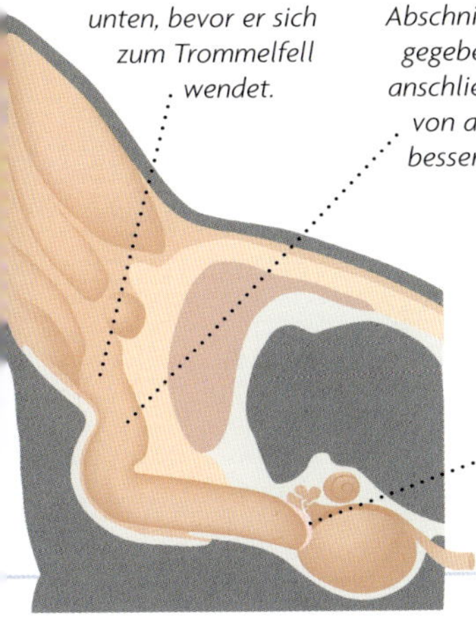

Allergien, die das Ohr betreffen

Allergien gegen Futtermittel, Stoffe aus der Umwelt, Pollen oder Staub können eine allergische Hauterkrankung (Atopie) auslösen. Eins der ersten Anzeichen für ein solches Problem kann sein, dass die Ohren sich entzünden und krankheitsanfälliger werden. Besonders deutlich ist das bei Allergien gegen Stoffe im Hundebett, wenn das unbehaarte Ohrinnere in direktem Kontakt mit dem Allergen ist und deshalb stark betroffen sein kann.

Allergische Hauterkrankungen

Im Gegensatz zu Menschen zeigen sich Allergien bei Hunden vor allem über die Haut. Manche führen auch zu roten und tränenden Augen und manchmal sogar zu einem leichten Nasenausfluss, aber die meisten verursachen eher Juckreiz der Haut. Der wiederum führt dazu, dass der Hund sich kratzt, beleckt und beißt, was Hautschäden und bei hellem Fell braune Fleckenbildung durch den Speichel nach sich zieht.

Kontaktallergien

Der direkte Hautkontakt mit bestimmten Stoffen kann zu allergischen Erkrankungen führen.

Symptome

- Direkt betroffene Hautstellen (z.B. durch eine Chemikalie oder ein Medikament) zeigen eine gegen die restliche Haut klar abgegrenzte Reaktion.
- Allergien gegen Flohspeichel können ebenfalls zu einer lokalisierten Reaktion rund um einen Flohbiss führen.
- Allergien gegen Blütenpollen oder Staub führen zu großflächigeren Reaktionen.

Eingeatmete Allergene

Oft werden die Allergene auch eingeatmet, zeigen sich aber als Reaktion der Haut. Pollen von Gräsern, Blumen oder Bäumen können so wirken, aber auch Staub und Schimmel (s. a. S. 140).

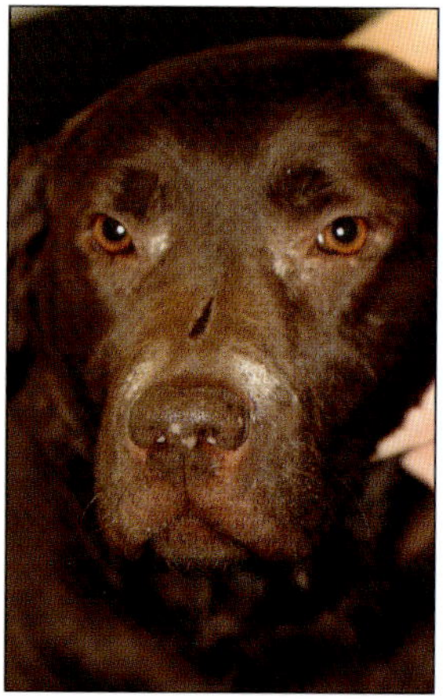

Haarausfall im Gesicht kann Folge von Parasiten, einer Allergie oder einer immunbedingten Erkrankung sein.

Futtermittelallergie

Futtermittelallergien sind ebenfalls häufig. Hunde können Allergien gegen alle möglichen Futterbestandteile entwickeln und mit juckender Haut darauf reagieren. Am besten lässt sich das Problem identifizieren, wenn man vier bis sechs Wochen lang ein hypoallergenes Futter füttert, das am besten nur eine einzige Kohlehydrat- und Proteinquelle oder nur hydrolysierte Bestandteile enthält, gegen die der Hund wahrscheinlich nicht allergisch ist. In dieser Zeit darf der Hund außer Wasser und diesem Futter nichts anderes zu sich nehmen, auch keine Leckerchen. Wenn das Hautproblem danach verschwindet, kann man entweder das Hypoallergen-Futter weitergeben oder nach und nach einzeln andere Futterbestandteile hinzufügen, bis man das Problem identifiziert hat.

Atopie

Eine Atopie (allergische Hauterkrankung) ist ein häufiges Problem.

Diagnose Zur Identifizierung der Allergene kann man die Umgebung des Hundes verändern und beobachten, ob sich die Haut dann bessert. Auch Bluttests und Pricktests der Haut lassen eine Identifikation der häufigsten Allergene zu. So kann man auf Gruppen von Gras-, Baum- oder Blütenpollen, Hausstaubmilben, Flöhe, Schimmelpilz, Hautschuppen anderer Tiere (z.B. Katze) und andere Allergene testen.

Behandlung Ist das Problem erkannt, kann der Tierarzt zu Maßnahmen im Umgang mit der Allergie raten (z.B. zur Reduktion der Staubbelastung bei einem Hund mit Hausstaubmilbenallergie).

Es sind Behandlungen zur Hyposensibilisierung möglich (s. S. 51). Zusätzlich kann der Hund mit Antihistaminika behandelt werden, um die allergische Reaktion zu dämpfen. Über eine Nahrungsergänzung mit essenziellen Fettsäuren kann man versuchen, die Haut gesünder und widerstandsfähiger zu machen. In manchen Fällen wird auch Kortison eingesetzt, um Entzündung und Juckreiz zu bekämpfen. Es gibt auch noch weitere Medikamente, um die Immunreaktion zu beeinflussen und den Juckreiz zu lindern.

Autoimmunbedingte Hauterkrankungen

Manche Hauterkrankungen sind auch autoimmunbedingt. Das bedeutet, dass das Immunsystem des Körpers die eigenen Hautzellen angreift und Schaden verursacht. Diese Art von Hautkrankheit kann am ganzen Hundekörper auftreten, aber am häufigsten sind die Pfoten, Krallenbetten und Übergangsstellen von einem Gewebe zum anderen wie z.B. an Fang, Augenlidern und Nase betroffen.

Symptome

- Es können sich juckende und schmerzende Geschwüre entwickeln, aber auch verdickte, krustige Hautstellen mit übermäßiger Schuppenbildung.

Diagnose Eine Diagnose kann nach der Laboruntersuchung von Biopsie aus betroffenem Gewebe gestellt werden.

Was sind ***Allergietests***

Umweltallergien, z.B. gegen Pollen, Staub oder Pilzsporen sind über Blut- und Hauttests nachweisbar. Bei Blut-Allergietests weist man Antikörper gegen als häufig problematisch bekannte Stoffe nach. Bei Haut-Allergietests werden winzige Mengen häufiger Allergene unter die Haut gebracht (sogenannter Pricktest) und man beobachtet, ob eine Schwellung erfolgt und auf eine Allergie hinweist. Sobald man die Allergene für einen bestimmten Hund nachgewiesen hat, kann man sie entweder vermeiden oder mit einer desensibilisierenden Behandlung beginnen.

Behandlung Essenzielle Fettsäuren zur Verbesserung der allgemeinen Hautgesundheit. Steroide (Kortison) und auf das Immunsystem wirkende Medikamente werden ebenfalls häufig eingesetzt.

Bei allergischen Hauterkrankungen lässt sich die Ursache mit Tests ermitteln.

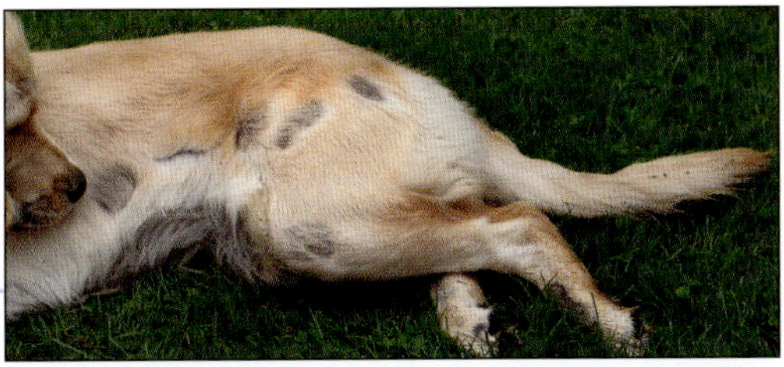

Wunden

Hautwunden sind häufige Folgen von Verletzungen und Beißereien. Kleinere Wunden heilen oft ohne besondere Behandlung, aber größere sollten immer frühzeitig einem Tierarzt gezeigt werden. Je nach Lage der Wunde kann dieser beurteilen, ob tiefere Strukturen wie Nerven, Muskeln oder Blutgefäße verletzt sind oder ob Brust- oder Bauchhöhle mitbetroffen sind (s.S. 142 und 190).

Wundbehandlung

Kleine Wunden müssen meist nur gereinigt werden, um gut zu heilen. Größere, die ganze Dicke der Haut durchdringende Wunden, die das darunterliegende Gewebe freilegen, müssen aber eventuell genäht oder geklammert werden, um sie zu verschließen. Manche Punkturwunden lässt man am besten zumindest teilweise offen, damit Entzündungsprodukte und Schmutz abfließen können.

Bei größerem Hautverlust sind manchmal mehrere Operationen oder Hauttransplantationen nötig, mitunter heilen aber auch sie am besten offen.
Die meisten Wunden sind verschmutzt oder infiziert und müssen mit Antibiotika behandelt werden. Manchmal sind zusätzliche Schmerzmittel nötig.

Wie heilt eine Wunde?

Bei einer sauberen, mit Hilfe einer guten Naht verschlossenen Wunde kann eine sogenannte Primärheilung stattfinden: Die beiden Wundränder verbinden sich schnell miteinander. Die Narbe braucht zwar etwas Zeit, bis die Haut wieder ihre volle Stärke erreicht hat, aber in der Regel ist sie wieder elastisch, beweglich und ausreichend stark, wenn die Fäden nach 10-14 Tagen entfernt werden.

Infizierte Wunden, Wunden mit großem Hautverlust oder solche an stark beweglichen Stellen wie z.B.

Wie Wunden heilen

Nicht genähte Wunden heilen durch „sekundäre Wundheilung“, die aus folgenden Phasen besteht:

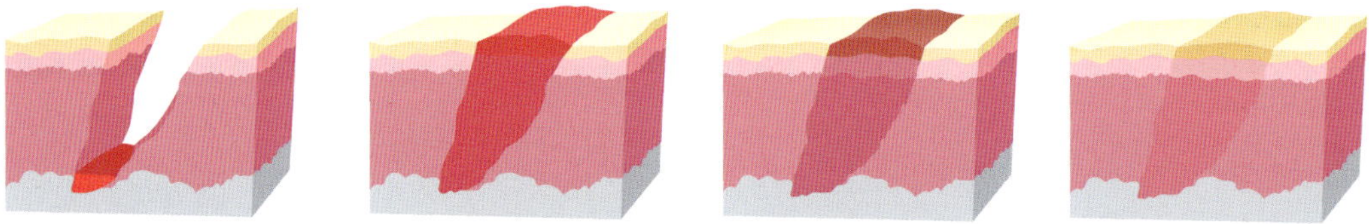

1. Geronnenes Blut und andere Gewebeprodukte sammeln sich in der Wunde. Die Wundränder ziehen sich zusammen und die Wunde wird kleiner.

2. Am Wundgrund bildet sich ein Bett aus rötlichem Granulationsgewebe und wirkt stabilisierend. An der Oberfläche bildet sich Schorf.

3. Von den granulierenden Rändern aus bilden sich 1-2 mm neue Haut täglich, die sich langsam unterhalb des Schorfs über die Wunde schieben und sie verschließen.

4. Nach und nach wird das Narbengewebe durch normales Gewebe ersetzt und die Haut wird wieder geschmeidig. Massage und Physiotherapie können den Prozess unterstützen.

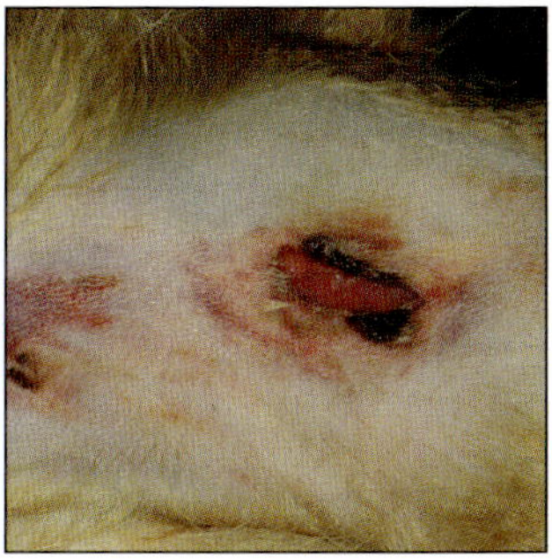

Infizierte Wunden mit Hautschäden können nicht genäht werden.

über einem Gelenk heilen oft nicht mit Primärheilung. Sie müssen gegebenenfalls offen gelassen werden und regelmäßig gereinigt werden (2x täglich Waschen mit verdünntem Antiseptikum oder schwacher Kochsalzlösung) und heilen über „Sekundärheilung", die aus mehreren Stadien besteht.

Verbrennungen

Verbrennungen und Erfrierungen sind ebenfalls eine Art von Wunde. Hautschäden durch Hitzeeinwirkung (z.B. Feuer oder auch nur zu dicht an der Heizung liegen) oder extreme Kälte (bei starken Minustemperaturen draußen) bewirken eine Unterbrechung der Durchblutung an der jeweiligen Hautstelle, die daraufhin abstirbt. Mitunter wird die Haut des betroffenen Bereichs operativ entfernt und das gesunde Gewebe über der Wunde verschlossen, damit eine Primärheilung stattfinden kann. Meistens werden Verbrennungen aber wie offene Wunden behandelt. In schweren Fällen kann der Flüssigkeitsverlust über die Wunde so groß sein, dass mittels eines Tropfs intravenös Flüssigkeit zugeführt werden muss.

Was ist MRSA

Methicillin-resistente Stämme des Erregers Staphylococcus aureus können Probleme bei der Wundheilung verursachen. Das Bakterium kann auch den Hundebesitzer infizieren. Es wird im Labor an einem Abstrich des betroffenen Tieres nachgewiesen.

Wie Verbrennungen heilen

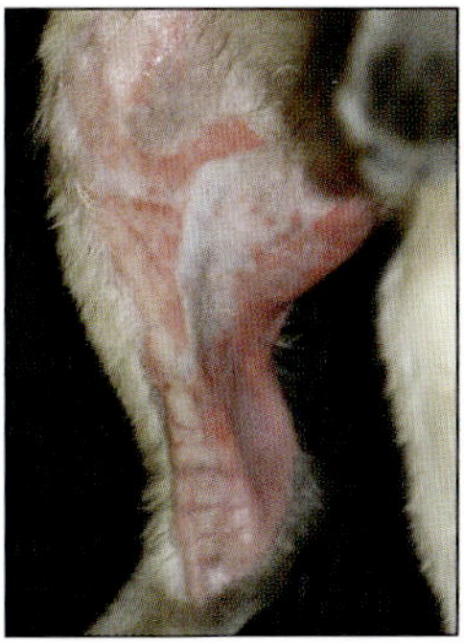

Vorher: *Verbrennungen können zu großflächigem Hautverlust führen. Infektionen und Flüssigkeitsverlust sind häufig.*

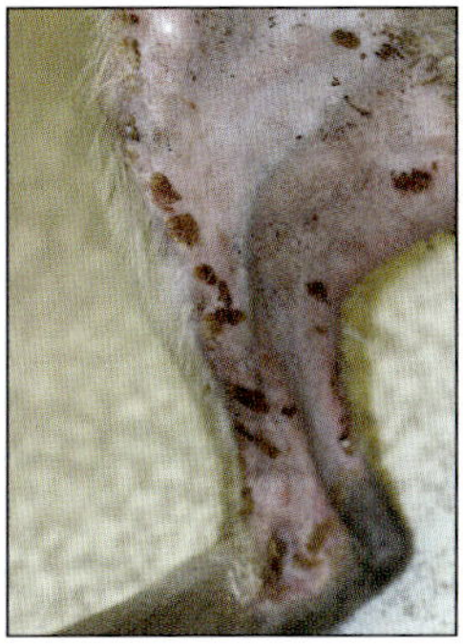

Nachher: *Eine Kombination aus Antibiotika und örtlicher Behandlung kann zu schneller Heilung führen.*

Hauttumore

Hauttumore sind eine der häufigsten Tumorarten beim Hund. Auch wenn eine große Zahl von ihnen gutartig ist, können einige Arten bösartiger (maligner) Tumore entweder das Gewebe um sie herum infiltrieren oder im Körper streuen und andere Organe schädigen. Es ist deshalb wichtig, Hauttumore prompt zu erkennen und richtig zu behandeln.

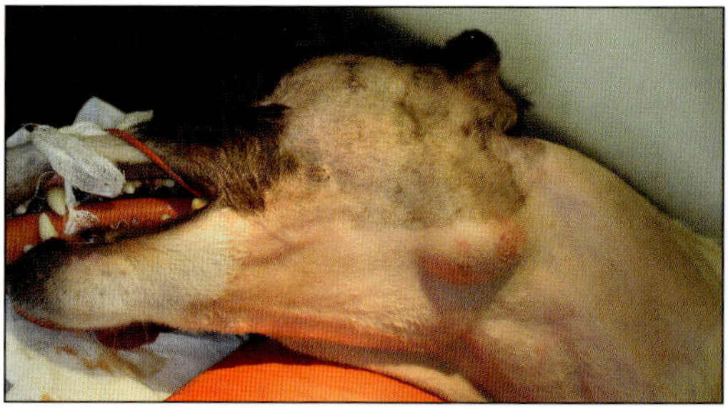

Zubildungen, die in der Nähe lebenswichtiger Organe liegen, müssen sofort untersucht werden.

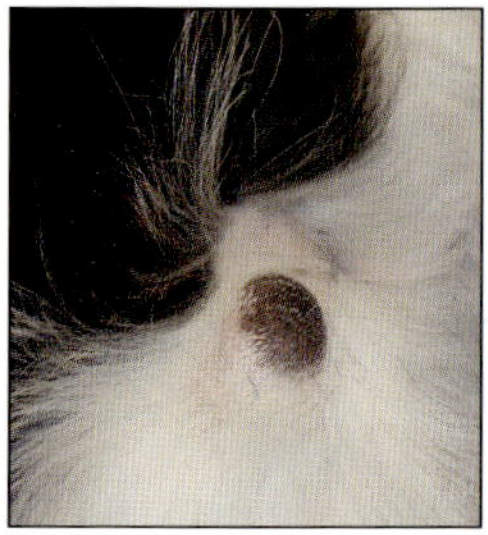

Auch Zubildungen mit Farbveränderungen bedürfen sofortiger Aufmerksamkeit.

Symptome

- Zu Beginn meist kleine Knoten in der Haut, die mit der Zeit größer werden können. Einige verändern sich kaum, andere wachsen schnell und verändern ihr Aussehen.
- Es kann zu Haarausfall über der Zubildung kommen. Die Hautfarbe kann sich dort verändern, auch Geschwürbildung, Nässen und Bluten sind möglich.
- Die Lage des Tumors kann benachbarte Körperstrukturen beeinträchtigen. Tumore am Augenlid können zum Beispiel Schäden am Auge verursachen und müssen schnell entfernt werden. Sogar reine Fettknubbel (Lipome) können Probleme verursachen, wenn sie z.B. die Gliedmaßenbewegung stören.

Was ist eine **Biopsie**

Unter örtlicher Betäubung oder Vollnarkose wird ein Stück erkranktes Gewebe entnommen und zur mikroskopischen Untersuchung in ein Labor geschickt. Durch Identifizierung der Zelltypen und vorhandenen Strukturen können verschiedene Arten von Krebs, Autoimmunerkrankungen oder entzündlichen Prozessen diagnostiziert werden.

Diagnose Beim ersten Termin untersucht der Tierarzt die Zubildung auf Lage, Tiefe in der Haut, Verbindung mit darunterliegendem Gewebe und Ähnlichkeit mit einer bestimmten Tumorart. Eventuell kann man ihre Größe mit einem Messschieber bestimmen und das Wachstum über einen bestimmten Zeitraum beobachten. Weitere Untersuchungen können ratsam sein. Bei einer Nadelaspiration entnimmt man z.B. mit Hilfe einer Injektionsnadel einige Zellen aus dem Gewebe, die dann unter dem Mikroskop untersucht werden. Gegebenenfalls bestätigt sich, dass es sich nur um Fettzellen handelt und die Schwellung ein gutartiges Lipom ist. Oder es werden Mastzellen nachgewiesen, wie sie in einem Masttumor vorkommen. Eventuell muss unter Vollnarkose eine Biopsie (Entfernung eines Teils oder des gesamten Gebildes) vorgenommen werden. Auch hier ermöglicht die Zelluntersuchung unter dem Mikroskop wieder die Identifizierung der Zelltypen. Blut- und andere Tests können nötig sein, um die Identifikation der Tumorart zu sichern und den Gesundheitszustand anderer Organe zu beurteilen.

Behandlung Die operative Entfernung ist die häufigste Behandlung. Am besten lassen sich die Gebilde entfernen, wenn sie noch recht klein sind. Die Wahrscheinlichkeit, dass sie gestreut haben, ist ebenfalls kleiner, wenn sie schnellstmöglich entfernt werden. Je nach Art des Tumors und seiner Lage ist er eventuell leicht zu entfernen. Wenn es schwierig oder unmöglich ist, ihn mit einem Rand gesunden Gewebes drumherum zu entfernen, kann er später wieder auftreten. Je nach Art und Lage des Tumors können bei manchen Hunden auch Chemo- und Strahlentherapie nötig sein.

Prognose Viele Tumore können mit einer einzigen Operation vollständig entfernt werden und verursachen nie wieder Probleme. Maligne Tumorarten können aber auch zu Folgeerkrankungen führen, die schwierig bis unmöglich zu behandeln sind und irgendwann eine Euthanasie erfordern.

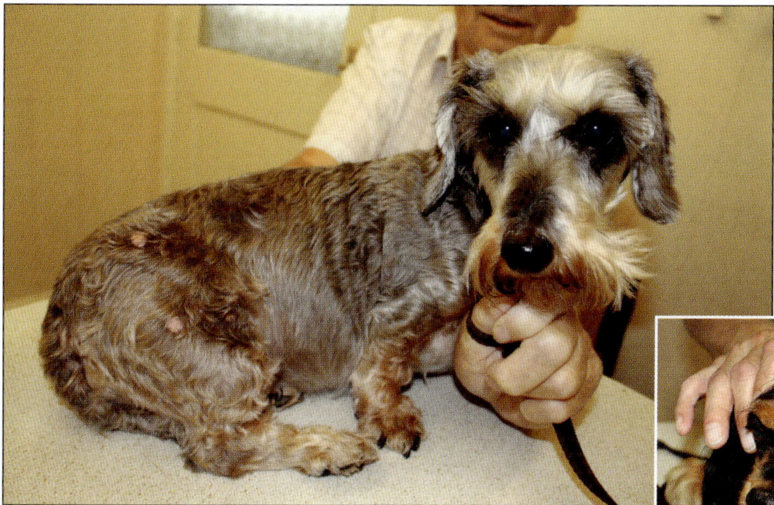

Alle Geschwüre und Geschwülste müssen zügig vom Tierarzt untersucht werden, um eine Bösartigkeit auszuschließen.

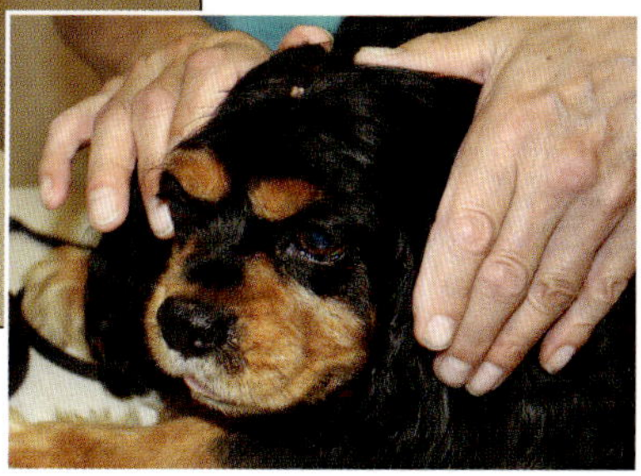

Der Kopf ist eine typische Stelle für Warzenbildung wie bei diesem Cavalier King Charles Spaniel.

Erkrankungen des Verdauungsapparates

Symptome sind in der Regel Probleme mit dem Fressen, Verdauen und Ausscheiden von Nahrung.

Symptome

- Geblähter Bauch, Gewichtsverlust, Flatulenz
- Durchfall oder Verstopfung
- Allgemeine Schwäche, schlechtes Fell und schlechter Allgemeinzustand infolge schlechter Nährstoffverwertung.

Diagnose

In der Regel überprüft man mit Blutuntersuchungen

- Veränderungen im Enzymspiegel, die auf Darmerkrankungen hinweisen
- Mangel an Verdauungsenzymen
- Störungen der normalen Darmflora und Veränderungen im Proteinspiegel in Bezug auf die Darmfunktion.
- Infektiöse Darmerkrankungen
- Vorhandensein von Parasiten
- Manche Krebsarten

Der Kot kann untersucht werden auf:

- Verschiedene Bakterien und Viren sowie Anzeichen von Fehlverdauung
- Verschiedene Parasitenarten
- Vorhandensein von Blut, das auf Erkrankungen oder Entzündungen der Darmwand hinweist

In manchen Fällen sind weitere Tests nötig:

- Röntgen, Ultraschall und Endoskopie zur Beurteilung erkrankter oder verdickter Magen- und Darmwände und zur Identifikation von Knoten und erkrankten Bereichen
- Operativ gewonnene Biopsien aus betroffenen Geweben oder Organen können mikroskopisch im Labor untersucht werden. Dabei können die vorhandenen Zelltypen und damit die Art der Erkrankung bestimmt werden.

Behandlung

- Antibiotika gegen die Infektion
- Mittel zur Entwurmung oder gegen andere Parasiten
- Spezielle Enzymergänzungen zur Unterstützung der Verdauung
- Ggf. Entzündungshemmer
- Medikamente zur Verlangsamung der Nahrungsdurchgangszeit durch den Darm, zur Reduktion von Durchfall oder zur Absorption von Giftstoffen im Darm
- Medikamente gegen Erbrechen (Antiemetika)
- Orale oder intravenöse Flüssigkeitszufuhr zur Aufrechterhaltung der Hydration

Viele häufige Erkrankungen des Verdauungsapparates sprechen gut und ohne Nebenwirkungen auf prompte Behandlung an. Manche chronischen Probleme, schwerer Parasitenbefall, Vireninfektionen oder bestimmte Arten von Entzündung oder Krebs können aber zu anhaltenden Symptomen führen, die schwierig zu behandeln sind.

Das Verdauungssystem

1. Im Maul wird das Futter mit Speichel und damit Verdauungsenzymen vermischt und durch Kauen zerkleinert.

2. Kleinere Futterbrocken werden auf die hintere Zunge befördert, wo sie zu einem Bolus geformt und geschluckt werden. Über die Speiseröhre gelangen sie durch den Brustkorb in den im Bauchraum liegenden Magen.

3. Im Magen wird das Futter mit sauren Verdauungssäften vermischt, die proteinaufspaltende Enzyme enthalten und wird in noch kleinere Partikel zerlegt.

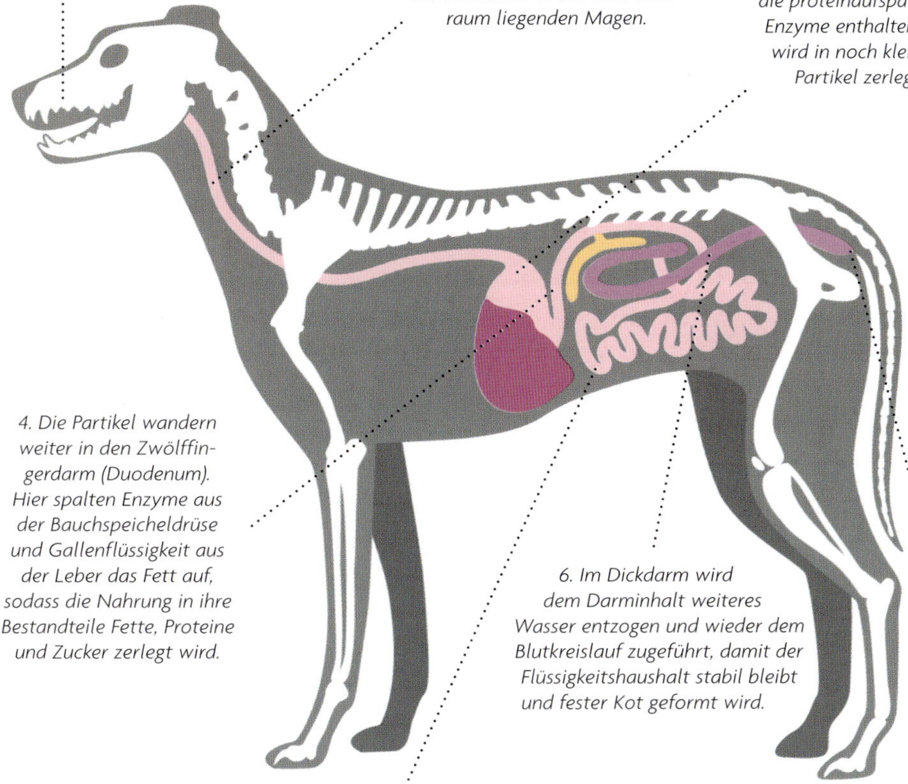

4. Die Partikel wandern weiter in den Zwölffingerdarm (Duodenum). Hier spalten Enzyme aus der Bauchspeicheldrüse und Gallenflüssigkeit aus der Leber das Fett auf, sodass die Nahrung in ihre Bestandteile Fette, Proteine und Zucker zerlegt wird.

6. Im Dickdarm wird dem Darminhalt weiteres Wasser entzogen und wieder dem Blutkreislauf zugeführt, damit der Flüssigkeitshaushalt stabil bleibt und fester Kot geformt wird.

5. Im Dünndarm werden diese Bestandteile zusammen mit Mineralien, Vitaminen und etwas Wasser durch die Darmwand in den Blutkreislauf absorbiert. Von dort kommen sie in die Leber, wo sie weiter aufgespalten werden.

7. Der Kot bleibt im Rektum, bis der Schließmuskel des Afters sich zu passender Zeit öffnet.

Erkrankungen im Maulbereich

Verschiedene Erkrankungen können zu Problemen bei der Nahrungsaufnahme führen.

Kraniomandibuläre Osteopathie

Diese entwicklungsbedingte Erkrankung kann bei Junghunden kleiner Terrierrassen, besonders Cairn oder West Highland White Terrier, auftreten.

Symptome

- Steifer Kiefer und starke Schmerzen
- Betroffene Hunde fressen nicht mehr gern und es kann für sie unmöglich sein, das Maul zur Untersuchung weit aufzumachen.

Diagnose Röntgenbilder zeigen anormale Knochenablagerungen um die Kiefergelenke.

Behandlung Mit Entzündungshemmern und Schmerzmitteln lässt sich die Krankheit so lange kontrollieren, bis sie in den meisten Fällen mit dem Erwachsenwerden des Hundes von selbst verschwindet.

Schmerzen im Maulbereich können bei Welpen von kraniomandibulärer Osteopathie verursacht werden.

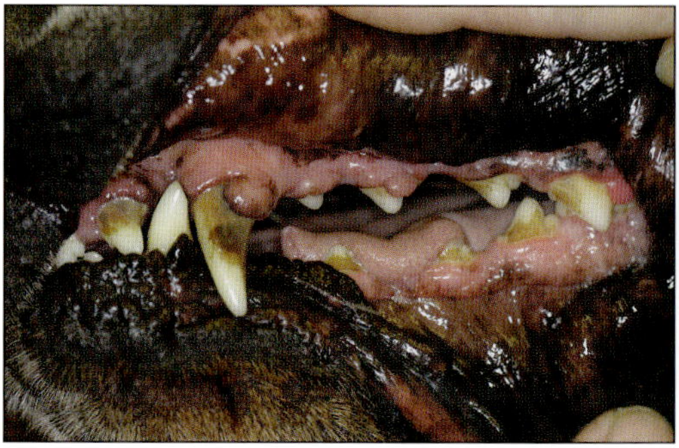

Dieser Tumor direkt am Fangzahn sollte schnell untersucht werden, da er bösartig sein könnte.

Zahnerkrankungen

Sie entstehen, wenn die im Maul vorhandenen Bakterien mit Futter und Speichel reagieren und es zur Zahnsteinbildung kommt. Diese kann durch regelmäßiges Zähneputzen und spezielle Kauartikel (s. S. 18) zwar reduziert werden, aber trotzdem zu einer Infektion des anliegenden Zahnfleischs führen (Gingivitis). Dies wiederum kann zu Infektionen der Zahnwurzeln führen, die die Zähne unterhöhlen und lockern oder Wurzelabszesse verursachen.

Symptome

- Schwellungen des Zahnfleischs oder Gesichtsbereichs, eitriger Ausfluss aus der Schwellung selbst oder vom Zahnrand. Abszesse sind extrem schmerzhaft und können zur Nahrungsverweigerung führen.
- Starke Entzündungen sind auch ein prädisponierender Faktor für die Entstehung von Zahnfleischwucherungen (Epulis), die wiederum benachbarte Zähne erkranken lassen können.

Diagnose Röntgen zur Beurteilung des Ausmaßes

Behandlung Erkrankte Zähne benötigen evtl. eine Füllung oder werden gezogen. Vorbeugen ist vor allem bei den Zähnen besser als heilen.

Tumore der Maulhöhle

Diese kommen bei Hunden nicht selten vor.

Symptome

- Es können sich Knoten an Zahnfleisch, Kiefer, Lefzen, der Zunge oder sogar im Nasenbereich bilden.
- Diese verursachen Schmerzen und Beschwerden beim Fressen und schädigen die benachbarten Zähne.

Diagnose Röntgen kann nötig sein, um die Diagnose zu stützen.

Behandlung Epulis sind gutartig. Sie können verkleinert oder entfernt werden, um Schäden an den Nachbarzähnen zu vermeiden. Viele andere Tumore der Maulhöhle sind bösartig, können schnell streuen und große Maulbereiche schädigen. Eine umgehende Biopsie/Entfernung ist deshalb wichtig. Manchen Hunden hilft eine Strahlenbehandlung nach der Entfernung des Tumors.

Zähne putzen

Regelmäßige Zahnpflege ist wichtig für die Zahngesundheit Ihres Hundes. Ernstere Probleme sind Sache des Tierarztes.

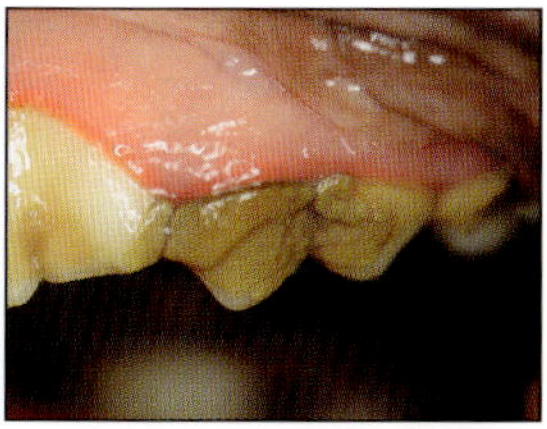

Vorher: *Zahnstein kann zur Entzündung von Zahnfleisch und Zahnwurzeln führen.*

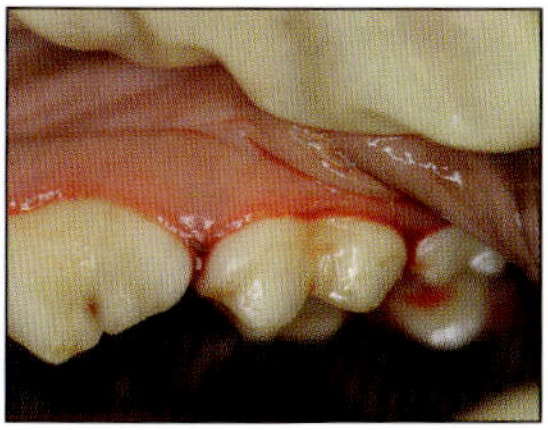

Nachher: *Nach der Reinigung durch den Tierarzt sind die Zähne wieder weiß.*

Schleimzysten (Mukozele)

Diese großen Schwellungen bilden sich durch eine Blockade im Speichelsystem unter der Zunge oder im Hals.

Symptome

- Fressbeschwerden, erhöhte Speichelproduktion und Schmerzen im Maulbereich
- Die Schwellung kann einem Tumor ähneln, die Oberfläche ist aber meist glatter und erscheint normaler als bei einem Maulhöhlentumor, der eher unregelmäßig aussieht.

Diagnose Jede Schwellung oder Zubildung im Maulbereich muss umgehend untersucht werden.

Behandlung Entzündungshemmer und Antibiotika. In manchen Fällen kann eine Drainage oder eine operative Entfernung der Zyste nötig sein.

Fremdkörper im Maul

Symptome

- Schwellung, Speichelfluss
- Schmerzen und Fressbeschwerden

Diagnose Knochensplitter können ins Zahnfleisch eindringen; Knochen oder Stöckchen können sich im Gaumendach oder zwischen den Zähnen verklemmen. Fremdkörper und Stöckchen können auch den hinteren Rachenbereich und die Speiseröhre durchstoßen und dabei wichtige Blutgefäße und Nerven so stark schädigen, dass die Verletzung tödlich ist.

Probleme im Rachenbereich

Erkrankungen des Rachens können zu verschiedenen Problemen führen.

Verletzte Speiseröhre

Das kann passieren, wenn der Hund scharfkantige Knochen, Spielsachen oder andere Fremdkörper verschluckt. Durch die auf die Verletzung folgende Narbenbildung kann es außerdem zu einer Verengung der Speiseröhre kommen, die dem Hund das Schlucken erschwert.

Neurologische Erkrankung

Auch Erkrankungen, die die Nerven von Kopf, Rachen oder Gehirn betreffen, können Schluckbeschwerden verursachen.

Megaösophagus

Dies ist eine Vergrößerung der Speiseröhre in ihrem Verlauf durch die Brusthöhle im Zwischenraum zwischen den beiden Lungenlappen. Die erweiterte Speiseröhre kann die Nahrung nicht mehr richtig weitertransportieren. Futter bleibt im Brustteil der Speiseröhre hängen und wird wieder hochgewürgt anstatt in den Magen befördert zu werden.

Symptome

- Weil das Schlucken gestört ist, neigt der Hund zu Untergewicht, Speicheln und Hochwürgen von Nahrung.
- Der Hund kann unter Episoden von Aspirationspneumonie leiden – einer durch eingeatmete Futterpartikel verursachten Lungenentzündung.

Achtung

Keine Stöckchen

Werfen Sie keine Stöckchen zum Spielen, weil diese tödliche Rachenverletzungen verursachen können, wenn der Hund sie fängt oder sich beim Laufen in den Rachen stößt. Nehmen Sie immer geeignete Spielzeuge.

Spezielle Hundespielzeuge und Bälle sind besser zum Apportieren geeignet als Stöckchen.

Megaösophagus

Beim normalen Schluckvorgang drücken wellenartige Kontraktionen der Speiseröhre (Ösophagus) das Futter in Richtung Magen. Beim Megaösophagus ist die Speiseröhre so erweitert, dass Futterreste in ihr hängenbleiben können.

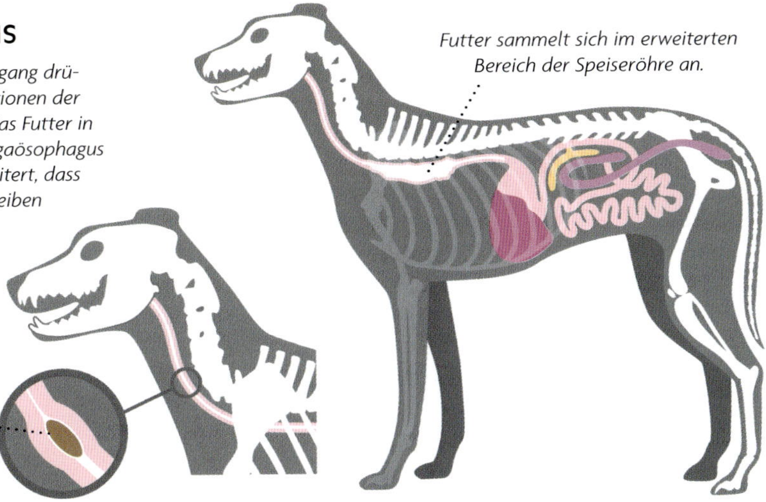

Was ist eine ***Endoskopie***

Bei einer Endoskopie wird ein dünner (unter 1 cm Durchmesser) Schlauch, in dem sich eine Videokamera befindet, in Magen oder Darm (oder auch Lunge, Blase oder Uterus) eingeführt, um die innere Struktur dieses Bereichs zu untersuchen.

Diagnose Durch Röntgen des Brustraums direkt nach dem Fressen. Auch eine Endoskopie kann Aufschluss geben.

Behandlung Neben der Behandlung der zugrunde liegenden Erkrankung können Medikamente gegeben werden, die das Zusammenziehen des Speiseröhrenmuskels unterstützen. Betroffene Hunde sollten weiches Futter aus einem erhöhten Napf bekommen und sich nach dem Fressen hinsetzen, damit die Schwerkraft den Abtransport des Futters in den Magen unterstützt.

Ein Megaösophagus kann nicht nur für sich, sondern auch als Folge anderer Erkrankungen auftreten, so zum Beispiel der Myasthenia gravis (einer Muskelschwäche), der Addisonschen Krankheit oder der Hypothyreose. Sie kommt auch als Folge von Muskelschwäche aufgrund einer Botulismusinfektion oder einer Bleivergiftung vor. Ein Megaösophagus kann auch nach Verletzungen der Speiseröhre entstehen oder im Zusammenhang mit manchen angeborenen Erkrankungen, die zu anormaler Entwicklung oder anormaler Lage des Herzens und der Hauptblutgefäße im Brustraum führen.

Magenprobleme

Der Magen kann von unterschiedlichen Erkrankungen betroffen sein, von denen einige umgehender tierärztlicher Behandlung bedürfen.

Magenerweiterung und Magendrehung

Dies ist eine der problematischsten Erkrankungen. Der Zustand des Hundes verschlechtert sich schnell, da der sich ausdehnende Magen auf Herz und Lunge drückt und die Durchblutung behindern kann. Mit zunehmendem Anschwellen kann der Magen sich um sich selbst zu drehen beginnen (Volvulus), wodurch er seine eigene Blutversorgung und ggf. auch die der Milz abschnürt.
Die Symptome zeigen sich schnell nach dem Fressen und verschlimmern sich so schnell, dass der Hund ohne Behandlung innerhalb weniger Stunden sterben kann. Die Symptome einer Magendrehung stellen deshalb immer einen Notfall dar und erfordern umgehende tierärztliche Behandlung.

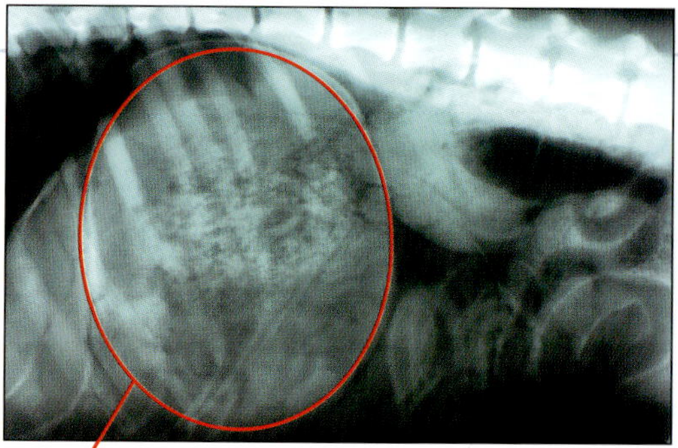

Auf diesem Röntgenbild ist eine Magenerweiterung zu sehen. Dies ist eine ernste Erkrankung.

Symptome

- Vergebliche Versuche, zu erbrechen (s. S. 196, Notfälle)
- Speicheln, Niedergeschlagenheit und Schwäche
- Schmerzender und aufgeblähter Bauch

Diagnose Meist durch einfache Untersuchung. Oft sind Röntgenbilder nötig, um die Diagnose zu bestä-

Magenerweiterung und Magendrehung

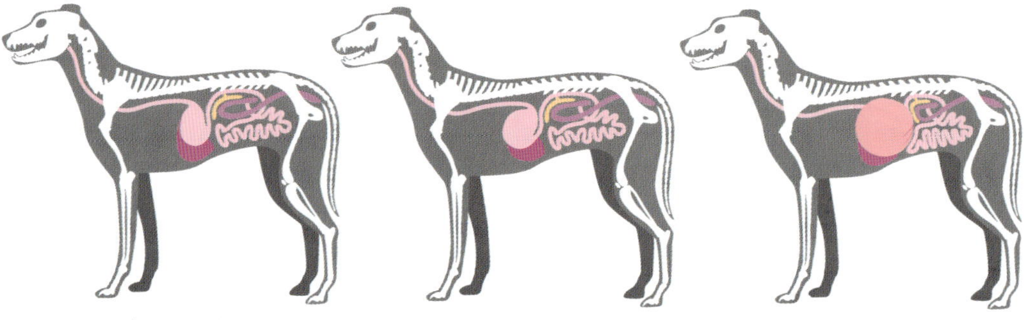

1. Der Magen beginnt sich auszudehnen und anschließend zu drehen.

2. Die Drehung des aufgeblähten Magens schneidet die Blutzufuhr ab und verhindert die Leerung des Magens.

3. Der aufgeblähte Magen kann auf andere Organe der Bauchhöhle drücken.

tigen und zu sehen, ob eine Drehung vorliegt oder nicht. Betroffene Hunde zeigen meist einen sehr schwachen Kreislauf. Der daraus folgende Schock kann schlimmer sein als die Magendehnung. Bluttests oder sogar ein EKG zur Überprüfung der Herzfunktion können deshalb nötig sein. In der Regel sind Infusionen nötig, um den Kreislauf zu stabilisieren.

Behandlung Eine vorübergehende Erleichterung der Magendehnung kann man erreichen, indem man den Magen mit einer Nadel punktiert und das Gas entweichen lässt. Wenn der Magen nicht oder nur leicht gedreht ist, kann es möglich sein, einen Tubus einzuführen, durch den man Gas und Flüssigkeit abführen kann. Meist ist eine Operation nötig, um Magen und Milz wieder in die normale Lage zu bringen und den Magen dann zu fixieren, um ein wiederholtes Auftreten zu vermeiden.
Wegen des schnellen Krankheitsverlaufs geht es vielen Hunden schon sehr schlecht, wenn sie dem Tierarzt vorgestellt werden und selbst bei richtiger Behandlung überleben nicht alle. Je schneller die Hunde behandelt werden, desto besser sind die Überlebenschancen.

Magendrehung vorbeugen

Magendrehung kommt vor allem bei großen Hunden mit tiefem Brustkorb wie Mastiffs, Rottweilern oder Berner Sennenhunden vor, die große Mahlzeiten bekommen, schnell fressen und sich kurz nach der Mahlzeit bewegen. Um die Erkrankung bei anfälligen Rassen zu verhindern, achten Sie auf eine Ruhepause von einer Stunde nach dem Fressen, verteilen Sie das Futter auf zwei bis drei Mahlzeiten am Tag und reduzieren Sie die Fressgeschwindigkeit, indem Sie die Hunde beim Fressen trennen (Futterneid!), Steine in den Napf legen oder spezielle Näpfe mit nur kleiner Öffnung benutzen. Versuchen Sie außerdem, die Aufnahme großer Wassermengen direkt beim Fressen zu verhindern. Achtung: Magendrehung ist ein Notfall! Vergebliche Versuche, zu erbrechen, Hecheln, Speicheln und Schwellungen des Bauchs erfordern sofortige tierärztliche Behandlung.

Fremdkörper im Magen

Ein Fremdkörper wie z.B. ein Stein oder ein Stück Spielzeug im Magen kann eine mechanische Blockade der Magenleerung verursachen.

Symptome

- Erbrechen
- Die Blockade kann zu Entzündungen und Schmerzen führen, was weiteres Erbrechen provozieren kann.

Diagnose Klinische Untersuchung und Abtasten des Magenbereichs, eventuell orale Gabe von Barium und anschließendes Röntgen.

Behandlung Eventuell operative Entfernung des störenden Gegenstandes. Den meisten Hunden geht es nach der Operation sehr gut, solche mit schweren Erkrankungen der Magenwand oder anderweitig schlechtem Zustand können aber anhaltende Probleme haben.

Pylorusstenose

Dies ist eine Verengung des aus dem Magen hinausführenden Magenpförtners (Pylorus). Die Entleerung des Magens wird behindert. Ursache kann ein Tumor im Ausgangsbereich, eine Entzündung der Magenwand oder eine anormale Magenform sein, ein Zustand, der vor allem bei Kleinhunderassen vorkommt.

Symptome

- Anfälle von Erbrechen, vor allem bei vollem Magen

Diagnose Orale Gabe von Barium und anschließendes Röntgen des Magens, um die Engstelle sehen zu können. Auch Ultraschall kann hilfreich sein.

Behandlung Je nach Ursache kann eine Operation zur Erweiterung des Pylorus nötig sein. Alternativ können Medikamente zur Unterstützung der normalen Muskelfunktion in diesem Bereich und die Gabe von weichem Nassfutter helfen.

Gastritis and Magengeschwüre

Symptome

- Wiederholtes oder wiederkehrendes Erbrechen, Würgen und Aufstoßen
- Eine anormale Ansammlung von Gallenflüssigkeit im Magen kann zu einer Entzündung der Magenschleimhaut führen, die wiederum Erbrechen verursacht. Ähnliche Symptome können auch durch bestimmte Bakterien verursacht werden. Virusinfektionen, innere Parasiten und Magenwandtumore können ebenfalls beteiligt sein. Betroffene Hunde erbrechen evtl. Blut. Bei Magengeschwüren sind starke Schmerzen im Magenbereich vorhanden.

Wie funktioniert ***Röntgen mit Barium***

Hierbei erhält der Hund Futter, das mit dem Kontrastmittel Barium versetzt ist. Anschließend macht man im Abstand von 15-30 Minuten mehrere Röntgenbilder, um den Weg des Futters durch den Körper zu verfolgen. So wird die innere Oberfläche des Verdauungstraktes sichtbar und man kann sie beurteilen. Außerdem kann man feststellen, ob das Futter sich vielleicht ungewöhnlich schnell durch den Verdauungstrakt bewegt oder ob irgendwelche Blockaden vorliegen.

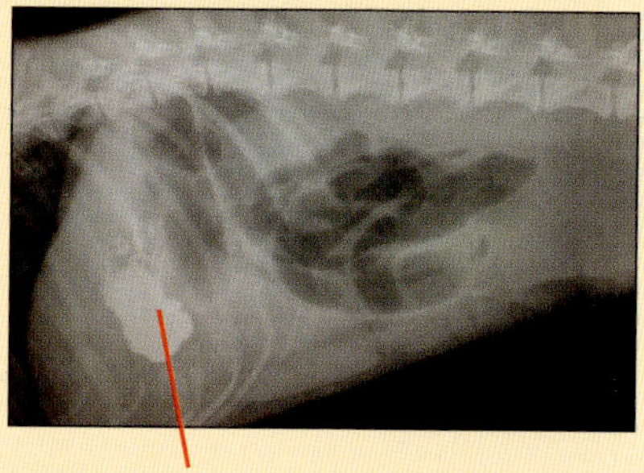

Dieses bariumhaltige Futter ist auf dem Röntgenbild gut im Magen zu erkennen.

Diagnose Bluttests und Röntgen, vor allem aber endoskopische Untersuchung der Magenschleimhaut

Behandlung Bei säurebedingter Entzündung hilft es, mehrere kleine Mahlzeiten am Tag zu füttern und oft eine letzte Kleinigkeit am Abend, um frühmorgendliches Erbrechen mit leerem Magen zu vermeiden. Andere Hunde brauchen Magensäureblocker, Schmerzmittel, Entzündungshemmer oder eine Wurmbehandlung. Wenn die Magenentzündung mit einer Empfindlichkeit gegenüber bestimmten Futtermitteln zu tun hat, hilft eine antiallergene Diät.

Kleine Rassen wie dieser Jack Russell Terrier sind besonders anfällig für Pylorusstenosen.

Pylorusstenosen

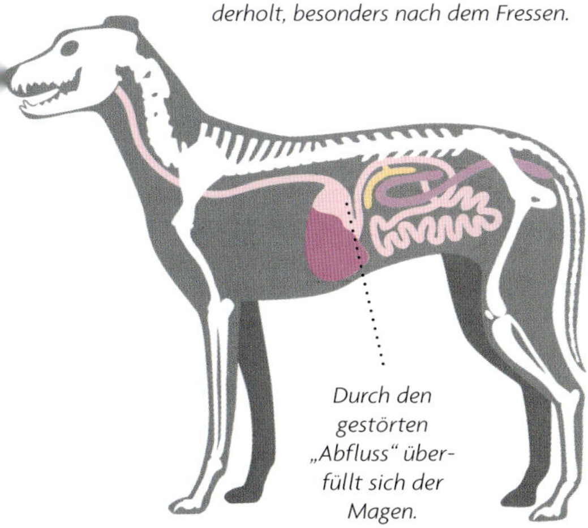

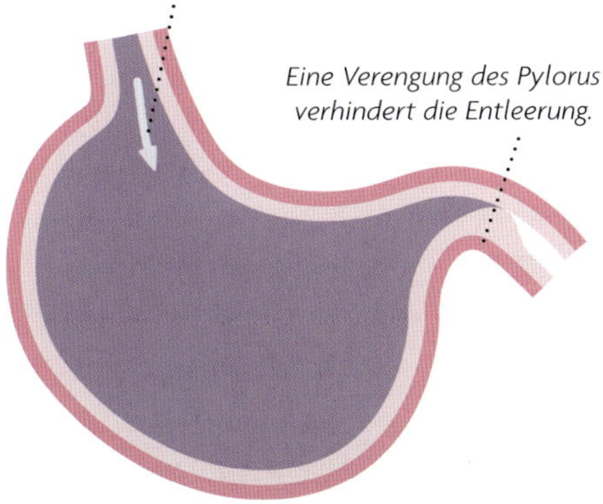

Erkrankungen der Bauchspeicheldrüse

Die Bauchspeicheldrüse (Pankreas) produziert Insulin (s.S. 120) und mehrere an der Verdauung von Fett, Kohlehydraten und Proteinen beteiligte Enzyme.

Pankreatitis (Bauchspeicheldrüsen-entzündung)

Eine Entzündung der Bauchspeicheldrüse kann als plötzliches, akutes Problem insbesondere bei übergewichtigen Hunden auftreten, die sehr fettreich ernährt werden oder wenn ein Hund plötzlich eine größere Menge Fett gefressen hat. Bestimmte Antibiotika, Medikamente gegen Epilepsie sowie Diuretika können für Pankreatitis anfällig machen. Auch manche Infektionen und Parasiten können dazu beitragen.

Symptome

- Schmerzen im vorderen Bauchbereich, die der Hund zu lindern versucht, indem er vorn auf dem Boden liegt und mit den Hinterbeinen steht.
- Die Entzündung kann so stark sein, dass sie die Pankreas und andere Organe schädigt, den Hund stark schwächt und zu schwerem Erbrechen führt.
- Weitere Symptome, die von Sekundärproblemen in anderen Körperbereichen stammen, sind erschwerte Atmung und Gelbsucht (s.S. 84).

Diagnose Bluttests zeigen in der Regel einen außergewöhnlich hohen Spiegel der Enzyme Amylase und Lipase. Die Werte anderer Enzyme sowie von Entzündungsstoffen können ebenfalls erhöht sein. Röntgen und Ultraschall der Pankreas können die Diagnose unterstützen. Die Untersuchung einer Biopsie der Pankreas kann nötig sein.

Behandlung Infusionen zur Wiederherstellung des Flüssigkeitshaushalts und Mittel gegen das Erbrechen. In manchen Fällen sind auch Antibiotika und Entzündungshemmer nötig. Der Hund sollte mehrere Tage fasten, bis die Situation stabilisiert ist.

Prognose Unterschiedlich. Manche Hunde erleiden immer wieder Rückfälle. Eine fettarme Ernährung kann aber helfen, Probleme zu vermeiden.

Exokrine Pankreasinsuffizienz

Eine der Aufgaben der Pankreas besteht in der Produktion der zur Fettverdauung benötigten Enzyme. Diese werden in den Zwölffingerdarm weitergeleitet, mit Futterpartikeln vermischt und schließen das Fett auf, sodass es durch die Darmwand in den Blutkreislauf absorbiert werden kann. Wenn die Pankreas nicht genügend Enzyme zur Fettverdauung produziert, kann der Hund das Fett nicht verwerten und scheidet es mit dem Stuhl aus. Das im Darm verbleibende Fett blockiert die Wasserabsorption aus dem Nahrungsbrei. Bei manchen Rassen ist diese Erkrankung erblich, sie kann aber auch als Schaden nach einer Pankreatitis entstehen.

Symptome

- Durchfall
- Gewichtsverlust und Untergewicht, weil der Hund das Fett aus der Nahrung nicht verwerten kann.
- Meistens großer Hunger

Diagnose Untersuchung des Bluts auf erhöhtes immunreaktives Trypsin, welches anzeigt, ob die Pankreas fettaufspaltende Enzyme produziert oder nicht. Weitere Bluttests stützen die Diagnose.

Was ist eine ***Ultraschalluntersuchung***

Die Ultraschalluntersuchung nutzt die unterschiedlichen Widerstände auf Schallwellen, um am Computer ein Bild weicher Gewebestrukturen aufzubauen. Dies ist besonders hilfreich für die Organe der Bauchhöhle, z.B. zum Messen der Darmwanddicke und Beurteilung der Darmstruktur. Auch das Herz wird mit Ultraschall untersucht.

Behandlung Fütterung einer fettarmen Diät mit Zusatz von Pankreasenzymen als Pulver. So kann das Fett in der Nahrung verdaut werden, sodass der Durchfall aufhört und der Hund an Gewicht zunimmt. In der Regel ist eine dauerhafte Behandlung nötig.

Deutsche Schäferhunde, Langhaarcollies und English Setter können eine erbliche Neigung zur Pankreasinsuffizienz haben.

Magen- und Darmerkrankungen

Erkrankungen von Magen und Darm verursachen oft Durchfall. Wenn eine Blockade vorliegt, kann auch Erbrechen eine Folge sein.

Fremdkörper in Magen und Darm

Viele Hunde zerbeißen ihre Spielsachen und schlucken Teile davon, andere verschlucken Steine oder fressen Gegenstände und Kleidungsstücke ihres Besitzers. Manche Fremdkörper setzen sich im Magen fest, verursachen dort eine teilweise Verstopfung, eine Entzündung und wiederholtes Erbrechen. Andere gelangen durch den Pylorus in den Darm. Dort führt er anders als im Magen nicht zu einer teilweisen, sondern zu einer plötzlichen und vollständigen Verstopfung. Wenn der Fremdkörper groß oder scharfkantig ist, kann die Darmwand geschädigt werden, was schnell zu Schock, Kollaps oder gar Tod führen kann.

Manche Fremdkörper, so wie dieser Stein, sind röntgendicht und deshalb auf Röntgenbildern gut zu sehen. Der Stein war Ursache für wiederholtes Erbrechen.

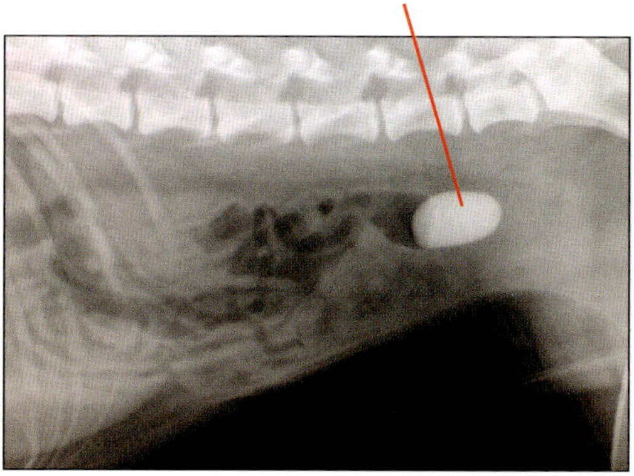

Vorsicht vor **Fremdkörpern**

Aus den Eingeweiden von Hunden häufig entfernte Fremdkörper sind z.B. Steine, Knochen, Stoff, Bälle und andere Spielzeuge, Puppen, Fernbedienungen, Maiskörner, Handys, Kartoffelschäler, Küchenmesser und alles, was man sich so vorstellen kann. Welpen neigen besonders zum Schlucken ungeeigneter Gegenstände, weshalb Sie besonders auf sie achten müssen.

Symptome

- Plötzlich einsetzendes und wiederholtes Erbrechen
- Betroffene Tiere können oft nicht einmal Wasser bei sich behalten.
- Symptome von Kreislaufversagen (durch Schädigung der Darmwand und Flüssigkeitsverlust)
- Schnelles Schwächerwerden und Unfähigkeit, aufzustehen

Diagnose Die Diagnose kann schwierig sein, da Symptome wie schweres Erbrechen, Dehydratation und Schwäche auch zu einer Gastroenteritis gehören können. Beim Abtasten des Bauchs kann der Tierarzt den Fremdkörper evtl. fühlen, aber in vielen Fällen ist Röntgen nötig. Manchmal wird zuvor Barium gefüttert, um die Darminnenwände auf dem Röntgenbild sehen zu können. Auch Ultraschall kann bei der Diagnose hilfreich sein.

Behandlung
Meistens Infusionen (IV-Tropf), um den Flüssigkeitshaushalt zu stabilisieren. Fremdkörper, die zu groß sind, um ausgeschieden zu werden oder anderweitigen Schaden anrichten können, müssen operativ entfernt werden. Manchmal müssen auch beschädigte Darmabschnitte entfernt werden. Wenn der Fremdkörper eher klein und rundlich ist, ist es evtl. möglich, ihn durch wiederholte Gaben stark faserhaltigen Futters und Medikamentengabe auf normalem Wege herauszubringen und eine Operation zu vermeiden. Die meisten Hunde kommen schnell wieder zu Kräften. Geschädigte oder operierte Darmabschnitte können aber vernarben, sich verengen oder mit benachbarten Darmschlingen verkleben. Vor allem Hunde, die häufiger wegen Fremdkörpern operiert wurden, können unter anhaltenden Verdauungsbeschwerden leiden.

Darmverschlingung/Hernie/ Intussuszeption

Manchmal verdreht sich eine Darmschlinge oder drückt sich durch eine Öffnung (Hernie) in der Körperwand, z.B. im Bereich des Bauchnabels. Alternativ kann sich ein Darmabschnitt in einen anderen einstülpen (Intussuszeption). Der betroffene Darmabschnitt verengt sich und seine Durchblutung ist gestört, was zu Symptomen führt, die fast identisch mit denen nach dem Verschlucken eines Fremdkörpers sind.

Symptome
- Plötzliches, ergiebiges Erbrechen
- Betroffene Hunde können meist nicht einmal Wasser bei sich behalten. Sie dehydrieren schnell, Schwäche und Kollaps können folgen.
- Bei einer Hernie kann eine Schwellung feststellbar sein.

Intussuszeption

1. Intussuszeptionen sind häufig bei Welpen, die an wurm- oder futterbedingtem Durchfall leiden.

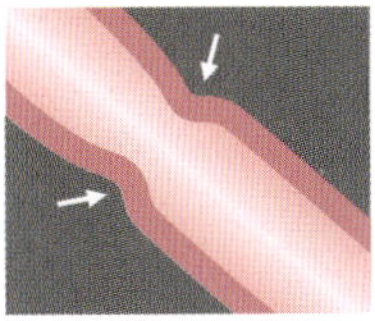

2. Übermäßige Kontraktionen und Entzündungen führen dazu, dass sich ein Teil des Darms zusammenzieht und die Durchblutung gestört wird.

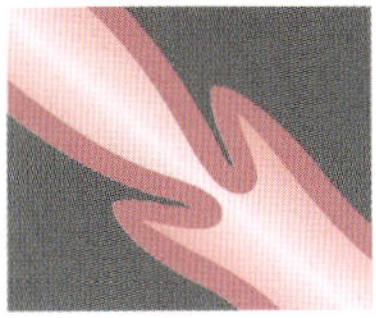

3. Dieser Bereich kann sich in einen anderen Darmabschnitt einstülpen und eine Blockade verursachen. Die Symptome können von Durchfall über Erbrechen bis hin zum Kollaps fortschreiten.

Diagnose Röntgen oder Ultraschall. Wenn bei einer Hernie eine deutliche Vorwölbung nach außen zum Zeitpunkt des Auftretens der Symptome erkennbar ist, kann die Diagnose auf der Hand liegen. Intussuszeptionen können zu würstchenförmigen Schwellungen im Inneren des Hundes führen, die bei Palpation des Bauchraums tastbar sein können.

Behandlung Notoperation, um den betroffenen Darmabschnitt wieder in die korrekte Lage zu bringen, sodass Durchblutung und Funktion wiederhergestellt werden können. Wenn bereits irreversible Darmschäden vorliegen, muss evtl. auch ein ganzer Darmabschnitt entfernt werden. Infusionen, Schmerzmittel und Antibiotika sind ebenfalls nötig.

Gastroenteritis und Enteritis

Diese lateinischen Begriffe bedeuten eine Entzündung von Magen und Darm oder des Darms alleine. Die Gastroenteritis kann auf alles folgen, was eine Entzündung im Verdauungsapparat auslöst.

Symptome

- Erbrechen (wenn der Magen beteiligt ist)
- Durchfall (wenn das Hauptproblem im Darm liegt)
- In den meisten Fällen Durchfall und Erbrechen, beides u.U. stark oder mit Blut vermischt
- Bei starker Entzündung evtl. Verlust der Schließmuskelkontrolle, sodass der Durchfall ungehindert herausschießt oder tropft.

Diagnose Meist Untersuchung einer Kotprobe im Labor. Die beteiligten Bakterien können anhand einer Kultur nachgewiesen werden. Weitere Tests können Viren wie z.B. den Parvovirus identifizieren. Würmer und andere Parasiten können unter dem Mikroskop nachgewiesen werden.

Behandlung Linderung der Symptome durch Medikamente zur Verlangsamung der Darmbewegung sowie manchmal zur Unterdrückung des Erbrechens. Betroffene Hunde benötigen evtl. oral verabreichte Elektrolyte oder sogar einen intravenösen Tropf, um Flüssigkeits- und Salzverlust auszugleichen und eine Austrocknung zu verhindern. Auch das zugrundeliegende Problem muss behandelt werden. Wenn der Hund Blut verliert und ein bakterielles Problem festgestellt wird, sind Antibiotika nötig. Evtl. muss der Hund 24 Stunden lang fasten und danach Schonkost wie z.B. Hühnchen mit Reis erhalten. Das normale Futter kann schrittweise wieder eingeführt werden, sobald es dem Hund besser geht.

Ältere Menschen mit schwachem Immunsystem sollten den Kontakt mit Hunden vermeiden, die unter ansteckender Gastroenteritis leiden.

Enteritis und Colitis

Eine Entzündung des Dünndarms (Enteritis) oder des Dickdarms (Colitis) kann auch mit Futterallergien, Stress, Darmschäden nach Parasitenbefall, Ungleichgewicht in der Darmflora oder Verdickung bzw. Schädigung der Darmwand durch Krebs zu tun haben. Alles, was die Fähigkeit des Körpers zur Absorption von Flüssigkeit und Nährstoffen aus dem Darm behindert, kann zu folgendem beitragen:

Symptome

- Durchfall, evtl. mit Blut vermischt
- Gewichtsverlust, Durst und gelegentliches Erbrechen. Betroffene Hunde können so viel Gewicht verlieren, dass sie schwach werden.
- Bauchschmerzen

Diagnose Röntgenbilder nach oraler Gabe von Barium, damit die innere Darmwand sichtbar wird. Auch mit Ultraschall oder Endoskopie lässt sich eine Verdickung der Darmwand nachweisen. Laboruntersuchungen von Biopsien der Darmwand oder der assoziierten Lymphknoten können nötig sein.

Behandlung Evtl. Füttern einer hypoallergenen Diät, probiotische Futterergänzungen zum Aufbau einer gesunden Darmflora. Bei vorhandener Infektion Antibiotika. Medikamente zum Verlangsamen der Darmtätigkeit, damit mehr Nährstoffe absorbiert werden können. Medikamente gegen die Entzündung der Darmwand.

Achtung ***Ansteckungsgefahr***

Viele der Ursachen für Durchfall und Erbrechen sind ansteckend.

- *Parvovirose ist ansteckend für andere Hunde, weshalb erkrankte Hunde von anderen isoliert werden müssen.*
- *Salmonellen, Campylobacter- und E. coli Bakterien können auch für Menschen ansteckend sein. Achten Sie also auf gute Hygiene, wenn Ihr Hund unter Durchfall und/oder Erbrechen leidet. Sollten ähnliche Symptome beim Menschen auftreten, muss sofort ein Arzt konsultiert werden. Kinder und ältere Menschen sind genau wie Welpen oder ältere Hunde besonders anfällig für Ansteckungen.*

Bei Kindern muss auf Hygiene geachtet werden, damit keine Übertragung von ansteckenden Erkrankungen vom Hund erfolgt.

Prognose Manche Hunde sprechen gut auf die Behandlung an, andere mit chronischer Darmwandentzündung oder durch andere Erkrankungen geschädigter Darmwand können anhaltende Probleme haben, die im besten Fall dauerhafter Behandlung bedürfen.

Würmer

Würmer und die damit verbundenen Erkrankungen sind häufig Ursache für Verdauungsprobleme. Auch wenn äußerlich nur selten Anzeichen für Wurmprobleme zu sehen sind, leiden viele Hunde unter geringgradigerem Befall, der nur leichte Krankheitsanzeichen verursacht. Die Behandlung verwurmter Hunde ist ein Muss.

Symptome

- Gewichtsverlust, Erbrechen und Durchfall (kann Würmer enthalten)
- Großer Hunger
- Langfristige und ggf. schwer zu behandelnde Darmprobleme durch Wurmschäden an der Darmwand

Diagnose Einfach durch Laborunteruntersuchung einer Kotprobe.

Behandlung Es stehen verschiedene Mittel zur Verfügung. Regelmäßige vorbeugende Entwurmung ist ratsam (s.S. 21).

Bandwurm

Bandwürmer (*Taenia, Echinococcus* und *Dipylidium*) sind weit verbreitet. Einige Arten können auch Menschen befallen. Der in Europa und in den USA weit verbreitete Fuchsbandwurm (*Echinococcus multilocularis)* kommt derzeit in Großbritannien nicht vor, weshalb bei einer Einreise auf die Insel eine aktuelle Entwurmung nachgewiesen werden muss.

Symptome

- Durchfall und Erbrechen
- Ausscheidung von kleinen Eierbeuteln, die Reiskörnern ähneln

Behandlung Regelmäßige Entwurmung mit effektivem Mittel mindestens alle drei Monate

Rundwürmer

Rundwürmer (z.B. *Toxocara canis*) sind weit verbreitet, obwohl sie mit regelmäßiger Entwurmung leicht zu bekämpfen sind. Viele Hunde werden nicht oder zu selten entwurmt und scheiden Rundwurmeier aus. Diese können vom Boden aufgenommen werden und andere Hunde oder auch Menschen infizieren. Bei Kindern können sie durch mehrere Organe wandern und erhebliche Schäden verursachen. Tragende und säugende Hündinnen erleben in der Regel eine Reaktivierung der im Körper schlummernden Rundwürmer, die die Welpen vor und nach der Geburt infizieren und zu starkem Befall bei ihnen führen können.

Symptome

- Durchfall und Erbrechen
- Ausscheiden von spaghettiähnlichen Würmern

Behandlung Zur effektiven Entwurmung kann eine monatliche Behandlung nötig sein.

Hakenwürmer

Hakenwürmer wie *Ancylostoma* und *Uncinaria* sind weit verbreitet und können auch Menschen befallen.

Symptome

- Die vom Saugeapparat der Würmer verursachten Schäden führen zu Durchfall und Gewichtsverlust.
- Blutungen im Darm
- Blutverlust und Anämie

Behandlung Vorbeugende Entwurmung mit Breitbandanthelmintika

Lebenszyklus des Rundwurms

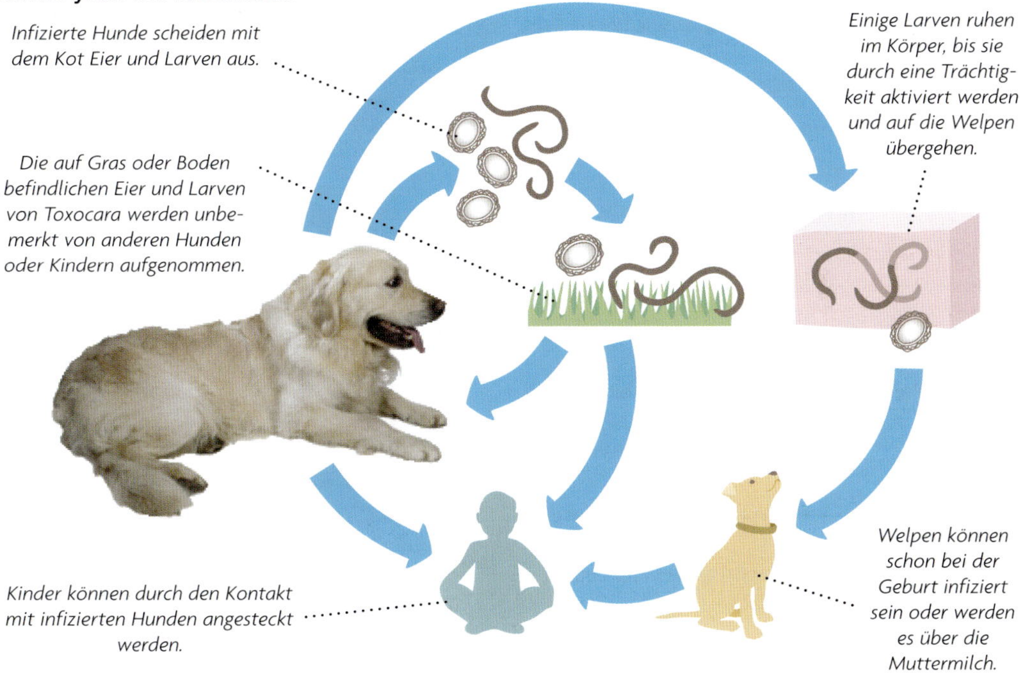

Peitschenwürmer

Peitschenwürmer (*Trichuris vulpis*) sind ebenfalls weit verbreitet. Wie die anderen Wurmarten können sie wenige Symptome verursachen, aber auch an Darmwandschäden, Durchfall und Elektrolytverlust beteiligt sein. Regelmäßige Entwurmung mit einem Breitbandmittel alle drei Monate beugt vor.

Andere parasitäre und protozoische Erkrankungen

Kokzidien, Kryptosporidien, Giardien und *Helicobacter pylori* können Durchfall und Erbrechen hervorrufen und müssen behandelt werden. Manche können auch auf Menschen übertragbar sein: Achten Sie im Umgang mit befallenen Hunden auf Hygiene.

Verstopfung, Stuhlzwang und Analprobleme

Verstopfung und Tenesmus (Stuhlzwang) sind häufige Probleme bei älteren Hunden, deren Darmfunktion mit dem Alter schwächer wird. Dazu trägt eine Kombination von Faktoren aus Bewegungsarmut, weniger Fressen und weniger aktiven Organen bei. Jedes Problem, das den Flüssigkeitsverlust anderswo im Körper erhöht, wie z.B. eine Nierenerkrankung oder einfach nur heißes Wetter, kann den Kot fester und schwieriger auszuscheiden machen. Auch Erkrankungen, die den Dickdarm, Enddarm oder Anus verengen, können zu Schwierigkeiten beim Kotabsatz beitragen.

Probleme im **Analbereich**

Viele Analtumore sind gutartig und wachsen langsam. Manche haben mit dem hohen Hormonspiegel unkastrierter Rüden zu tun und schrumpfen oder wachsen nicht weiter, wenn der Hund kastriert wird. Wenn sie den Kotabsatz behindern, müssen sie operativ entfernt werden.

Jede Blockade oder Infektion der Analbeutel kann zu Schmerzen im Analbereich und Stuhlzwang führen. Die Analbeutel müssen geleert oder gespült oder ggf. sogar chirurgisch entfernt werden.

Analbeutel

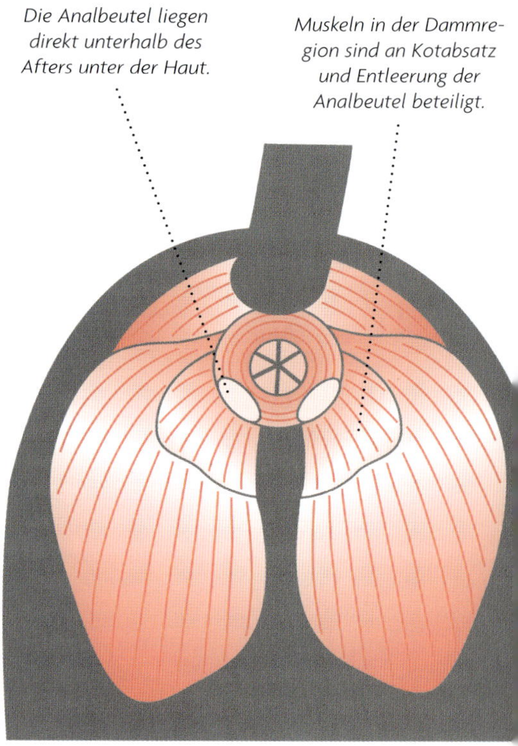

Prostataprobleme können zu einer Verengung in Dick- und Enddarm führen. Darm- und Analtumore sowie Infektionen der Analbeutel können ebenfalls den Darmdurchmesser verringern und Schmerzen beim Stuhlgang verursachen.

Symptome

- Manche Hunde leiden unter einer Degeneration der Muskeln im Analbereich, was zu Vorwölbun-

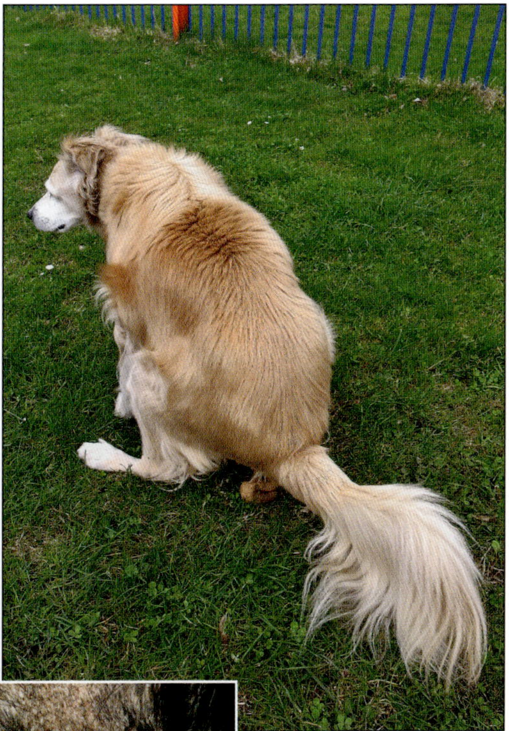

Schwierigkeiten beim Kotabsatz (Tenesmus) können auf anale oder rektale Probleme hindeuten.

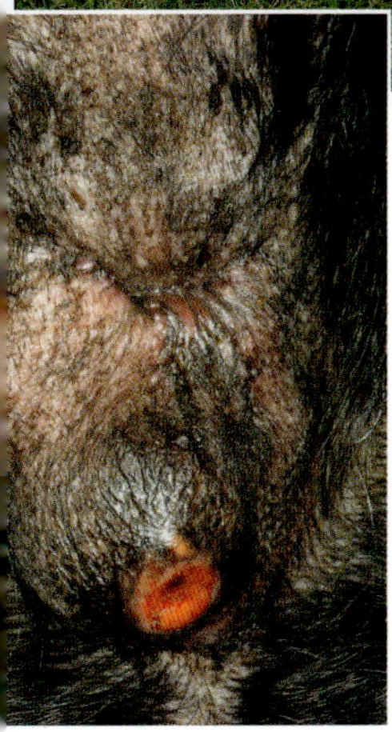

Schwellungen und Infektionen im Dammbereich können auf eine Entzündung der Analbeutel oder einen Tumor hindeuten.

gen der Darmwand direkt hinter dem After führen kann. Es können sich Taschen bilden, in denen sich Kot ansammelt, was weiteren Druck auf die Muskeln in diesem Bereich ausübt und weitere Schäden verursacht.

- Hunde mit eingeschränkter Beweglichkeit oder Steifheit in Rücken und Hüfte haben evtl. Schwierigkeiten beim Hocken zum Kotabsatz, was das Lösen ebenfalls erschweren kann.

Diagnose Evtl. rektale Untersuchung mit behandschuhtem Finger, um die Innenseite von Rektum und Anus abtasten zu können. Der Hund muss ggf. anästhesiert oder sediert werden, besonders wenn weitere Untersuchungen wie z.B. Röntgen in diesem Bereich zur Diagnose nötig sind. Sind Zubildungen vorhanden, werden Gewebeproben zur weiteren Untersuchung ins Labor geschickt.

Behandlung Abhängig von der Ursache des Problems. Das meiste Seniorfutter hat einen hohen Fasergehalt, der hilft, den Stuhl leichter zu formen und auszuscheiden. Manchen alten Hunden tun auch Laxativa gut, um den Durchgang des Stuhls zu erleichtern. Andere brauchen Schmerz- und Entzündungshemmer, um ihre Beweglichkeit wieder so weit herzustellen, dass sie sich zum Koten hinhocken können. Eventuell Operation zur Entfernung von Tumoren oder Hernien und Wiederherstellung der normalen Darmfunktion. In manchen Fällen müssen chronisch infizierte Analbeutel operativ entfernt werden.

Lebererkrankungen

Die Symptome für Erkrankungen der Leber sind so unterschiedlich wie die Funktionen, die das Organ zu erfüllen hat. Die Leber ist erstaunlich gut darin, auch nach Schädigung noch zu funktionieren. Die Symptome einer Lebererkrankung können erst dann deutlich werden, wenn schon über 70% des Organs geschädigt sind. Das bedeutet, dass der Krankheitsprozess in der Zeit, bis die Symptome erkannt werden und eine Diagnose gestellt wird, schon so weit fortgeschritten sein kann, dass eine Behandlung schwierig bis unmöglich ist.

Symptome

- Vermehrtes Trinken
- Appetitverlust
- Ruhelosigkeit, Schwäche und Lethargie
- Erbrechen, Durchfall, geschwollener Bauch
- Schwanken, Kopf gegen die Wand drücken, wenn der Toxingehalt steigt und die Gehirnfunktion beeinträchtigt
- Gelbsucht (Gelbfärbung von Schleimhäuten und Haut)

Wie die Leber funktioniert

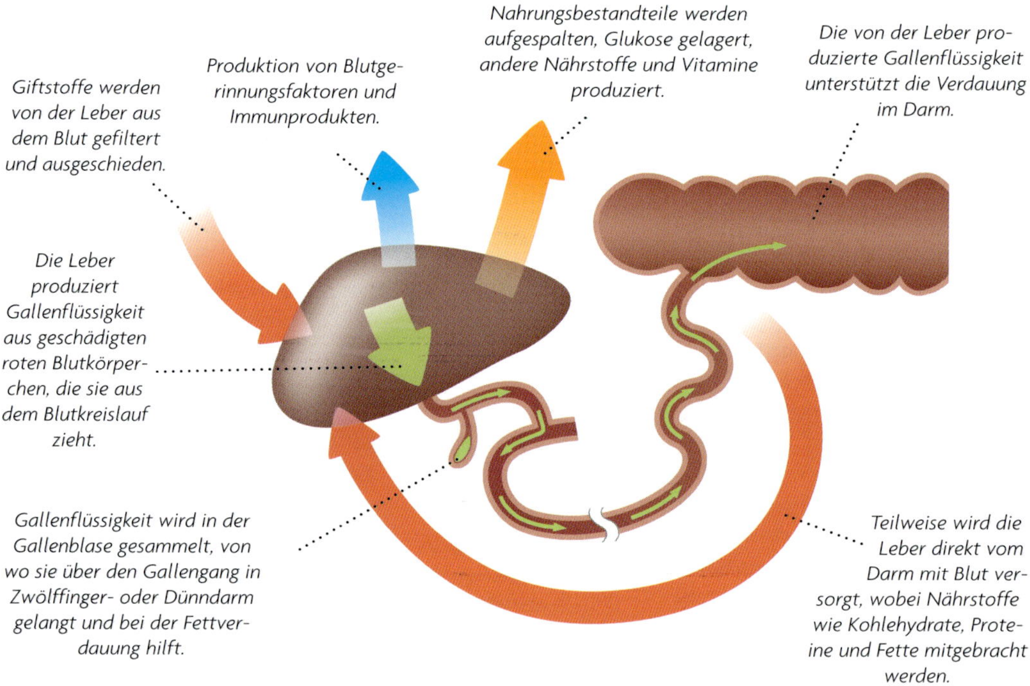

Was macht **die Leber**

In der Leber werden Kohlehydrate als leicht verfügbarer Zucker zur schnellen Energiefreisetzung gespeichert. Proteine werden in die Aminosäuren gespalten, aus denen sie bestehen und zu Stoffen umgebaut, die der Körper benötigt – von Enzymen bis hin zu Blutgerinnungsfaktoren und manchen Hormonen. Auch Fette werden in der Leber zur Energiefreisetzung aufgespalten und es wird Cholesterol zur Kontrolle des Fettgehalts produziert. Außerdem ist die Leber ein Schlüsselorgan für die Aufspaltung von Toxinen und deren Entfernung aus dem Blut.

Wo liegt die Leber?

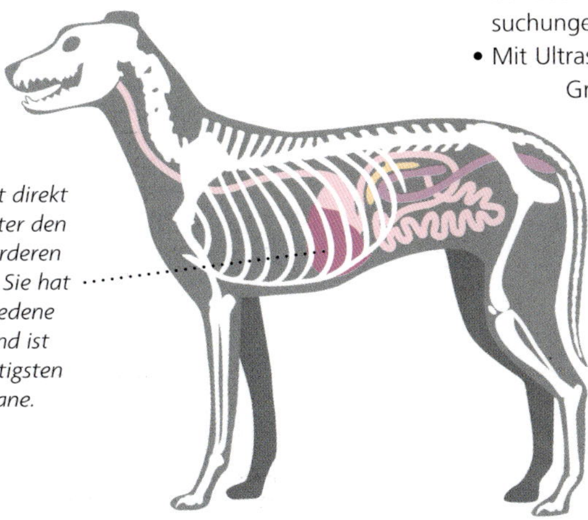

Die Leber liegt direkt unter und hinter den Rippen im vorderen Bauchbereich. Sie hat viele verschiedene Aufgaben und ist eins der wichtigsten Körperorgane.

- Wenn die Leber weniger Blutgerinnungsfaktoren produziert, können betroffene Hunde besonders anfällig für Blutverlust sein.
- Hunde mit Hepatitis können deutliche Bauchschmerzen zeigen und aufgrund einer vergrößerten Leber oder eines Flüssigkeitsaustritts (Aszites) wegen der geschädigten Leber einen geschwollenen Bauch zeigen.

Diagnose

- Eine vollständige klinische Untersuchung kann Symptome einer Leberentzündung ergeben, aber meist sind weitere Tests zur Bestätigung und zur Identifikation der genauen Krankheitsart nötig.
- Mit Bluttests können Enzyme identifiziert werden, die auf Leberschäden hinweisen. Oder sie ergeben niedrige Harnsäure- und Glukosespiegel, die ebenfalls mit schlechter Leberfunktion zu tun haben können. Spezielle Bluttests können einen erhöhten Gehalt von Ammoniak oder Gallensäure im Blut nachweisen, der nach dem Verzehr von Fett ansteigt. Wenn das Cushing-Syndrom als Ursache der Leberstörung vermutet wird, sind weitere Untersuchungen nötig.
- Mit Ultraschall- und Röntgenbildern lassen sich Größe und Form der Leber beurteilen. Ultraschall kann auch benutzt werden, um eine Biopsienadel in verdächtige Bereiche zur Gewinnung einer Gewebeprobe einzuführen.

Behandlung

Die Behandlung einer Lebererkrankung kann schwierig sein, je nachdem, welches Ausmaß der Schaden zum Zeitpunkt der Diagnose schon hat. In manchen Fällen ist eine vollständige Heilung möglich, aber oft kann man bestenfalls nur hoffen, das Fortschreiten des Krankheitsprozesses aufzuhalten und die Leber zu entlasten, damit sie ihre Funktionen besser erfüllen kann. Das kann die Symptome zum Abklingen bringen.

Hunde mit akutem Einsetzen einer schweren Lebererkrankung brauchen evtl. eine Klinikbehandlung mit intravenösem Tropf, um die Hydratation aufrechtzuerhalten und Toxine aus dem Körper zu spülen. Eventuell sind weitere Medikamente wie Entzündungshemmer oder Antibiotika nötig.

Kleinhunderassen wie dieser Yorkshire Terrier sind besonders anfällig für portosystemischen Shunt.

Blaugrüne Algenblüten in Gewässern enthalten Toxine, die Leberschäden verursachen können.

Typen des portosystemischen Shunts

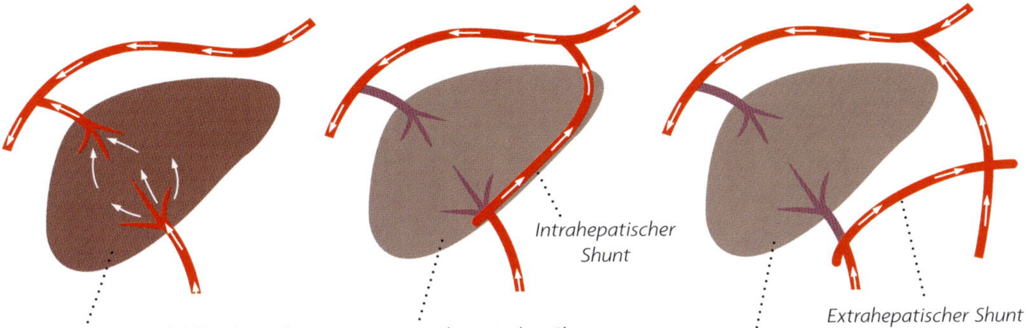

Beim gesunden Hund diffundiert Blut durch das Lebergewebe und ermöglicht den Ablauf lebenswichtiger Funktionen.

Intrahepatischer Shunt Blut wird durch die Leber geführt, ohne durch das Gewebe zu diffundieren.

Extrahepatischer Shunt Hierbei wird der Blutfluss komplett außen um die Leber herumgeleitet.

Leberkranke Hunde profitieren von Futter mit erhöhtem Proteingehalt (es sei denn, sekundäre neurologische Symptome erfordern eine Proteinreduktion), um die Muskelkraft zu erhalten. Die Zugabe von Vitamin B kann nötig sein. Ursodeoxycholsäre stimuliert den Gallenfluss und kann die Lebenfunktion unterstützen. Außerdem gibt es gute Hinweise darauf, dass eine Futterergänzung mit S-Adenosylmethionin (SAM) hilfreich sein kann.

Portosystemischer Shunt

Bei jungen Hunden sind Lebererkrankungen relativ selten, aber eine kommt recht häufig bei ihnen vor, vor allem bei Klein- und Kleinsthunderassen. Ein portosystemischer Shunt ist eine entwicklungsbedingte Fehlbildung der Blutgefäße, die die Leber versorgen. Ein Blutgefäß umgeht die Leber des Welpen, während er sich im Mutterleib befindet und schließt sich normalerweise nach der Geburt. Wenn es sich nicht richtig schließt, umgeht weiterhin ein Teil des Bluts die Leber und führt zu schlechter Leberfunktion.

Symptome

- Langsames Wachstum, schlechte Gewichtszunahme und Muskelentwicklung
- Anfälle oder manchmal sogar Koma
- Lethargie, vermehrtes Trinken und Gelbsucht

Diagnose Bluttests zum Nachweis der Leberfunktion kombiniert mit Ultraschall der Leber, um das anormale Blutgefäß zu identifizieren.

Behandlung In manchen Fällen ist es möglich, das Blutgefäß chirurgisch zu verschließen. Dann kann der Blutfluss über die normalen Gefäße wieder durch die Leber zurückgeleitet werden, was zu verbesserter Leberfunktion führt. Solche Hunde können evtl. wieder ein normales Leben mit nur wenigen weiteren Behandlungen oder Kontrollen führen. In anderen Fällen ist eine Operation aber ggf. nicht möglich und eine ständige Medikamentengabe nötig.

Toxische Lebererkrankung

Mehrere Erkrankungen können die Leber auch durch eine Ansammlung von Toxinen schädigen. Das kann z.B. die Folge anormaler Verstoffwechslung bestimmter Nährstoffe sein. So neigen manche Rassen zur Ansammlung von Kupfer in der Leber, was zu Leberschäden führt. Gifte wie Paracetamol oder Ibuprofen (diese Humanmedikamente dürfen nicht bei Hunden benutzt werden!) sowie Algentoxine (aus Tümpeln) können ebenfalls Leberschäden verursachen, genauso wie Chemikalien mit chlorierten Kohlenwasserstoffen, Gerbsäure und Selen.

Was zeigen ***Bluttests***

Man kann das Blut auf verschiedene Enzyme, Zellen, Salze, spezielle Hormone oder andere Stoffe wie z.B. Toxine untersuchen. Zur Standarduntersuchung gehört in der Regel:

- *Zählung der Blutplättchen (Hämatologie) zum Feststellen der Menge der roten und weißen Blutkörperchen sowie der Thrombozyten.*
- *Eine biochemische Untersuchung auf Enzyme der Funktion von Leber, Niere, Darm, Knochen und Muskeln sowie auf Protein- und Glukosegehalt (was auf Diabetes mellitus hinweisen kann).*
- *Elektrolytgehalt (die wichtigsten Salze für eine normale Zellfunktion und die Muskelkontraktion einschließlich der des Herzens).*

Symptome

- Zuvor gesunde Hunde zeigen plötzlich Symptome einer Lebererkrankung.

Diagnose Mit Bluttests lässt sich die akute Lebererkrankung nachweisen. Die Ursache des Problems herauszufinden kann schwieriger sein, es sei denn, es wurde eine konkrete Vergiftung bemerkt.

Behandlung Intravenöser Tropf zur Hydratation und zum Ausschwemmen der Giftstoffe, Medikamente zur Unterstützung der Leber und ihrer Funktion. Unter Kupferempfindlichkeit leidende Hunde benötigen evtl. langfristig eine kupferarme Ernährung.

Infektionen der Leber

Infektionen der Leber können eine akute Erkrankung verursachen, die der oben beschriebenen toxischen Lebererkrankung ähnelt. Eine Infektion der Leber kann durch Bakterien oder Viren im Blutkreislauf entstehen oder als Folge einer Darmentzündung (Enteritis), von der aus sich die Infektion über die Pfortader oder den Gallengang in die Leber ausbreitet.

Symptome

- Erbrechen, Kollaps, Bauchschmerzen und Anfälle

Diagnose Bluttests. Weitere Untersuchungen können nötig sein, um evtl. vorhandene weitere Infektionen nachzuweisen. Leptospirose, Adenoviren oder das canine Herpesvirus können alle zu akut einsetzenden Lebererkrankungen führen, genau wie die Bakterienarten *Campylobacter, Salmonella, Clostridium* und *Bacillus*. Auch Toxoplasmose und die pilzbedingte Histoplasmose können eine Rolle spielen. Salmonellen, das Campylobacter-Bakterium, Toxoplasmose und sogar die Leptospirose sind potenziell zoonotisch, d.h. auf den Menschen übertragbar.

Beim direkten Kontakt zwischen Hunden können zahlreiche Infektionen übertragen werden.

Leptospirose

Hunde können Leptospirose nach Kontakt mit dem Urin infizierter Ratten, Wildtiere, Nutztiere oder anderer Hunde bekommen.

Symptome

- Fieber, Erbrechen, Dehydratation und Gelbsucht. Bei ungeimpften Hunden kann die Erkrankung in nur ein bis zwei Tagen zum Tod führen. Bei geimpften Hunden kann ein schwacher Krankheitsverlauf zu beobachten sein.
- In schweren Fällen Muskelschwäche und Schmerzen, Erbrechen und Durchfall, Dehydratation, undichte Blutgefäße führen zu Hämatomen und Nierenerkrankung.

Behandlung Um eine Überlebenschance zu haben, muss der Hund Antibiotika, einen intravenösen Tropf und ggf. Bluttransfusionen erhalten.

Canines Adenovirus (Hepatitis contagiosa canis/HCC)

Das canine Adenovirus kann Atemwegserkrankungen und Husten, aber auch eine schwere Leber- und Nierenerkrankung hervorrufen. Auch eine Augenentzündung kann auftreten, wobei das Auge eine bläuliche Färbung annimmt. Auch plötzlicher Tod ist möglich.

Symptome

- Erbrechen, Durchfall
- Husten, Krampfanfälle
- Schwäche und „blaue Augen"

Behandlung Flüssigkeitszufuhr, Entzündungshemmer und Hyperimmunserum (enthält Antikörper) können evtl. helfen. Mit einer Impfung kann man der Leptospirose und der Hcc vorbeugen. Leider sterben jedes Jahr ungeimpfte Hunde an dieser vermeidbaren Erkrankung.

Was ist ***Peritonitis***

Eine Peritonitis ist eine Entzündung und Infektion des Bauchfells. Sie kann durch Undichtigkeit des Darms nach Erkrankung oder Verletzung des Darms entstehen oder als Folge der Erkrankung anderer Bauchorgane wie Leber, Pankreas, Milz oder Nieren. Schwere Peritonitis führt zu Bauchschmerzen, Kreislaufschwäche, Erbrechen und Durchfall.

Zur Diagnose sind Untersuchungen von Blut und Bauchhöhlenflüssigkeit nötig. Eine Operation kann erforderlich sein, um zugrunde liegende Organerkrankungen zu behandeln. Es müssen Antibiotika und Entzündungshemmer gegeben werden.

Andere Ursachen für Lebererkrankungen

Lebererkrankungen können auch als Folge von Anämie, Hämolyse (Zerfall roter Blutkörperchen), Hitzschlag, Darmerkrankungen, Pankreatitis und Verletzungen auftreten. Jeder dieser Erkrankungen kann, wenn sie nicht erfolgreich behandelt wird, mit der Zeit zu chronischen Leberschäden führen.

Verletzungen

Verletzungen (Traumata) können ebenfalls Leberschäden verursachen: Stürze aus großer Höhe, Angefahrenwerden oder harte Stöße/Schläge auf den Bauchraum sind mögliche Ursachen. Meistens weiß der Besitzer, wenn der Hund eine Verletzung erlitten hat, aber manche geschehen auch unbemerkt.

Symptome

- Hautschäden oder Quetschungen
- Die Leber kann gequetscht werden und sich ein Hämatom (innerlicher Bluterguss) bilden. Sie kann auch reißen, sodass Blut, Gewebe und sogar Galle in den Bauchraum gelangen können.
- Eine Peritonitis kann folgen.
- Schwäche oder Kreislaufkollaps
- Starke Bauchschmerzen
- Veränderungen der normalen Körperkontur durch Schäden an Rippen oder Bauchmuskeln

Diagnose Untersuchung der Verletzung, Bluttest zum Untersuchen der Leberfunktion. Eventuell Röntgen und Ultraschall zur Untersuchung von Kontur und innerer Struktur der Leber.

Behandlung Leberquetschungen können mit Ruhe, unterstützenden Medikamenten und geeigneter Diät heilen. Schwerere Verletzungen erfordern meist die Notoperation in einer Klinik.

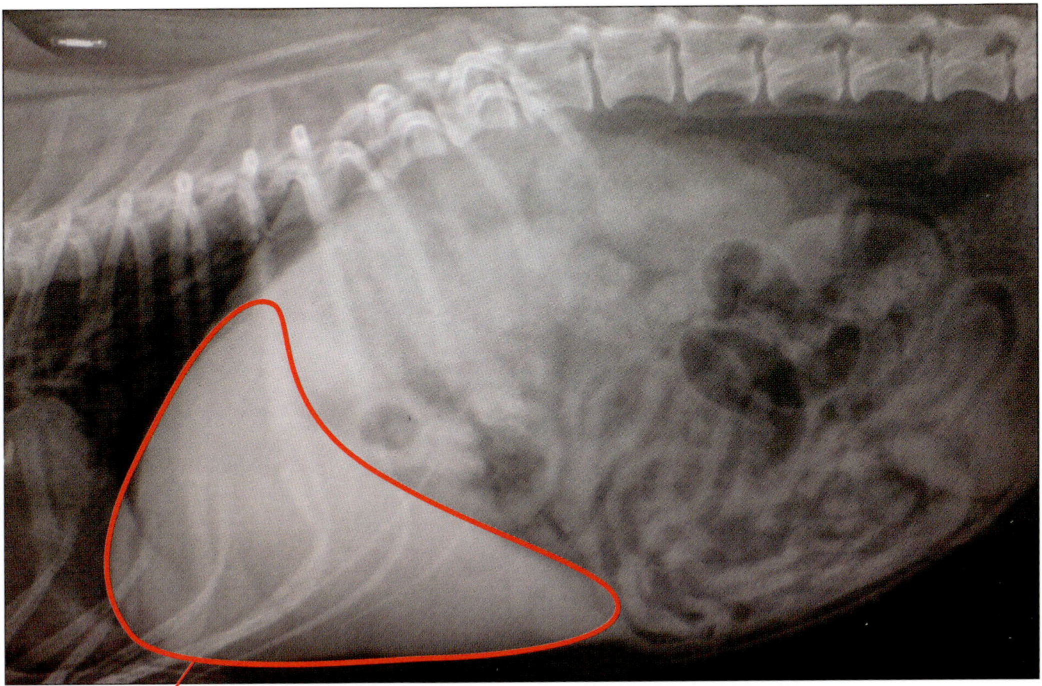

Eine vergrößerte Leber kann auf Röntgenbildern erkennbar sein. Hier dehnt sie sich weit über die Grenzen des Brustkorbs hinaus aus.

Kranke Hunde können sich elend fühlen, lethargisch und schwach sein.

Lebertumore

In der Leber können sich Tumore aus der Streuung von Krebs anderswo im Körper oder als primäre Läsionen entwickeln. Durch Schädigung der Leber und Beeinträchtigung ihrer Funktion sowie den Platz, den sie in der Bauchhöhle beanspruchen, können sie Krankheitssymptome auslösen.

Symptome

- Erbrechen, Durchfall
- Gewichtsverlust und Bauchschmerzen
- Evtl. neurologische Symptome
- Anämie
- Evtl. offensichtliche Schwellungen des Bauchraums

Diagnose Bluttests. Röntgen und Ultraschall zur Überprüfung der Lebergröße und evtl. Identifikation des Tumors innerhalb der normalen Leberstruktur. Entnahme einer Gewebeprobe aus dem Tumor zur Bestimmung des Tumortyps. Dies kann unter Vollnarkose oder mit einer per Ultraschall gelenkten Biopsienadel geschehen. Die Leber kann aber nach einer Biopsie stark bluten, womit Hunde, die als Folge einer Lebererkrankung unter Blutgerinnungsstörungen leiden, eventuell nicht zurechtkommen.

Behandlung Entfernung des Tumors und manchmal von Teilen der Leber durch einen Spezialisten. Manche Arten von Lebertumor (Lymphome) reagieren gut auf Chemotherapie. Andere sind evtl. nicht behandelbar und man kann lediglich ihr Wachstum mit Steroiden verlangsamen.

Was ist
MRT

Bei einer MRT (Magnetresonanz-Tomographie) wird die Reaktion des Gewebes innerhalb eines Magnetfeldes auf Radiowellenimpulse als Bild dargestellt. Das vom Computer generierte Bild beruht auf dem Wassergehalt in den unterschiedlichen Gewebestrukturen und kann erstaunlich detailliert sein, insbesondere im Bereich von Weichgewebe.

Chronische Lebererkrankungen

Chronische Lebererkrankungen können als Folge einer akuten, unbehandelten Lebererkrankung entstehen, aber auch nach geringgradigen Leberschäden, Infektionen, Entzündungen, Tumoren oder dem Einfluss von Giftstoffen.

Symptome

- Gewichtsverlust und Erbrechen
- Schwäche und vermehrtes Trinken
- Evtl. neurologische Symptome einer Hirnerkrankung (Enzephalopathie)

Diagnose Bluttests zur Untersuchung der genauen Krankheitsursache, Ultraschall, CT oder MRT

Behandlung Letzten Endes sprechen solche Erkrankungen nur schlecht auf Behandlung an. In den meisten Fällen kann bestenfalls eine Unterstützung der Leberfunktion durch Diät und Futterergänzungen erreicht werden. Bei lang bestehenden Lebererkrankungen kann der Toxingehalt im Blut so hoch werden, dass er die Blut-Gehirn-Schranke überwindet, ins Gehirn gelangt und die Hirnfunktion beeinträchtigt. Taumeln, Schwäche, schlechte Koordination und Depression sind typische Symptome dieser als „hepatische Enzephalopathie" bezeichneten Erkrankung. Betroffene Hunde beginnen als Reaktion auf die Kopfschmerzen auch häufig ihren Kopf gegen die Wand zu pressen.

Was ist CT

Bei der CT (Computertomographie) wird ein spezieller Röntgenapparat benutzt, um eine Serie von „Bildscheiben" des untersuchten Bereichs zu machen. Diese können am Computer betrachtet und zu einem dreidimensionalen Bild zusammengesetzt werden.

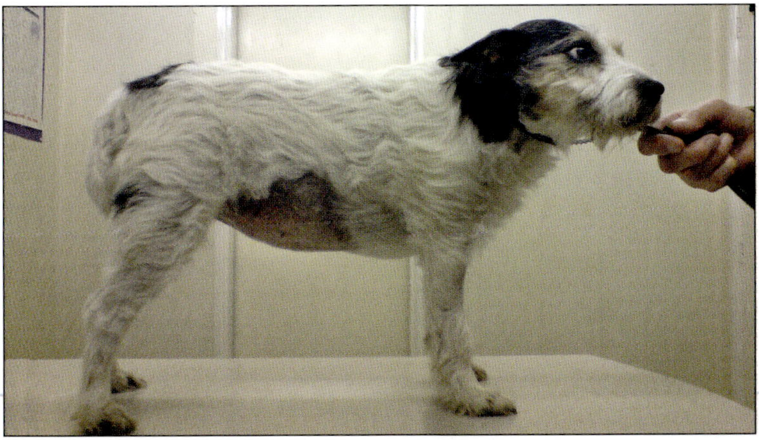

Eine vergrößerte Leber kann sogar zu einem äußerlich sichtbar vergrößerten Bauch führen. Manche leberkranken Hunde leiden auch unter sekundären Hauterkrankungen, Geschwüren und Verkrustungen der Pfoten, im Maulbereich und an den Ohrspitzen.

Erkrankungen der Nieren und Harnwege

Die Symptome für Harnwegserkrankungen können unterschiedlich sein.

Symptome

- Das erste Anzeichen ist meist, dass der Hund mehr trinkt, mehr uriniert und evtl. nicht mehr stubenrein ist.
- Mit fortschreitender Erkrankung stellen die Nieren evtl. ihre Funktion ein, der Hund trinkt und uriniert nicht mehr. Diese Symptome sind ernst und erfordern eine Notfallbehandlung.
- Der Verlust von Salzen, Nährstoffen und Protein über die geschädigte Niere in den Urin trägt zum Flüssigkeitsverlust bei. Der Hund verliert Gewicht, seine Muskeln werden schwächer und er uriniert sehr viel.
- Der Appetit kann verringert sein. Als Reaktion auf den Flüssigkeitsverlust trinkt der Hund mehr.
- Nierenerkrankungen können auch Anämie und wegen des Kalzium-Ungleichgewichts Knochenschwäche verursachen. Sie können zu erhöhtem Toxingehalt im Blut führen. Wenn die Toxine die Blut-Gehirn-Schranke überwinden, sind neurologische Symptome wie Taumeln, Krampfanfälle, Kollaps oder Koma die Folge.
- Geschwüre im Maulbereich und Mundgeruch (Halitosis)
- Hunde mit Harnwegserkrankungen, insbesondere Nieren- und Blaseninfektionen, Tumoren oder Steinen leiden evtl. unter Bauchschmerzen.
- Blasenerkrankungen können zur Inkontinenz führen. Sowohl bei Blasen- als auch bei Nierenerkrankungen kann der Urin verfärbt sein oder Blut enthalten.

Diagnose

Die vom Besitzer bemerkten Symptome und die Erstuntersuchung durch den Tierarzt weisen oft auf eine Nierenerkrankung hin, aber zur exakteren Diagnose sind weitere Untersuchungen nötig.

- Harnuntersuchungen ermöglichen es dem Tierarzt, den Gehalt von Blut, Protein und anderen Substanzen im Urin zu beurteilen, was ihm Informationen über die Gesundheit der Harnwege liefert.
- Die Messung der spezifischen Dichte des Urins zeigt, wie konzentriert er ist und wie gut die Nieren folglich arbeiten. Kranke Nieren verlieren die Fähigkeit, dem Urin Wasser zu entziehen und ihn zu konzentrieren. Eine mikroskopische Untersuchung des Urins kann helfen, eventuell vorhandene Kristalle oder Steine zu finden.

? *Was machen* ***die Nieren***

Die Hauptaufgabe der Nieren ist die Regulierung der Flüssigkeits- und Salzmenge im Körper und die Kontrolle, wie viel davon mit dem Urin ausgeschieden und wie viel reasorbiert und in den Körper zurückgeführt wird. Die Nieren filtern Giftstoffe aus dem Körper und geben sie an den Urin ab. Sie produzieren außerdem für die Bildung roter Blutkörperchen wichtige Stoffe und sind am Erhalt des Kalzium- und Vitamin-D-Spiegels im Körper beteiligt.

- Das Blut zeigt erhöhte Werte von Harnstoff und Kreatinin, Stoffe, die von den Nieren ausgeschieden werden. Weitere gezielte Blutuntersuchungen können detailliertere Informationen ergeben.
- Eine Ultraschalluntersuchung der Nieren ergibt ein detailliertes Bild ihrer inneren Struktur und lässt die geschädigten oder erkrankten Bereiche erkennen.
- Ein Röntgenbild des Bauchraums kann Lage und Umriss der Nieren zeigen. Ultraschall ist ebenfalls sehr hilfreich bei Blasenerkrankungen, weil das Bild eine genaue Beurteilung der Blase und ihres Inhalts zulässt. Auch Röntgen der Blase kann sinnvoll sein. Manchmal füllt man dazu die Blase zuvor mit Luft oder einem Farbstoff, damit sie auf dem Röntgenbild besser sichtbar ist.

Behandlung

- Bei Nierenerkrankungen ist oft eine intravenöse Flüssigkeitstherapie nötig, um die Toxine aus dem System zu spülen und einen normalen Kreislauf wiederherzustellen.
- Infektionen werden mit Antibiotika behandelt.
- Eventuell Schmerzmittel, aber alle Medikamente, die durch die Nieren ausgeschieden werden, dürfen nur mit Vorsicht angewendet werden.
- Evtl. operative Entfernung von Nieren- oder Blasensteinen oder Nieren- bzw. Blasentumoren oder zur Wiederherstellung verletzter Harnwegsbereiche.

Lage der Nieren

Die Nieren liegen unter der Wirbelsäule und geschützt von den Rippen am vorderen Ende des Abdomens.

Der Urin wird in den Nieren gesammelt und über den Harnleiter zur Blase geleitet.

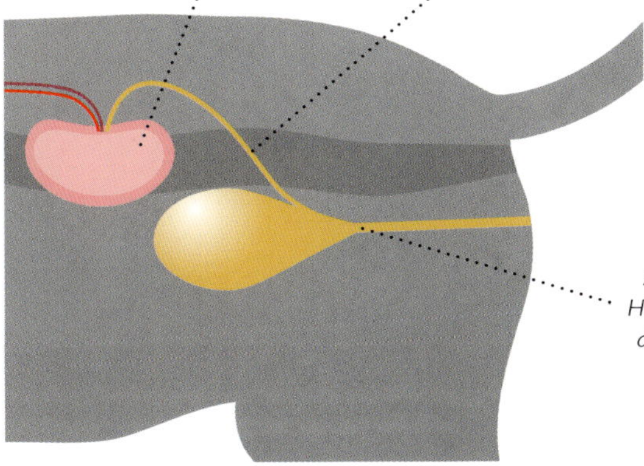

Der Urin wird vom Blasenschließmuskel zurückgehalten, bis der Hund die Möglichkeit hat, die Blase über die Harnröhre zu leeren.

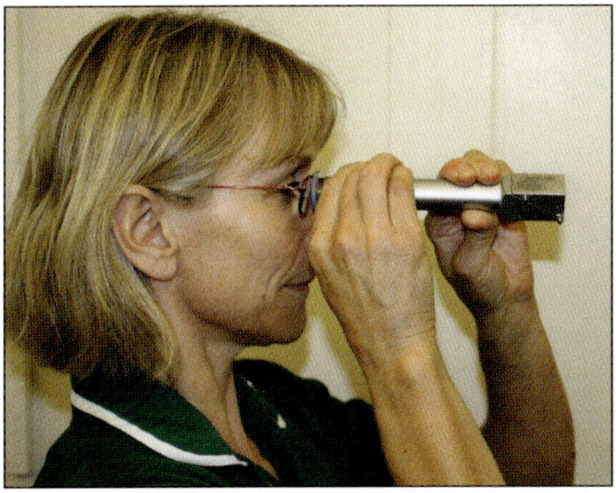

Urinuntersuchungen wie die Messung der spezifischen Dichte mit dem Refraktometer helfen bei der Erkennung von Nieren- und Blasenkrankheiten.

Spezielle Diäten können ebenfalls bei Harnwegserkrankungen helfen. Bei Nierenleiden wirken schmackhafte und leicht verdauliche Futter, die reduzierte Mengen hochwertiges Eiweiß, weniger Salz und Phosphat und mehr Vitamin B, D und E enthalten, die Nieren zu entlasten. Auch Phosphatbinder können benutzt werden, um das Phosphat zu reduzieren, einem Kalziummangel und damit Knochenschwäche vorzubeugen.
Auch Hunde mit Blasen- und Nierensteinen profitieren von Spezialfutter, die eine Kristallisierung von Mineralien im Urin verhindern oder die Auflösung von Kristallen und Steinen erleichtern. Um die richtige Diät zu ermitteln, ist wichtig zu wissen, welche Art von Stein genau vorliegt. Die Bestimmung der Kristalle im Urin ist deshalb der erste Schritt.

Wozu ***Urinuntersuchungen***

Urin kann auf verschiedene Verdauungsprodukte wie Protein und Glukose, rote und weiße Blutkörperchen, Tumorzellen oder sogar manche Arten von Krebszellen untersucht werden. Unter dem Mikroskop können die vorhandenen Zellen und Kristalle genauer bestimmt werden.

Tests zeigen außerdem, wie gut die Nieren den Urin konzentrieren. Auch die Frühzeichen für Erkrankungen von Leber, Nieren, Blase, Prostata oder Diabetes können im Urin erkannt werden.

Zur weiteren Behandlung stehen außerdem Medikamente zur Verfügung, die den Tonus des Blasenschließmuskels erhöhen und damit Inkontinenz kontrollieren helfen.

Viele Harnwegserkrankungen sind behandelbar und manche heilbar, bei manchen kann man aber lediglich die Harnwege entlasten und damit das Fortschreiten der Erkrankung verlangsamen.

Nierenerkrankungen bei Welpen

Die meisten Nierenerkrankungen treten zwar erst im Alter auf, aber sie können auch Welpen betreffen, wenn diese mit fehlgeformten oder anormalen Nieren geboren werden. Manchmal kommen Welpen mit nur einer Niere oder miteinander verwachsenen Nieren zur Welt oder es bilden sich Zysten in den Nieren, die die Funktion beeinträchtigen können.

Symptome
- Schlechtes Wachstum und schlechte Gewichtszunahme
- Übermäßiges Trinken (evtl. schwer erkennbar). Betroffene Welpen werden folglich schlecht stubenrein.

Diagnose Kombination aus Blutuntersuchungen, Röntgen und Ultraschall

Behandlung In manchen Fällen ist eine Behandlung möglich, aber leider können viele betroffene Welpen auch nicht geheilt werden. Sie profitieren aber von angemessener Diät und Futterzusätzen, die die Nieren so gut wie möglich entlasten und ein halbwegs gesundes Leben ermöglichen.

Akutes Nierenversagen

Akutes Nierenversagen kann nach der Schädigung durch Giftstoffe oder nach manchen Infektionen wie z.B. der Leptospirose auftreten. Toxine wie z.B. Glykol (Frostschutzmittel), Paraquat (Unkrautvernichter) oder sogar bestimmte Medikamente können einen plötzlich auftretenden Nierenschaden verursachen. Auch durch ein Gerinnsel behinderte Durchblutung oder eine entzündliche Erkrankung der Blutgefäße kann akutes Nierenversagen bewirken, ebenso plötzliche Dehydratation durch Wassermangel oder eine Blockade der Harnwege (durch Urolithiasis oder Verletzung), dessen Rückstau die Nieren schädigt.

Symptome

- Vermehrter Durst und Urinabsatz. Betroffene Hunde können aber auch sofort das Stadium des totalen Nierenversagens erreichen, in dem sie weder trinken noch urinieren.
- Durchfall, Erbrechen, Appetitverlust
- Austrocknung und Kollaps
- Nach einigen Tagen Entstehung von Maulgeschwüren, Anämie oder Krampfanfällen

Diagnose Urin- und Bluttests ergeben erhöhte Werte von Harnstoff (Urea) und Kreatinin sowie evtl. eine Anämie. (Kreatinin entsteht beim Abbau von Kreatinsäure.)

Behandlung Intravenöser Tropf und Medikamente zur Unterstützung der Nierenfunktion

Gesunde Welpen sind von Natur aus neugierig und können giftige Dinge fressen, die sie krank machen.

Chronisches Nierenversagen

Chronisches Nierenversagen entsteht, wenn ein schwacher Nierenschaden über lange Zeit besteht und die Erkrankung langsam fortschreitet. Dafür gibt es unterschiedliche Ursachen. Betroffene Hunde können angeborene oder erworbene Erkrankungen haben, die das Nierengewebe schädigen oder sie erleiden Nierenschäden nach Infektionen oder akutem Nierenversagen. Chronisches Nierenversagen kann auch eine Folge des Alterns oder der Entstehung von Nierentumoren sein.

Amyloidose, Glomerulonephritis und Fanconi-Syndrom

Bei manchen Hunden kann ein gestörter Stoffwechsel dazu führen, dass Proteinbestandteile in bestimmten Organen abgelagert werden (Amyloidose). Wenn sich Protein- und Amyloidpartikel in der Niere anlagern, verursachen sie einen langsam einsetzenden Nierenschaden, der allmählich die Nierenfunktion beeinträchtigt. Ähnliche Probleme treten auch beim Fanconi-Syndrom, bei der Glomerulonephritis und dem nephrotischen Syndrom auf: Die Nierenzellen verschlechtern sich allmählich und die Krankheit schreitet langsam fort.

Symptome

- Vermehrtes Trinken und Urinieren
- Appetit- und Gewichtsverlust
- Durchfall und Erbrechen
- Geschwüre im Maulbereich
- Evtl. Anämie durch reduzierte Produktion roter Blutkörperchen, evtl. Osteoporose und Knochenschäden durch gestörten Kalziumstoffwechsel
- Evtl. neurologische Erkrankungen, weil mit Verschlechterung der Nieren der Toxingehalt im Blut ansteigt.

Diagnose Erhöhte Werte von Urea und Kreatinin im Blut. Bei der Amyloidose können sehr hohe Proteinwerte im Urin gemessen werden. Röntgen und Ultra-

Starker Durst kann ein Symptom für eine Nierenerkrankung sein. Beobachten Sie, wie viel Ihr Hund normalerweise trinkt, damit Ihnen Abweichungen auffallen.

schall zeigen ggf., dass die Nieren geschrumpft sind und anormales Gewebe enthalten. Für eine exakte Diagnose ist die Laboruntersuchung/Biopsie nötig.

Behandlung Die Behandlung chronischen Nierenversagens ist schwierig und nicht besonders aussichtsreich. Mit Medikamenten lässt sich jedoch weiterer Schaden an den Nieren verhindern und ihre Funktion weitestgehend unterstützen. Auch spezielles Nierendiätfutter hilft dem betroffenen Hund, so gesund wie möglich zu bleiben

Harnwegsverletzungen

Schäden an Nieren, Harnleiter oder Blase können auch Folge von Stürzen, Verletzungen oder Angefahrenwerden sein.

Symptome

- Quetschungen von Nieren oder Blase führen zu Bauchschmerzen und evtl. Blut im Urin.
- Symptome von Nierenversagen können auftreten.
- Urin gelangt in die Bauchhöhle, wo er eine Peritonitis verursacht.

Diagnose Wenn der Unfall beobachtet wurde, sind Nieren- und Blasenschäden evtl. leicht zu diagnostizieren. Verletzungen können aber auch vom Besitzer unbemerkt stattfinden, was die Diagnose schwieriger macht. Bluttest und Ultraschall können das Ausmaß des Schadens aufdecken.

Behandlung Leichte Verletzungen können mit Ruhe und medikamentöser Unterstützung von alleine heilen, aber wenn eine der Harnwegsstrukturen gerissen ist, ist eine Operation nötig.

Vorsicht **Frostschutzmittel**

Ethylenglykol (Frostschutzmittel) ist für Tiere überraschend schmackhaft, aber extrem giftig und setzt Stoffe frei, die innerhalb weniger Stunden neurologische Symptome wie Krämpfe und mangelnde Koordination bewirken.

Es verursacht außerdem die Bildung von Kristallen in den Nieren und kann innerhalb weniger Tage zu Nierenversagen und Tod führen. Im Frühstadium zeigen sich evtl. Atemnot und vermehrtes Trinken, aber mit Versagen der Nieren kollabieren die Hunde schnell und können komatös werden.

Die Behandlung ist selten erfolgreich, da die Besitzer meist nicht wissen, dass ihr Hund Ethylenglykol getrunken hat und ihn deshalb nicht schnell genug zum Tierarzt bringen. Nur in den ersten Stunden können intensive Flüssigkeitszufuhr und Medikamente den Hund noch retten.

Urolithiasis

Manche Hunde neigen dazu, Mineralkristalle im Urin zu bilden, die sich zu Nieren- oder (häufiger) Blasensteinen zusammenformen, vor allem, wenn Futter oder Wasser sehr mineralienreich sind. Ursache kann auch eine Störung im Stoffwechsel sein, die die normale Aufspaltung bestimmter Stoffe verhindert. Dalmatiner können z.B. unter einer erblichen Erkrankung leiden, die sie zur Bildung von Uratkristallen prädisponiert. Andere bilden eher Struvit- oder Kalziumoxalatkristalle. Die Kristalle können sich aber auch infolge geringgradiger Entzündungen oder Infektionen der Harnwege bilden.

Symptome

- Nieren- oder Blasensteine können, müssen aber nicht immer zu Anzeichen von Bauchschmerzen führen.
- Vorhandene Steine können Entzündung und Reizung des Harnwegsgewebes bewirken. Evtl. Blut im Urin.
- Wenn Steine oder Steinfragmente in den Harnleiter gelangen, können sie eine Blockade verursachen. Das erste Symptom dafür kann sein, dass der Hund vergeblich zu urinieren versucht. Das kann ein Notfall sein, weil auch weiterhin Urin gebildet wird. Unbehandelt wird die Blase zu voll und kann sogar platzen.

Diagnose Röntgen und Ultraschall zur Bestimmung von Urolithen (Steinen), evtl. zusätzlich Bluttests

Behandlung Evtl. Notoperation zur Entfernung der Steine und Entleerung der Blase. Manchmal genügt ein Katheter, um Steinfragmente auszuspülen. Hunde mit kleinen Steinen oder Steinfragmenten sprechen evtl. auf eine spezielle Diät an, die vorhandene Steine auflöst und eine Neubildung verhindert, indem sie Säure- und Mineralgehalt des Urins verändert. Die Zusammensetzung dieser Diät muss je nach Art der Steine erfolgen. Nach Diagnose und Stabilisierung der Situation kommen die meisten Hunde mit Urolithiasis gut zurecht, solange sie ihr Spezialfutter bekommen und bei Anzeichen für Probleme sofort tierärztlich untersucht werden.

Manche Dalmatiner sind anfällig für die Bildung von Harnsteinen. Zur Behandlung kann neben einer speziellen Diät auch eine operative Entfernung gehören.

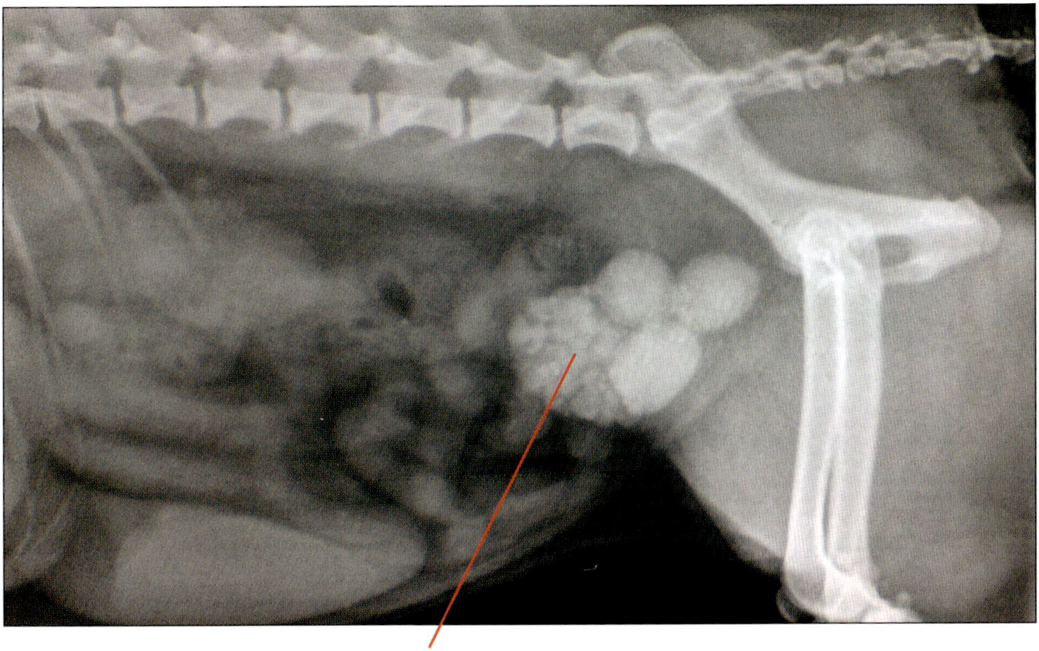

Auf diesem Röntgenbild sind in der Blase zahlreiche Steine gut zu erkennen. Sie müssen umgehend operativ entfernt werden, da es sich um einen ernsten Zustand handelt.

Zystitis and Pyelonephritis

Infektionen der Niere und Blase können entstehen, wenn Bakterien über den Blutkreislauf in diesen Bereich kommen. Insbesondere bei Hündinnen, die eine kürzere Harnröhre haben als Rüden, können sie nach dem Urinieren durch die Druckveränderung auch in die Blase gesaugt werden. Zystitis (Blasenentzündung) kommt sehr häufig vor.

Symptome

- Betroffene Hunde beginnen öfter und dringlicher zu urinieren. Evtl. machen sie ins Haus, wenn sie nicht schnell genug nach draußen kommen.
- Evtl. Schmerzen beim Urinieren und verfärbter oder mit Blut durchsetzter Urin.
- Eine Pyelonephritis oder Niereninfektion kann ähnliche Symptome veursachen, jedoch hat der Hund meist zusätzlich Fieber und fühlt sich schwach und unwohl.

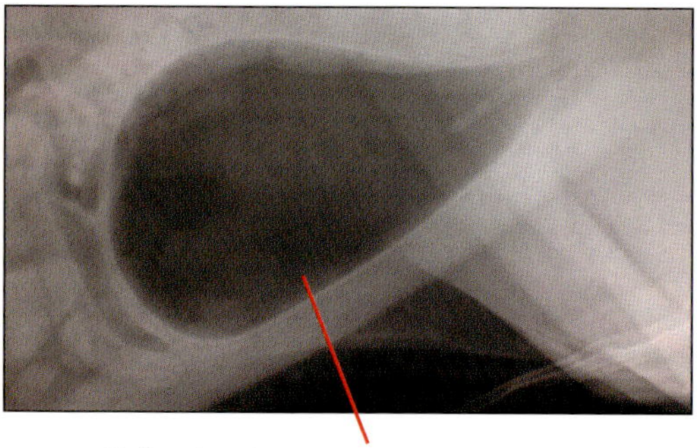

Das Auffüllen der Blase mit Luft macht ihre Innenfläche auf dem Röntgenbild besser sichtbar.

Diagnose Kultivierung von Urinproben im Labor zur Identifizierung vorhandener Bakterienstämme. Für exakte Ergebnisse müssen die Proben unkontaminiert sein (d.h. nicht über die Harnröhre ausgeschieden). Die Probe muss also mittels Katheter direkt aus der Blase entnommen werden, was ggf. eine Anästhesie erfordert. Urintests zeigen vorhandene Bakterien, rote und weiße Blutkörperchen weisen auf Infektionen hin.

Behandlung Antibiotika bringen die Infektion und die Symptome meist schnell zum Abklingen. Evtl. benötigt der Hund zusätzlich Schmerzmittel und Entzündungshemmer.

Harninkontinenz

Harninkontinenz liegt vor, wenn der Blasenschließmuskel sich nicht mehr ganz schließen und den Urin nicht mehr in der Blase halten kann. Das ist z.B. bei einer Erschlaffung des Blasenschließmuskels der Fall, der vor allem bei älteren, kastrierten Hündinnen vorkommt und mit dem niedrigeren Östrogenspiegel zu tun hat.

Symptome

- Betroffene Hündinnen verlieren ungewollt Urin, oft im Schlaf- oder auch Tröpfeln im Wachzustand.

Diagnose Untersuchung einer Urinprobe und Ausschluss anderer möglicher Ursachen wie Blasenentzündung oder Blasensteine. Röntgenbilder des Bauchraums zeigen ggf. einen erweiterten Blasenschließmuskel und eine anormale Lage der Blase im Bauchraum.

Behandlung Medikamente zur Straffung des Schließmuskels, die in der Regel gut helfen und das Problem schnell lösen, allerdings meist dauerhaft gegeben werden müssen. Manche Hunde benötigen eine Blasenoperation.

Andere Ursachen für Inkontinenz

Fehlbildungen der Harnwege können ebenfalls zu anormalem Urinieren führen. Manchmal tritt der Harnleiter (Ureter) zu weit hinten in die Blase ein, sodass der in die Blase geleitete Urin schlecht vom Schließmuskel kontrolliert werden kann. Dies kommt bei manchen Rassen wie z.B. dem Golden Retriever als erbliche Erkrankung namens ektopischer Ureter vor.

Symptome

- Betroffene Welpen urinieren unbewusst und können den Urinabgang nicht kontrollieren.

Diagnose Ggf. Röntgen oder Ultraschall, um die Position zu bestimmen, in der der Harnleiter in die Blase eintritt.

Behandlung Betroffene Welpen müssen in der Regel operiert werden, um die Öffnung des Harnleiters an eine bessere Position in der Blasenwand zu verlegen.

Tumore

Tumore an Nieren und Blase sind nicht selten.

Symptome

- Bauchschmerzen
- Anomalien beim Urinieren (einschließl. Inkontinenz), Schmerzen beim Urinieren
- Blut im Urin

Diagnose Ultraschall oder Röntgen ermöglichen die Abbildung von Tumoren, anhand von Blut- und Urinproben können deren Auswirkungen gemessen werden.

Behandlung Je nach Tumorart ggf. chirurgische Entfernung, auch Chemotherapie kann eine Option sein.

Ektopische oder fehlgeformte Harnleiter können bei Golden Retriever Welpen zu Harninkontinenz führen.

Fortpflanzungsorgane

Die von den Eierstöcken gebildeten weiblichen Hormone lassen etwa alle sechs Monate mehrere Eizellen reifen, wenn die Hündin in die Hitze kommt (s. S. 38). Wird sie gedeckt, können die Eier befruchtet werden und sie kann trächtig werden (s. S. 42). Falls nicht, folgt auf die Hitze (Östrus) eine Zeit, in der sich der Uterus durch reduzierte Blut- und Hormonversorgung zurückbildet, bis die Hündin zum nächsten Mal heiß wird. Beim unkastrierten Rüden werden kontinuierlich Sperma und Hormone produziert und er kann immer dann decken, wenn er auf eine heiße Hündin trifft.

Symptome

Symptome für Erkrankungen der Fortpflanzungsorgane sind variabel und oft vage, sodass es schwierig sein kann, das Problem exakt zu bestimmen.

- Verfärbter Urin oder Ausfluss aus Vagina oder Penis
- Schwellung des Bauchraums oder evtl. der Hoden
- Evtl. Schwierigkeiten beim Urin- oder Kotabsatz
- Infektionen können zu vermehrtem Durst, Appetitverlust, Erbrechen, Bauchschmerzen, Atemnot und Unwohlsein führen.

Diagnose

Eine genaue Untersuchung kann die Ursache aufdecken, in der Regel sind aber mehrere Tests nötig.
Urin- und Blutuntersuchungen zum Ausschluss anderer Krankheiten oder Nachweis vermehrter weißer Blutkörperchen, die auf Infektion hinweisen.
Untersuchung von Proben der Prostataflüssigkeit auf vorhandene Zelltypen zur Bestimmung möglicher Tumore oder Infektionen in der Prostata.
Röntgen und Ultraschall sind meist am aufschlussreichsten, da sie eine Abbildung von Eierstöcken und Uterus bei der Hündin oder Prostata und Blase beim Rüden ermöglichen.
Mit Scheidenabstrichen können Infektionen nachgewiesen oder die vorhandenen Zelltypen analysiert werden.

Behandlung

Abhängig von der Ursache der Erkrankung. In vielen Fällen Kastration, weil dies den Spiegel der Geschlechtshormone verringert, die oftmals die Erkrankung auslösen.

Erkrankungen der Hündin

Hündinnen können von vielen Erkrankungen betroffen sein, die mit ihrem Hormonsystem zusammenhängen. Oft ist Kastration die Lösung.

Pyometra

Diese bakterielle Infektion der Gebärmutter ist eine sehr ernste und potenziell lebensbedrohliche Erkrankung. Sie kommt bei erwachsenen, unkastrierten Hündinnen vor und wird mit dem Alter häufiger. Die Infektion gelangt meist dann in den Uterus, wenn der Gebärmutterhals während der Hitze offen ist, aber auch beim Decken oder ganz ohne ersichtlichen Grund. Wenn sich der Gebärmutterhals am Ende der Hitze schließt, kann sich die Infektion langsam über mehrere Wochen aufbauen, bis die Gebärmutter zu einem eitergefüllten Beutel wird. An dem Punkt, an dem Bakterien und Toxine ins Blut zu wandern beginnen, beginnt die Hündin sich unwohl zu fühlen und zeigt Anzeichen von unspezifischer Krankheit oder sogar Kreislaufkollaps. Sie kann sogar infolge der starken Infektion und Septikämie sterben.

Die Fortpflanzungsorgane

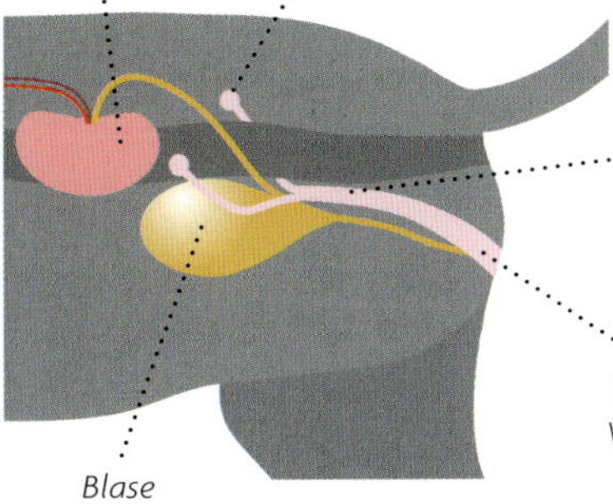

Fortpflanzungsorgane der Hündin

Die Fortpflanzungsorgane der Hündin bestehen u.a. aus den Eierstöcken, die knapp hinter den Nieren im mittleren Bauchraum unter der Wirbelsäule sitzen. Sie sind über die Eileiter mit den Gebärmutterhörnern verbunden. Die Gebärmutterhörner kommen im Uteruskörper zusammen, hinter dem sich der Gebärmutterhals (Cervix) befindet. Dieser wiederum führt in die Vagina und öffnet sich unter der Rute in die Vulva.

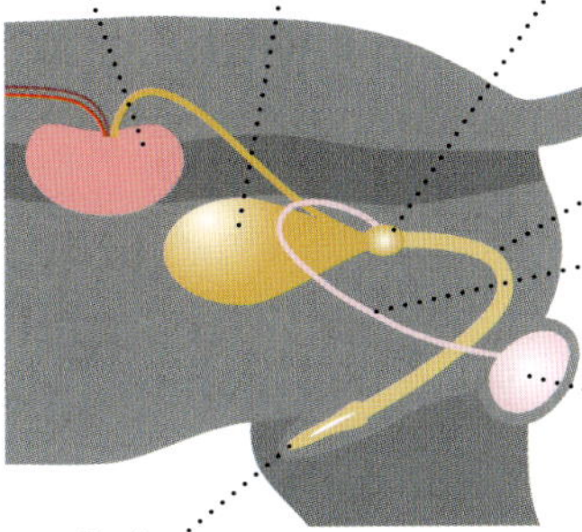

Fortpflanzungsorgane des Rüden

Beim Rüden ist jeder Hode im Skrotum mit dem Samenleiter über die Prostata und weitere, kleinere Drüsen im Beckenraum mit dem Harnleiter im Penis verbunden.

Symptome

- Eitriger oder blutiger Scheidenausfluss, der manchmal vom Besitzer fälschlich für den normalen Ausfluss bei der Hitze gehalten wird. Er ist aber in der Regel stärker, hält länger an und kann unangenehm riechen. In manchen Fällen bleibt der Gebärmutterhals bei einer Pyometra auch geschlossen, sodass gar kein Ausfluss auftritt. Solche Fälle sind schwieriger zu diagnostizieren.
- Vermehrtes Trinken, Appetitverlust, Erbrechen. Diese Symptome sind zwar allgemeine Krankheitsanzeichen, aber wenn sie bei einer unkastrierten Hündin auftreten, sollte als Erstes immer eine Pyometra ausgeschlossen werden.

Was ist ***Kastration***

Bei der Kastration von Hündinnen werden die Eierstöcke und ein Teil des Uterus entfernt, sodass der Spiegel der Fortpflanzungshormone nicht mehr fluktuiert und kein Östrus mehr stattfindet. Beim Rüden senkt die Entfernung der Hoden den Testosteronspiegel und verhindert die Spermaproduktion, sodass er steril ist und in der Regel keinen Geschlechtstrieb mehr hat.

Diagnose In den meisten Fällen allein anhand des eitrigen Ausflusses. Röntgen oder Ultraschall können eine Vergrößerung des Uterus mit Flüssigkeitsansammlung zeigen. Der Wert der weißen Blutkörperchen im Blut kann erhöht sein, was auf eine Infektion hinweist.

Behandlung Es ist extrem unwahrscheinlich, dass eine Pyometra auf normale Medikamente anspricht, weil Antibiotika alleine den Eiter in der Gebärmutter nicht durchdringen und damit die Infektion nicht bekämpfen können. Stattdessen muss die Infektion entfernt werden, was in der Regel eine Notoperation (Ovariohysterektomie) erfordert. Die Hündin benötigt außerdem Antibiotika und Entzündungshemmer. Auch Schmerzmittel sind nötig, da sowohl die Erkrankung als auch die Operation schmerzhaft sind. Hündinnen profitieren auch von einer intravenösen Flüssigkeitstherapie, um Austrocknung und Schock zu verhindern, bis es ihnen besser geht und kein Risiko mehr für Septikämie oder Schock besteht.

Hündinnen lassen sich nur dann decken, wenn sie sich in der Hitze befinden und vermutlich fruchtbar sind. Die Wahrscheinlichkeit einer Trächtigkeit ist also hoch.

Was bewirkt *Toxoplasmose*

Bei Hunden verursacht die Toxoplasmose (eine zoonotische Infektion) Symptome, die von schwachen allgemeinen Krankheitsanzeichen ohne besondere Probleme bis hin zu Lebererkrankungen, neurologischen Problemen oder der Geburt schwacher oder toter Welpen reichen. Die Ansteckung kann über rohes Fleisch, den Kot infizierter Katzen oder den Kontakt mit infizierten Schafen geschehen. Erwachsene Hunde können mit Antibiotika behandelt werden, bei Welpen sind die Überlebenschancen gering.

Unerwünschte Bedeckung

Natürlich ist eine unerwünschte Bedeckung keine Krankheit. Das Risiko, das für eine Hündin durch eine Trächtigkeit entsteht und die Schwierigkeit, ein gutes Zuhause für die Welpen zu finden, sprechen aber für viele Besitzer gegen eine Bedeckung. Falls es dennoch geschehen ist, besprechen Sie sofort mit Ihrem Tierarzt, welche Möglichkeiten es gibt, z.B. durch Medikamente, die eine Befruchtung der Eizellen verhindern. Wenn mit der Hündin nicht gezüchtet werden soll, ist eine Kastratrion natürlich immer vorzuziehen.

Eierstock- und Uterustumore

Diese kommen nur selten vor.

Symptome

- Die vagen Symptome umfassen Appetitverlust, Bauchschmerzen, manchmal Anschwellen des Bauchs, Erbrechen, Schwäche und allgemeines Unwohlsein.

Diagnose Tumore können mit Röntgen und Ultraschall identifiziert werden.

Behandlung Chirurgische Entfernung kann die Hündin heilen, sofern der Tumor noch nicht gestreut hat.

Gesäugetumore

Diese sind wesentlich häufiger. Ein großer Teil der unkastrierten Hündinnen leidet im fortgeschrittenen Alter unter Gesäugetumoren. Das Risiko steigt aufgrund der Wirkung der Hormone mit jeder Hitze, weshalb eine frühe Kastration vorbeugend sein kann.

Symptome

- Fühlbare Knoten im Gesäugegewebe
- Die Knoten können direkt an den Zitzen oder dazwischen im Gewebe des Gesäuges liegen. Dies erstreckt sich von der Achsel der Vorderläufe bis zur Flanke.
- Normalerweise zeigt die Hündin keinerlei Schmerzen und scheint sich der Knoten nicht bewusst zu sein.

Diagnose Zum Festlegen der besten Behandlung muss zunächst diagnostiziert werden, welche Art von Knoten vorliegt. Es kann sich um Zysten, Abszesse, gut- oder bösartige Tumore handeln, von denen letztere bereits in andere Körperbereiche wie z.B. die Lunge gestreut haben können. In den meisten Fällen ist eine operative Entfernung die beste Option, bei großen Knoten kann eine vorherige Biopsie sinnvoll sein. Röntgen der Lunge ist sinnvoll, um zu sehen, ob der Krebs noch nicht gestreut hat. Außerdem kann Gewebe der nahegelegenen Lymphknoten auf eine Streuung hin untersucht werden. Die Gewebeprobe aus dem Knoten selbst kann zur mikroskopischen Untersuchung eingeschickt werden, um den Zelltyp zu bestimmen. Dies ergibt Informationen über den wahrscheinlichen Krankheitsverlauf und ermöglicht dem Tierarzt die Festlegung des effektivsten Behandlungsweges.

Behandlung Entfernung eines größeren Teils des Gesäugegewebes oder sogar eines oder beider kompletter Gesäugestränge, die sich rechts und links der Bauchnaht befinden. Eine Kastration hilft, der Entstehung hormonbedingter Tumore vorzubeugen. In manchen Fällen können Strahlen- oder Chemotherapie sinnvoll sein.

Viele Hunde mit Gesäugetumoren sprechen gut auf frühe und gründliche Behandlung an. Manche Arten von Gesäugekrebs können aber leider auch nicht behandelbar sein. Manchmal ulzerieren die Tumore (brechen auf und nässen) und werden so schmerzhaft, dass sie die Lebensqualität der Hündin massiv beeinträchtigen und Euthanasie die einzige Möglichkeit bleibt. Außerdem können weitere Tumore anderswo im Körper tödlich sein.

Was bewirken ***Herpesviren***

Eine Infektion mit Herpesviren verursacht bei nicht tragenden Tieren nur wenige Symptome, es kann zu einer leichten Atemwegserkrankung kommen (in der Regel Husten).

Manchmal sind auch die Genitalien schmerzhaft geschwollen. Viele Tiere entwickeln bei Kontakt mit den Viren eine Immunität. Hündinnen, die während der Trächtigkeit zum ersten Mal mit dem Virus in Berührung kommen oder bei einem früheren Kontakt eine Infektion anstatt einer Immunität entwickelt haben, können ihre Welpen verlieren oder kleine, schwache Welpen zur Welt bringen, die nicht lebensfähig sind. Gegen Herpes gibt es eine Schutzimpfung.

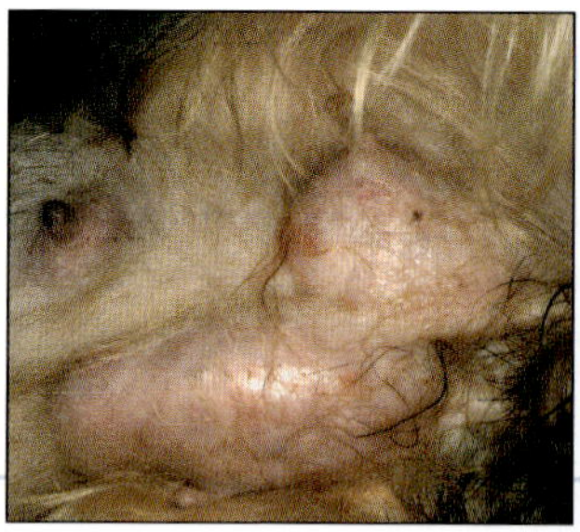

Verdickungen im Gesäugebereich können auf Tumore oder Infektionen zurückgehen.

Mastitis (Gesäugeentzündung)

Infektionen des Gesäugegewebes können ebenfalls zur Bildung von Schwellungen führen, die evtl. von den Besitzern für einen Tumor gehalten werden. Mastitis betrifft aber meist nur laktierende (säugende) Hündinnen nach der Trächtigkeit.

Symptome

- Heiße, harte, schmerzhafte und schlecht abgegrenzte Schwellungen
- Betroffene Hunde können sich unwohl fühlen und erhöhte Temperatur, Erbrechen oder Austrocknung zeigen.
- Das entzündete Gewebe kann reißen, Eiter kann aus dem Gewebe oder den Zitzen austreten.

Diagnose Anlegen einer Bakterienkultur aus dem Eiter unter Laborbedingungen zur Bestimmung der Bakterienart.

Behandlung Evtl. Operation, in den meisten Fällen reichen aber Antibiotika, Entzündungshemmer und Schmerzmittel.

Bei einer Scheinträchtigkeit können Hündinnen einen niedergeschlagenen und zurückgezogenen Eindruck machen und „Nestbauverhalten" zeigen. Oft schleppen sie Spielsachen in ihr Bett.

Scheinträchtigkeit

Dieser Zustand kommt relativ häufig nach einer Hitze vor. Er hat mit der normalen Hormonaktivität bei Hunden zu tun, da in freier Natur die Aufzucht der Welpen von den Hündinnen eines Rudels gemeinschaftlich übernommen wird. Diese Situation tritt in der Regel wenige Wochen nach dem Östrus auf und hält drei bis vier Wochen an, bis sie von selbst wieder verschwindet.

Symptome

- Anschwellen des Gesäuges und Milchproduktion
- Verhaltensänderungen wie z.B. Nestbau
- Es kann auch zu einer Mastitis kommen.

Behandlung Normalerweise ist keine Behandlung nötig, ggf. können Hormone gegeben werden. Wenn eine Mastitis hinzukommt, sind Antibiotika und Entzündungshemmer nötig.

Vaginitis (Scheidenentzündung)

Eine Infektion oder Entzündung der Vagina kann mehrere Ursachen haben. Junge Hündinnen vor der ersten Hitze haben oft eine leichte Vaginitis.

Symptome

- Schleimiger oder eitriger Scheidenausfluss

Diagnose Scheidenabstrich zur Identifikation der Bakterien

Behandlung Evtl. nicht nötig, manchmal sind Antibiotika angezeigt.

Bei älteren Hündinnen kann eine Vaginitis auf einen Abbruch der Trächtigkeit (Abort) oder eine Infektion der Scheide hindeuten, da aber Scheidenausfluss häufiger mit der lebensbedrohlichen Pyometra einhergeht, ist eine sofortige Behandlung nötig.

Unfruchtbarkeit und Trächtigkeitsabruch

Wenn eine Bedeckung zum passenden Zeit des Östruszyklus der Hündin stattfindet, führt sie in den meisten Fällen auch zur Trächtigkeit. Es gibt aber auch eine Reihe von Problemen, die bewirken, dass die Hündin nicht trächtig wird oder die Trächtigkeit abbricht.

Eine gesunde, zum fruchtbarsten Zeitpunkt gedeckte Hündin hat beste Chancen, gesunde Welpen zu werfen und großzuziehen.

Was bewirkt ***Brucella canis***

Der in Amerika häufige, in Europa eher seltene Erreger Brucella canis kann ebenfalls einen Trächtigkeitsabbruch oder die Geburt toter oder schwacher Welpen verursachen. Die Infektion kann sich durch Ansteckung verbreiten und ist so gut wie nicht behandelbar. Mit Desinfektion und guter Hygiene kann man einer Ansteckung vorbeugen. Erkrankte Hunde müssen aus der Zucht genommen werden. Die Infektion ist auch auf Menschen übertragbar.

Wenn eine Hündin nicht trächtig wird, stellen Sie zunächst sicher, ob die Bedeckung zur richtigen Zeit stattfindet. Während des Östrus entnommene Blutproben oder Abstriche ermöglichen die Bestimmung des idealen Zeitpunkts, der bei jeder Hündin anders sein kann. Dies erhöht die Wahrscheinlichkeit für eine Trächtigkeit. Es kann auch nötig sein, die Hündin vor dem Decken per Abstrich oder Blutprobe auf Bakterien- oder Vireninfektionen zu untersuchen und auch zu prüfen, ob das Sperma des Rüden fruchtbar ist und er keine Infektion übertragen kann.

Symptome

- Ein früher Trächtigkeitsabbruch kann unbemerkt und symptomlos stattfinden. Es kann einfach so aussehen, als ob die Hündin nicht tragend geworden wäre. Alternativ kann sie einen kleineren Wurf oder schwache bzw. nicht lebensfähige Welpen zur Welt bringen.
- Wenn die Trächtigkeit zu einem späteren Zeitpunkt fehlschlägt, zeigt die Hündin deutlicheres Unwohlsein und kann Föten oder Gewebe abstoßen.

Jede Infektion oder Erkrankung kann bei einer tragenden Hündin zum Abort führen. Verletzungen, Unterernährung und Hormonstörungen können Unfruchtbarkeit verursachen. Manche ansonsten gesunden Hündinnen produzieren dann keine fruchtbaren Eier mehr und können nicht tragend werden.

Gesunde Welpen sind kräftig und zum Saugen motiviert. Vor und nach der Geburt gefüttertes Welpenfutter versorgt die Hündin mit allen Nährstoffen, die sie braucht.

Erkrankungen bei Rüden

Wie bei der Hündin können auch bei unkastrierten Rüden Krankheiten der Fortpflanzungsorgane vorkommen. Bei Jungtieren sind sie sehr selten und treten erst bei älteren Rüden auf.

Nicht abgestiegene Hoden (Kryptorchismus)

Die Hoden werden knapp hinter den Nieren im Bauchraum gebildet und wandern von dort durch eine Öffnung in den Lenden langsam nach unten bis in die Haut des Hodensacks. Das hält sie bei kühlerer Temperatur als wenn sie in der Bauchhöhle lägen, was für ihre normale Funktion wichtig ist.
Bei den meisten männlichen Welpen befinden sich beide Hoden wenige Wochen nach der Geburt im Hodensack (Skrotum). Wenn sie bis zum Alter von 6 bis 9 Monaten nicht dort angekommen sind, ist es unwahrscheinlich, dass sie noch aus der Bauchhöhle absteigen. Das ist problematisch, weil ein relativ großer Anteil der nicht abgestiegenen Hoden Tumore entwickelt, auch bei jungen Rüden.

Ein leerer Hodensack bei einem unkastrierten Rüden bedeutet Kryptorchismus – die Hoden liegen noch in der Bauchhöhle.

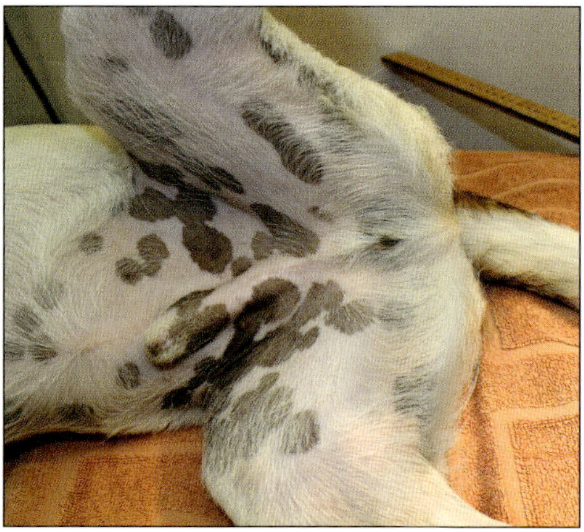

Symptome
- Einer oder beide Hoden sind nicht abgestiegen.

Behandlung Der Rüde sollte unbedingt kastriert werden, auch wenn die Operation bei Hoden in der Bauchhöhle etwas schwieriger ist als im Normalfall.

Hodentumore

Symptome
- Ältere Rüden und junge Kryptorchiden entwickeln manchmal Hodentumore.

Behandlung Die meisten Knoten sind gutartig und das Problem lässt sich durch eine Kastration lösen. Manche können aber auch auf benachbarte Gewebe oder andere Organe streuen und bedürfen weiterer Behandlung.

Erkrankungen der Prostata

Verschiedene Erkrankungen der Prostata können unterschiedliche Symptome auslösen.

Symptome
- Schwellung der Prostata, die den Harnleiter teilweise blockieren kann. Dies macht es dem Hund schwerer, einen kräftigen Urinstrahl abzusetzen und seine Blase richtig zu leeren, sodass er sich beim Urinieren abmüht.
- Evtl. Blut oder dunkle Verfärbungen im Urin, sodass die Symptome manchmal der einer Blasenentzündung ähneln.

Länger anhaltendes Pressen kann auf eine Prostataerkrankung hinweisen. Die meisten Ursachen dafür sind gut behandelbar.

- Auch das Rektum kann durch die Schwellung der Prostata verengt sein und Verstopfung verursachen.

Diagnose Blut- und Urinuntersuchungen sowie Laboruntersuchung von Katheterproben aus der Prostata. Evtl. zusätzlich Röntgen und Ultraschall.

Behandlung Bei Infektionen der Prostata ist oft eine langwierige Behandlung mit Antibiotika nötig. Wenn die Hyperplasie (Schwellung) der Prostata hormonbedingt ist, hilft eine Kastration, genau wie bei Tumoren der Prostata, von denen ebenfalls viele hormonbedingt sind. Zysten und Tumore der Prostata können ebenfalls chirurgische Entfernung erfordern. Die meisten Prostataerkrankungen sind behandelbar und eine Kastration beugt Rückfällen vor. Manche Prostatatumore sind allerdings leider auch nicht effektiv zu behandeln.

Analadenome/Karzinome

Auch im Bereich rund um den After, dem Perineum, können sich Tumore bilden, die beim unkastrierten Rüden ebenfalls hormonbedingt sein können.

Symptome

- Die Tumore streuen im Normalfall nirgendwo anders hin, können aber die Fähigkeit des Hundes zum normalen Stuhlgang beeinträchtigen und müssen deshalb ggf. entfernt werden.

Behandlung Viele Tumore wachsen langsam und müssen nicht entfernt werden. Eine Kastration kann aber ratsam sein, um ihr Wachstum zu verlangsamen.

Hormonelle Störungen

Wegen der Vielzahl der Wirkungen von Hormonen sind die Symptome bei Hormon- oder Stoffwechselstörungen extrem unterschiedlich.

Symptome

- Vermehrtes Trinken und Urinieren
- Gesteigerter oder verminderter Appetit
- Atemlosigkeit, Lethargie
- Gewichtsverlust oder -zunahme
- Durchfall und Erbrechen
- Haarausfall, meist symmetrisch im Flankenbereich und ohne Juckreiz, ist ein häufiges Symptom.

Diagnose

Normale Blutbilder liefern Informationen über die Menge der Blutkörperchen sowie der verschiedenen Enzyme und Stoffe im Körper, die mit der Leber- und Nierenfunktion und dem Status anderer Organe zu tun haben. Diese Werte können bei bestimmten Hormonstörungen schwanken.
Gezielte Blutuntersuchungen ergeben den Spiegel bestimmter Hormone oder relevanter Stoffe.
Ultraschall oder MRT kann hilfreich sein, um detaillierte Bilder des weichen Gewebes zu erhalten.

Behandlung

Medikamente zur Beeinflussung des Hormonspiegels, manchmal chirurgische Intervention.

Störungen der Wachstumshormone

Wachstumshormone werden nach Stimulation durch den Hypothalamus von der Hirnanhangsdrüse gebildet.

Was bewirkt ***das Hormonsystem***

Das Hormonsystem besteht aus einem Netzwerk von Drüsen, die die als Hormone bezeichneten Stoffe bilden. Diese werden ins Blut freigesetzt und haben weitreichende Auswirkungen.

Hormone steuern viele der wichtigsten Körperprozesse von der Stoffwechselrate (die Geschwindigkeit, mit der Reaktionen im Körper ablaufen und mit der das Herz schlägt) bis zur Stressresistenz des Tieres oder der Regulierung des Blutzuckergehalts.

Hormone steuern auch Wachstum, Entwicklung und Sexualverhalten. Sie betreffen alle Organe im Körper und sind außerdem an Stimmungen und Emotionen beteiligt.

Das Hormonsystem

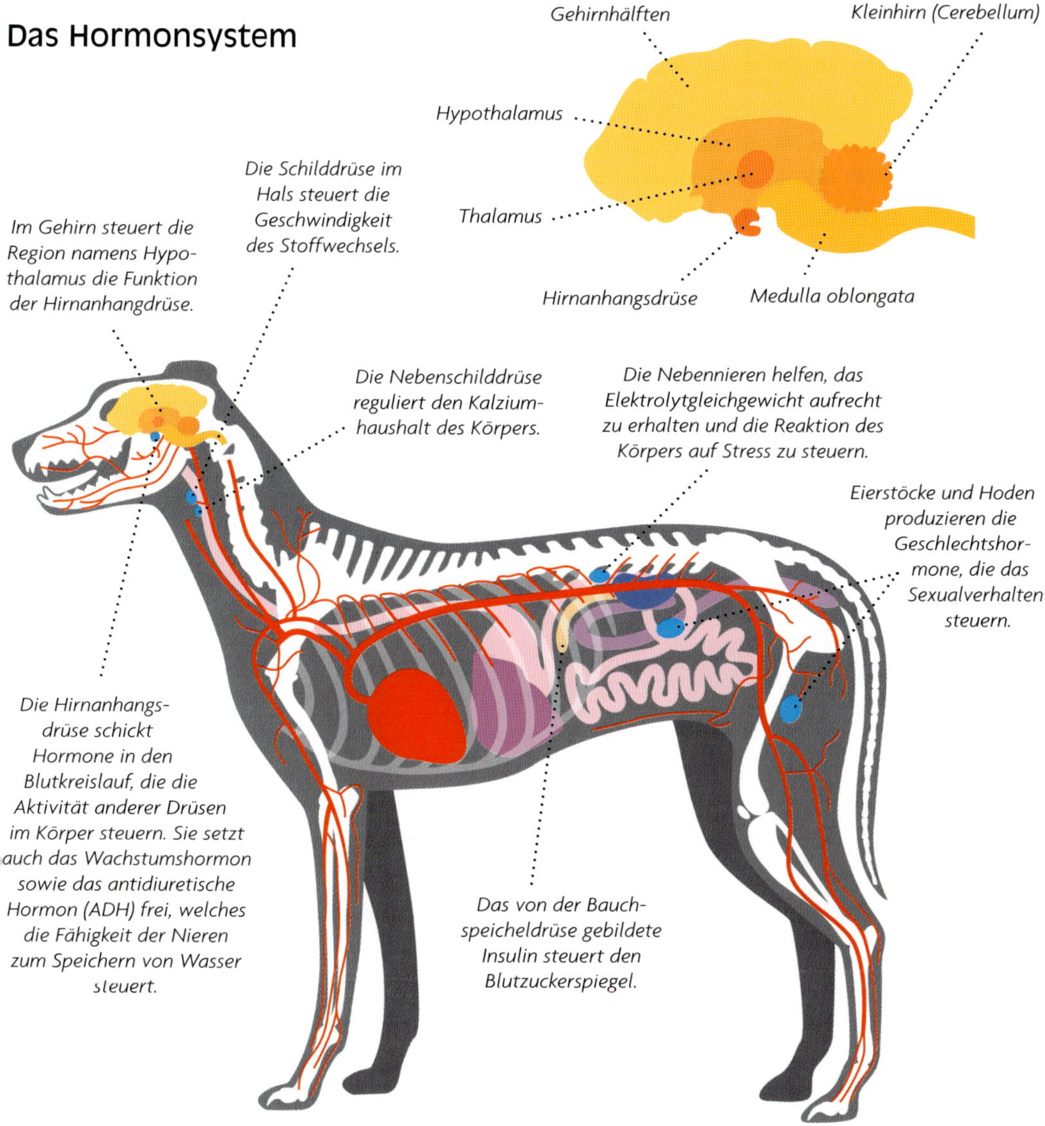

Mangelnde Produktion von Wachstumshormonen

Die selten bei manchen Welpen (meist Deutsche Schäferhunde) vorkommende Erkrankung besteht in mangelnder Produktion des Wachstumshormons.

Symptome

- Die Welpen wachsen nicht normal und entwickeln kein Erwachsenenhaarkleid. Evtl. stellenweiser Haarausfall, häufig Hautprobleme.
- Der Zahnwechsel findet nicht normal statt und die Wachstumsfugen der Knochen schließen sich nicht.
- Die Welpen bleiben klein, schmal, neigen zur Nervosität und lernen schlecht.

Diagnose Das Fehlen des Wachstumshormons wird im Blut nachgewiesen.

Behandlung Man kann die Welpen mit Wachstumshormon behandeln, aber auch dann bleibt ihre Lebenserwartung kurz.

Übermäßige Produktion von Wachstumshormonen

Ältere Hunde, vor allem unkastrierte Hündinnen, können übermäßig viele Wachstumshormone oder hormonähnliche Stoffe bilden, was zum übermäßigen Wachstum der Knochen und Knorpel führt (Akromegalie).

Symptome

- Verdickung und Wachstum von Kopf, Läufen und Pfoten. Evtl. verdickte Haut
- Evtl. gesteigerter Appetit und Durst
- Evtl. Kurzatmigkeit
- Es kann Diabetes mellitus entstehen, wenn das Körpergewebe insulinresistent wird.
- Es kann zu Herzerkrankungen kommen.

Diagnose Die Erkrankung kann schwierig zu diagnostizieren sein, Blutuntersuchungen sind hilfreich.

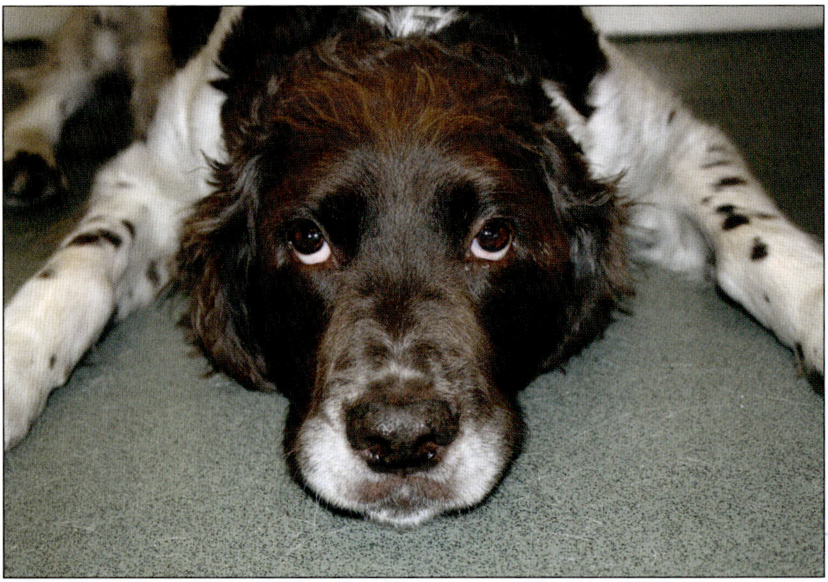

Hunde mit Hormonstörungen sind oft lethargisch. Dies ist nur eins von vielen möglichen Symptomen, die abgeklärt werden müssen.

Behandlung Einige der Symptome können durch Kastration gebessert werden, weitere Behandlungen können nötig sein.

Hypothyreose

Eine verringerte Produktion von Schilddrüsenhormonen kann zur Entzündung der Schilddrüse, Krebs der Schilddrüse oder Störungen der normalen Schilddrüsensteuerung durch Hirnanhangsdrüse und Hypothalamus führen. Es treten vielfältige Symptome auf, die mit den verschiedenen Funktionen der Schilddrüsenhormone in der Steuerung des Stoffwechsels und der Organaktivität des gesamten Körpers zu tun haben.

Symptome

- Lethargie und Unwohlsein
- Gewichtszunahme
- Veränderungen im Sexualverhalten und reduzierte Fruchtbarkeit (bei unkastrierten Hunden)
- Fettiges Haar, Haarausfall (oft symmetrisch an den Flanken), Veränderungen der Fellfarbe
- Dem Hund ist schnell kalt und er legt sich an warme Stellen.
- Fehlfunktionen der Schilddrüse können auch mit Megaösophagus und Kehlkopflähmung (Larynxparalyse) einhergehen und wird evtl. festgestellt, wenn der Hund Anzeichen einer Herzerkrankung oder verlangsamten Herzschlags zeigt.
- Augenprobleme wie Veränderungen der Hornhaut (Cornea) sind ebenfalls häufig.
- Betroffene Hunde leiden auch unter Verdauungsstörungen wie Durchfall oder Verstopfung.

Diagnose Die Kombination der Symptome kann den Verdacht auf Hypothyreose begründen, zur Bestätigung sind aber Blutuntersuchungen nötig. Im Blutbild sind evtl. eine leichte Anämie und weitere Anzeichen einer Unterfunktion der Schilddrüse zu sehen. Spezielle Hormontests ergeben in der Regel einen niedrigen Spiegel freier Schilddrüsenhormone und einen hohen Spiegel der Hormone, die normalerweise ihre Freisetzung steuern (was nicht funktioniert, da die Schilddrüse nicht arbeitet). Man kann auch die schilddrüsensteuernden Hormone spritzen und dann die inadäquate Reaktion der Schilddrüse darauf messen. Oft entwickeln auch Hunde mit anderen chronischen Erkrankungen eine Unterfunktion der Schilddrüse, sodass in manchen Fällen zuerst das zugrunde liegende Problem gelöst werden muss.

Deutsche Schäferhundwelpen leiden gelegentlich unter einem Mangel an Wachstumshormon. Eine Blutuntersuchung bringt Klarheit.

Behandlung Ersatz der Schilddrüsenhormone durch Medikamente kann zum schnellen Verschwinden der Symptome führen. Die benötigte Dosis kann von Hund zu Hund variieren, weshalb weitere Blutuntersuchungen nötig sind, um die richtige Hormonmenge einzustellen. Anfänglich sind Kontrollen in vierwöchigem Abstand nötig, später reichen in der Regel halbjährliche.

Störung der Nebenschilddrüsen

Die Nebenschilddrüsen haben mit der Steuerung des Kalziumhaushalts im Körper zu tun. Störungen können deshalb zu anormal hohen Kalziumwerten und damit Schwächung von Muskeln und Knochen führen.

Symptome

- Muskelzittern und Muskelkrämpfe
- Erkrankungen anderer Organe wie z.B. der Nieren durch den hohen Kalziumgehalt.

Behandlung Evtl. operative Entfernung der Nebenschilddrüsen. Bei Hunden mit reduzierter Funktion der Nebenschilddrüsen können Medikamente zur Ergänzung von Kalzium und Vitamin D sinnvoll sein.

Störung der Nebennieren

Die Nebennieren sind für die Steuerung des Elektrolythaushalts und verschiedener Körperprozesse zuständig. Eine Störung führt zu vielfältigen Symptomen.

Cushing-Syndrom

Beim Cushing-Syndrom wird zu viel Cortisol von den Nebennieren gebildet. Ursache kann z.B. ein hormonproduzierender Tumor in der Nebenniere sein. Alternativ kann es auch durch eine Überproduktion der von der Hirnanhangsdrüse gebildeten Stoffe entstehen (z.B. aufgrund eines Tumors der Hirnanhangsdrüse), welche die Cortisolfreisetzung steuern.

Tumore der Bauchspeicheldrüse

Hunde mit Tumoren der Bauchspeicheldrüse bilden manchmal übermäßig viel Insulin, was zu niedrigem Blutzuckerspiegel führt. Schwäche, Lethargie und Bauchschmerzen können vorliegen und der Hund kann wegen des niedrigen Blutzuckers kollabieren.

Symptome

- Kurzatmigkeit, Schwäche und Lethargie
- Schwellungen des Bauchraums
- Evtl. gesteigerter Appetit und Durst, Durchfall und Erbrechen
- Evtl. Veränderungen des Hauttonus, betroffene Hunde haben oft verdickte Haut, die bei Schäden schlecht heilt. Bildung dunkler Flecken, evtl. krustige Kalziumablagerungen. Häufig symmetrischer Haarausfall.
- Schlechte Immunität und damit Krankheitsanfälligkeit
- Häufig Muskelabbau. Betroffene Hunde haben oft einen aufgetriebenen Bauch bei eingefallenen Flanken.
- Cushing prädisponiert die Hunde auch zu Diabetes mellitus, der dann zusätzlich behandelt werden muss.

Die gleichen Symptome können auch bei Hunden auftreten, die gegen andere Erkrankungen mit Kortison behandelt werden, besonders, wenn sie hohe Dosen über lange Zeit bekommen.

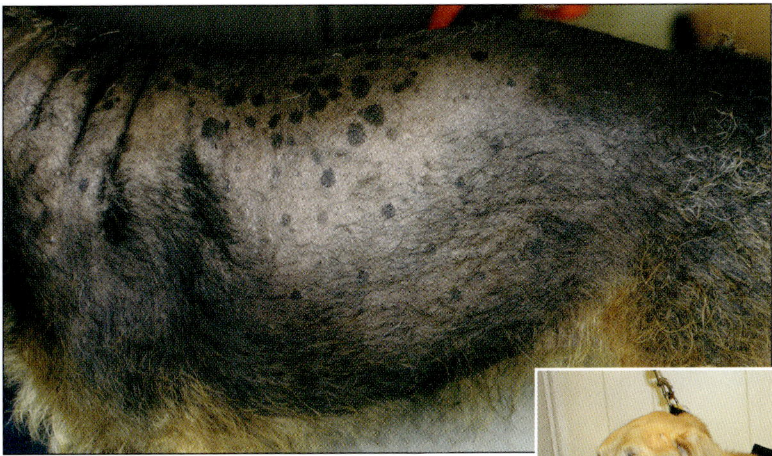

Haarausfall und Hautverfärbung bei einem Hund mit Cushing.

Hormonstörungen können auch Gewichtsverlust und neurologische Probleme wie hier Schwäche der Hinterhand auslösen.

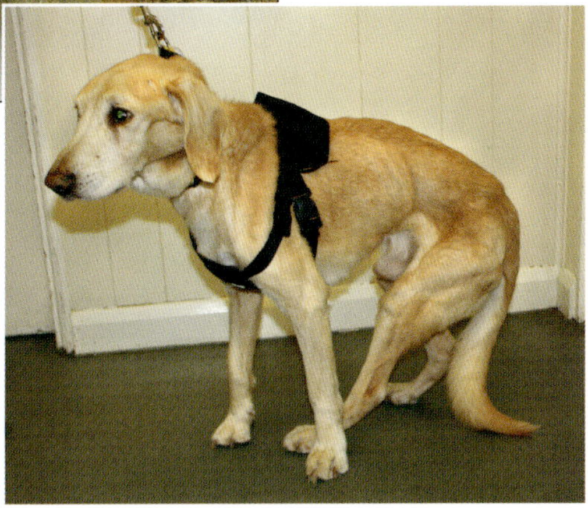

Diagnose Die Diagnose kann schwierig sein, weil die Auswirkungen auf den Organismus so unterschiedlich sind. Das Blutbild kann erhöhte Leukozyten (weiße Blutkörperchen) und erhöhte Werte bestimmter Leberenzyme zeigen, aber dies ist nicht immer der Fall. Mit weiteren Tests kann man den Cortisolspiegel messen, aber auch dieser kann innerhalb des Tages enorm schwanken und hat deshalb für sich allein keinen Aussagewert. Am aufschlussreichsten sind Messungen des Cortisolspiegels vor und nach der Injektion von Hormonen, welche die Freisetzung von Cortisol auslösen und stoppen. Damit lässt sich die übermäßige und unkontrollierte Aktivität von Hirnanhagsdrüse/Nebennieren nachweisen.

Behandlung Senkung des Cortisolspiegels durch Unterdrückung der Cortisolfreisetzung von den Nebennieren. Hierzu gibt es verschiedene Medikamente, die unterschiedlich wirken und für unterschiedliche Hunde geeignet sind. In manchen Fällen ist eine Entfernung der betroffenen Nebenniere oder eine Strahlentherapie sinnvoll. Das Blut medikamentös behandelter Hunde muss regelmäßig alle paar Wochen/Monate kontrolliert werden und die Medikamentendosis ggf. angepasst werden. Die Erkrankung ist nicht heilbar, aber viele Hunde kommen bei Dauerbehandlung gut mit ihr zurecht.

Addisonsche Krankheit

Die Addisonsche Krankheit ist eine Unterproduktion der Steroidhormone durch die Nebennieren. Das passiert, wenn die Nebennieren durch verschiedene Ursachen geschädigt werden oder erkranken. Die Symptome können auch beim plötzlichen Absetzen einer Kortisonbehandlung auftreten. Die Nebennieren produzieren nicht nur die Kortikosteroide (Steroidalhormone), die ein Lebewesen zum Umgang mit Stress und Belastung braucht, sondern auch Mineralokortikoide. Diese steuern die Speicherung von Salzen aus der Nahrung im Körper, die für die Muskel- und Herzaktivität gebraucht werden.

Die Addisonsche Krankheit verursacht in der Regel mit der Zeit unterschiedliche und wechselnde Symptome eines allgemein schlechten Gesundheitszustands. Bei Stress wie z.B. Aufenthalt in fremder Umgebung, Kontakt mit fremden Hunden, hoher körperlicher Belastung etc. werden die Symptome schlimmer.

Symptome

- Schwäche und Kollaps
- Erbrechen, manchmal Durchfall
- Bei akuter Phase evtl. verlangsamter Herzschlag und Bauchschmerzen.

Diagnose Die Diagnose kann schwierig sein, da die Erkrankung von Hund zu Hund unterschiedlich verläuft. Typisch sind aber besondere Veränderung im Salzgehalt (Elektrolyte) des Bluts. Diagnostische Blutuntersuchungen zur Messung der Nebennierenreaktion auf stimulierende Stoffe.

Behandlung Tägliche Gabe von Steroiden und Medikamenten, die dem Hund die Speicherung von Salzen im Körper ermöglichen. Anfangs ggf. Zugabe von Speisesalz zum Fressen. In der Regel sprechen die Hunde gut auf die Behandlung an.

Vorsicht

Kollaps/Koma

Fehlfunktionen der Schilddrüse, die Addisonsche Krankheit und Diabetes Mellitus sind zwar normalerweise allmählich fortschreitende Prozesse, aber sie können gelegentlich auch Kollaps oder Koma verursachen und dann eine Notfall - und Intensivbehandlung nötig machen.

Diabetes

Diabetes ist eine Hormonstörung, die zu einem deutlichen Anstieg von Trinken und Wasserlassen führt.

Diabetes Mellitus (Zuckerkrankheit)

Nach einer Mahlzeit löst normalerweise der steigende Blutzuckergehalt die Freisetzung von Insulin aus der Bauchspeicheldrüse aus, welches die Speicherung des Zuckers in der Leber ermöglicht. Dieser Zucker (Glukose) kann dann wieder ans Blut abgegeben werden, wenn der Hund hungrig ist und einen niedrigen Blutzuckerspiegel hat. Wenn die Bauchspeicheldrüse kein Insulin freisetzt oder der Körper nicht mehr auf Insulin reagiert (was bei übergewichtigen Hunden vorkommen kann), führt dies zu unkontrolliertem Zuckergehalt im Blut. Wenn der Zuckergehalt zu hoch wird, kann Glukose in den Urin übergehen und Wasser mit herausziehen. Der Zucker kann außerdem ins Gehirn oder die Linsen des Auges geraten.

Symptome

- Schwäche, Lethargie und Depression oder sogar Koma aufgrund des schwankenden Blutzuckerspiegels
- Vermehrtes Urinieren und Trinken
- Kristalline Katarakte in den Augen durch Zuckerablagerungen
- Muskelschwund
- Neurologische Probleme wie Schwäche der Gliedmaßen und Verlust der normalen Sinne
- Hauterkrankungen
- Ketoazidose (eine Kreislaufstörung) kann entstehen, wenn der Blutzuckerwert stark schwankt, dies kann zu Koma und Tod führen.

Zuckerablagerungen in den Linsen des Auges können zur Bildung von Grauem Star (Katarakt) führen.

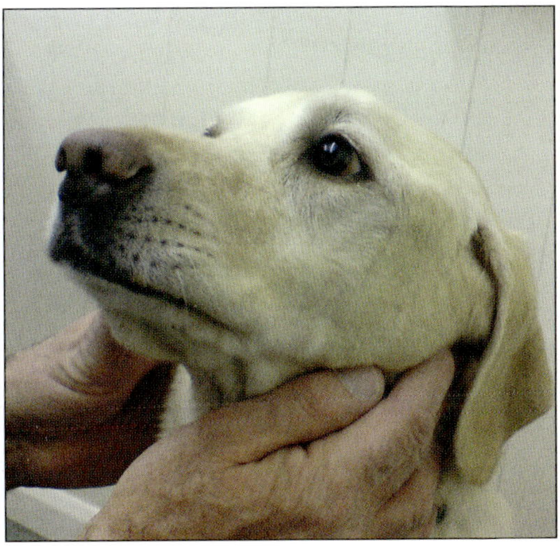

Diagnose Messung des Blutzuckergehalts alle zwei Stunden über 24 Stunden, um die Reaktion des Körpers auf Zucker aus der Nahrung zu überprüfen. Auch der Insulinwert kann gemessen werden.

Behandlung Gabe von Spezialfutter, das den Zucker langsamer freigibt als normales Futter sowie ein bis zwei Insulininjektionen täglich, damit der Hund den freigesetzten Zucker speichern kann. In naher Zukunft wird vermutlich eine operative Behandlung mit Gentherapie möglich sein.

Diabetes Insipidus (Wasserharnruhr)

Wie der Diabetes mellitus ist auch der Diabetes insipidus durch verstärktes Trinken und Urinieren gekennzeichnet. Diese seltener vorkommende Erkrankung hat aber mit der mangelnden Bildung des antidiuretischen Hormons (ADH) durch die Hirnanhangsdrüse zu tun, das gebraucht wird, damit die Nieren Wasser speichern können.

Symptome Betroffene Hunde trinken übermäßig viel und geben große Mengen stark verdünnten Urins ab. Gewichtsverlust und Schwäche können ebenfalls die Folge sein.

Diagnose Dem Hund wird unter kontrollierten Bedingungen Wasser vorenthalten und dann die Konzentration des Urins gemessen. So kann man feststellen, dass der Hund nicht in der Lage ist, konzentrierten Urin zu bilden.

Behandlung Gabe von synthetischem ADH, damit der Hund Wasser speichern und konzentrierteren Urin bilden kann.

Störungen in Blutkreislauf und Lymphsystem

Störungen des Kreislaufsystems können zu verschiedenen Symptomen führen.

Symptome

- Kurzatmigkeit und Schwäche wegen Sauerstoffmangels im Blut oder reduzierten roten Blutkörperchen
- Evtl. punktförmige Blutungen in der Haut bei Thrombozytenmangel
- Evtl. Abfluss von Blut in Lunge und Darm, was zu Husten von Blut und Blut im Stuhl führen kann
- Da Störungen im Blutkreislauf den gesamten Körper betreffen, können weitere Symptome auftreten. Erhöhter Durst und Appetit, Lethargie und Schwäche sind häufig.

Diagnose

- Messen des Anteils der roten und weißen Blutkörperchen im Blut
- Messen der Werte von Enzymen und anderen Stoffen, die an der Funktion von Leber, Nieren, Knochen und Herz beteiligt sind
- Untersuchung von Form und Struktur der Blutkörperchen anhand eines Blutausstrichs unter dem Mikroskop. Hierbei können auch die absolute Anzahl der Blutkörperchen sowie evtl. Parasiten im Blut ermittelt werden.
- Spezielle Tests auf immunbedingte Erkrankungen, Lymphome und Antikörper gegen bestimmte Blutparasiten sind ebenfalls hilfreich.

Behandlung

- Medikamente gegen Blutparasiten
- Medikamente zur Modulation der Aktivität des Immunsystems bei immunbedingten Erkrankungen
- Unterstützende Behandlungen wie intravenöser Tropf und Bluttransfusionen können nötig sein.
- Chemotherapie und chirurgische Entfernung von Lymphomen können sinnvoll sein. Evtl. medikamentöse Unterstützung anderer Organsysteme, die durch den schlecht funktionierenden Kreislauf beeinträchtigt sind.

? *Was macht* ***das Blut***

Blut besteht aus roten und weißen Blutkörperchen, Blutplättchen (Thrombozyten) und Blutplasma, das wiederum aus Wasser, Proteinen, Verdauungsprodukten, Hormonen, Antikörpern und anderen Stoffen besteht. Rote und weiße Blutkörperchen sowie die Blutplättchen werden im Knochenmark produziert. Die für den Sauerstofftransport wichtigen roten Blutkörperchen reifen in der Milz und werden dort gespeichert, bis sie gebraucht werden. Die für die Bekämpfung von Erkrankungen wichtigen weißen Blutkörperchen werden in Blutkreislauf und Lymphknoten freigesetzt. Die Blutplättchen ermöglichen zusammen mit anderen Stoffen, die man als Gerinnungsfaktoren bezeichnet, die Gerinnung von Blut bei Verletzungen.

Das Blutkreislaufsystem

Das Herz pumpt Blut durch den Körper und transportiert damit lebenswichtige Nährstoffe, Sauerstoff und Immunzellen zur Peripherie. Abfallstoffe werden zur Ausscheidung wegtransportiert.

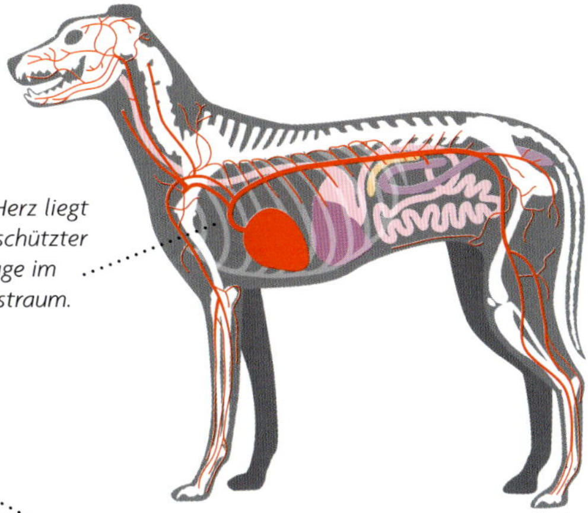

Das Herz liegt in geschützter Lage im Brustraum.

Auch über die Lymphbahnen wird Flüssigkeit aus dem Gewebe und Verdauungstrakt abtransportiert. Sie gelangt über die Lymphknoten zurück in die Blutbahn. Hier befinden sich Immunzellen, die aus den Gewebe kommende Anzeichen für Entzündungen erkennen und darauf reagieren.

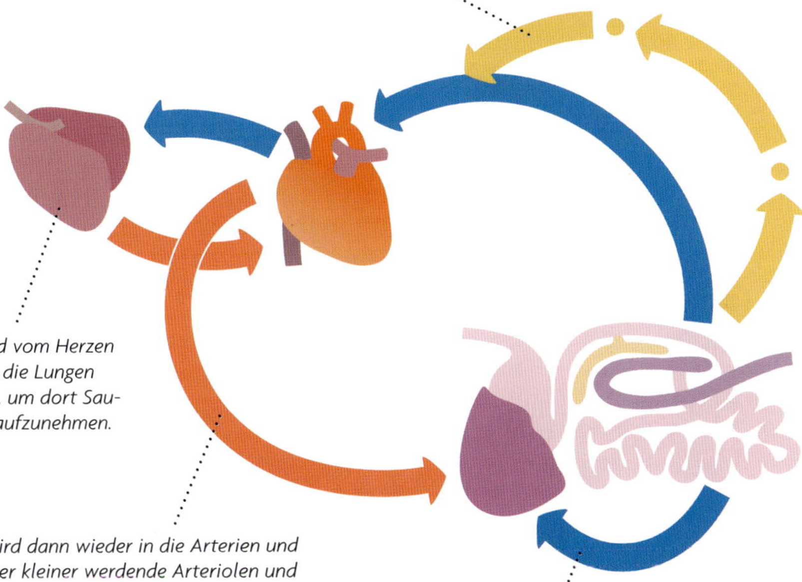

Blut wird vom Herzen durch die Lungen gepumpt, um dort Sauerstoff aufzunehmen.

Es wird dann wieder in die Arterien und immer kleiner werdende Arteriolen und Kapillaren gepumpt, um alle Körperbereiche mit Sauerstoff und Nährstoffen zu versorgen.

Abfallstoffe diffundieren in die Venen und werden zum Herz sowie letztendlich zu Leber und Nieren zurücktransportiert, um entgiftet und ausgeschieden zu werden.

Was sind **Steroide**

Steroide oder Kortikoide (z.B. Kortison) sind Medikamente, die stark entzündungshemmend wirken. Sie können zur Behandlung allergischer Erkrankungen der Haut, des Darms oder der Lunge verwendet werden sowie bei immunbedingten Erkrankungen und manchen Krebsarten.

Anämie

Ein Mangel an zirkulierenden roten Blutkörperchen, eine Blutarmut oder Anämie, kann verschiedene Gründe haben.
Nierenerkrankungen können durch die verringerte Produktion von Erythropoetin in den Nieren zu Anämie führen. Dieses Hormon steuert normalerweise die Produktion roter Blutkörperchen. Fehlernährung und chronische Erkrankungen können ebenfalls zur Anämie führen. Eine autoimmunhämolytische Anämie (AIHA) liegt vor, wenn der Körper Antikörper produziert, die die eigenen roten Blutkörperchen zerstören. Anämien können auch durch Blutverlust nach Verletzungen, inneren Blutungen (z.B. durch einen Milztumor) oder Vergiftung mit Ratten- und Mäusegift entstehen. Ein anderer möglicher Grund ist die Vergiftung mit Paracetamol, weil der Hund entweder versehentlich an dieses Medikament gelangt ist oder der Besitzer seinem Hund ein Schmerzmittel geben wollte und nicht wusste, dass dieser Wirkstoff für ihn giftig ist. Er kann auch Leber- und Nierenschäden verursachen.

Symptome
- Schwäche und Kurzatmigkeit wegen der reduzierten Sauerstoffversorgung von Blut und Gewebe
- Erhöhter Puls und Herzschlag, weil der Körper versucht, den Sauerstoffmangel durch schnelleres Pumpen zu kompensieren
- Schleimhäute wie z.B. das Zahnfleisch sind blass
- Anämien, die als Folge anderer Organerkrankungen entstehen, beginnen allmählicher mit leichter Lethargie und Schwäche.
- Ein plötzliches Einsetzen wie z.B. nach Blutverlust verursacht dramatische Symptome wie Schwäche, Kurzatmigkeit und Kollaps. Eine umgehende Behandlung ist nötig.

Behandlung Verschiedene Möglichkeiten zur Behandlung der Ursache, z.B. Entfernung eines Milztumors oder Gabe von Gegengiften. Zu den lebensrettenden Maßnahmen gehört ein intravenöser Tropf, um Blutdruck und Kreislauf zu stabilisieren. Manchmal ist auch eine Bluttransfusion nötig.

Autoimmunhämolytische Anämie (AIHA)

Diese Erkrankung setzt plötzlich ein, z.B. nach einem stressigen Ereignis, einer Infektion oder der Hitze. Sie kann auch mit bestimmten Medikamenten in Verbindung stehen und kommt bei Hunden mit Krebs vor.

Symptome
- Kurzatmigkeit und Schwäche

Diagnose Geringe Anzahl roter Blutkörperchen, erhöhte Leber- und Bilirubinwerte (wegen erhöhter Belastung der Leber beim Abbau des Hämoglobins). Gezielte Untersuchungen auf ungewöhnliche Antikörper, die das Problem verursachen.

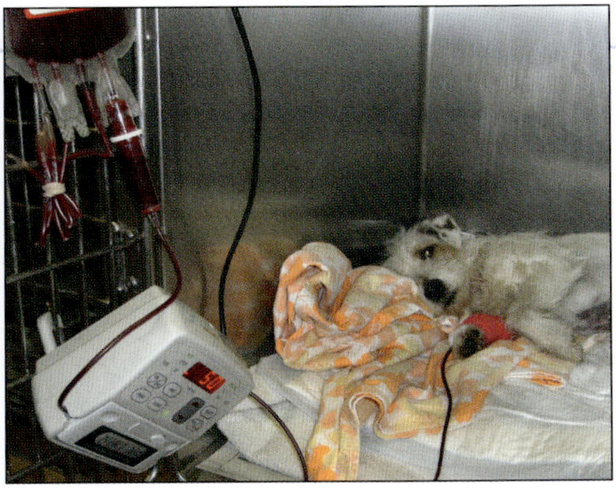

Mit einer lebensrettenden Bluttransfusion kann ein Mangel an roten Blutkörperchen ausgeglichen werden.

Behandlung Medikamente zur Unterdrückung des Immunsystems und damit der Aktivität der Autoantikörper wie z.B. Kortikoide oder andere zytotoxische Mittel. Je nach Ursache der Erkrankung sprechen manche Hunde gut auf die Behandlung an, während andere eine dauerhafte Medikation benötigen, um eine Überlebenschance zu haben.

Milztumore

Die Aufgabe der Milz ist das Speichern roter Blutkörperchen, bevor sie in die Blutbahn freigesetzt werden. Das bedeutet, dass Erkrankungen der Milz durch die mangelnde Freisetzung roter Blutkörperchen oder auch eine Blutung der Milz zu Blutarmut führen können. Milztumore sind vor allem bei älteren Hunden relativ häufig.

Symptome

- Lethargie, Kurzatmigkeit
- Blasse Schleimhäute
- Manchmal tastbare Verdickung in der Milz

Diagnose Blutuntersuchungen und Röntgen des Bauchraums. Der Tumor kann, wenn er unbehandelt bleibt, in den Bauchraum bluten, was zu plötzlichem Blutverlust und Kollaps führt.

Behandlung Eine Entfernung der Milz kann den Hund retten, Hunde können auch ohne Milz ein relativ normales Leben führen. In manchen Fällen streuen die Tumore aber auch auf andere Organe, deren Entfernung nicht möglich ist.

Was sind ***Bluttransfusionen***

Blut von einem Spenderhund kann per Transfusion an den Empfänger übertragen werden. Das Blut kann von einem gesunden Spender stammen oder aus einer Blutbank gekauft werden. Zwar haben die meisten Hunde keine natürlichen Antikörper, die Reaktionen auf die Transfusion verursachen könnten, aber zur Sicherheit sollten die Blutproben vorher miteinander verglichen werden. Hunde, die schon einmal eine Bluttransfusion erhalten haben, können Antikörper gegen Spenderblut entwickelt haben, weshalb das Testen solcher Kandidaten besonders wichtig ist.

Vergiftung mit Rattengift

Blutgerinnungshemmende Gifte werden häufig zur Bekämpfung von Ratten und Mäusen benutzt. Leider schmecken aber sowohl das Gift als auch die getöteten Nager Hunden. Die Gifte funktionieren über eine Blockade der Produktion von Vitamin K, das für eine normale Blutgerinnung benötigt wird. Die Anzeichen für eine Vergiftung können erst nach einigen Tagen auftreten, wenn der körpereigene Vorrat an Vitamin K aufgebracht ist. Ohne Notfallbehandlung kann der Hund schnell sterben, sobald erste Symptome auftreten.

Symptome

- Innere Blutungen, u.a. in den Bauchraum
- Blutdurchsetztes Erbrechen und Durchfall
- Einblutungen in die Haut
- Blut im Urin, Einblutungen in die Gelenke (und damit Lahmheit), in das Gehirn (verursacht Anfälle) oder in die Atemwege (verursacht Nasenbluten und Husten von Blut)

Behandlung Intravenöser Tropf, Bluttransfusionen und unterstützende Medikamente. Eine Behandlung mit Vitamin K kann ein bis zwei Tage brauchen, bis die Blutung stoppt, da die Gerinnungsstoffe erst gebildet werden müssen. Wenn schon schwere Symptome aufgetreten sind, kann die Behandlung erfolglos sein.

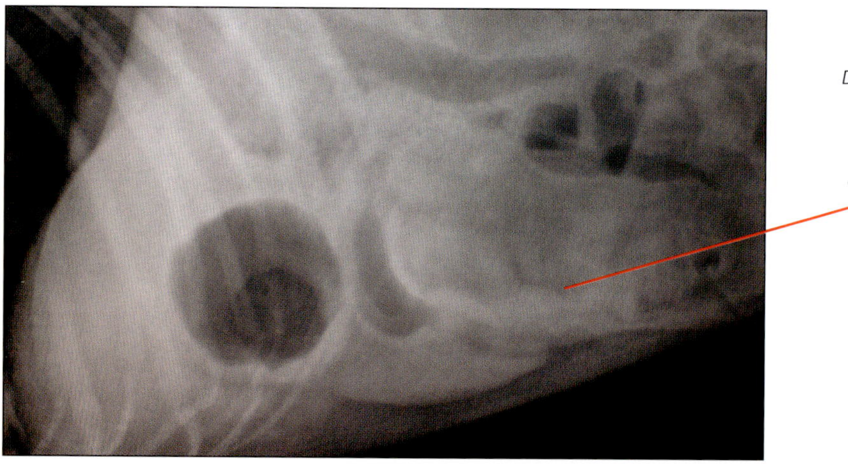

Das große Gebilde im Bauch dieses Hundes war ein Milztumor, der operativ entfernt wurde.

Die Farbe des Zahnfleischs ist ein guter Indikator für den Zustand des Kreislaufs. Blasses Zahnfleisch weist auf schwache Durchblutung und damit Kreislaufstörungen oder Blutarmut hin.

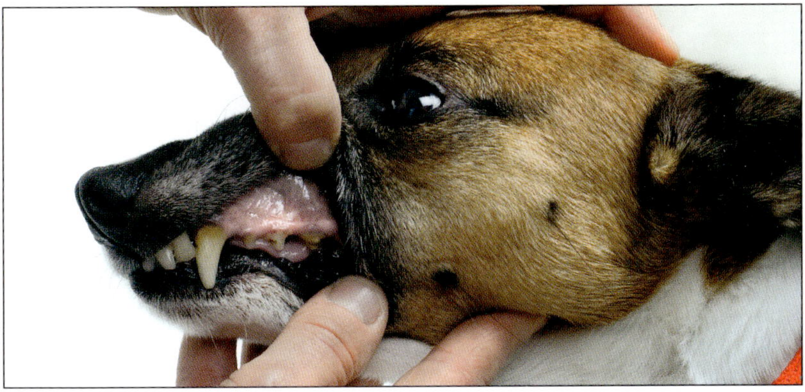

Infektiöse Kreislauferkrankungen

Manche Kreislauferkrankungen sind das Ergebnis von Infektionen mit Organismen, die Blutkörperchen zerstören.

Babesiose

Die von Zecken übertragene Babesiose, verursacht vom protozoischen Parasiten *Babesia*, kommt vor allem in Südeuropa, Teilen der USA und vielen anderen warmen Klimazonen vor. Welpen können schon im Mutterleib über die Plazenta infiziert werden. Auch Bluttransfusionen können eine Ansteckungsquelle sein. Normalerweise wird die Krankheit aber durch den Biss einer infizierten Zecke übertragen. Damit gelangt *Babesia* in den Blutkreislauf, wo er sich in den roten Blutkörperchen vermehrt und Schäden verursacht, sodass eine Anämie entsteht. Die ersten Symptome treten meist nach zwei bis drei Wochen auf. Ohne Behandlung sterben die Hunde innerhalb weniger Tage, nur wenige haben genug Widerstandskraft zum Überleben.

Symptome
- Fieber, Lethargie und gestörtes Allgemeinbefinden.
- Kurzatmigkeit, blasse Schleimhäute und beschleunigter Herzschlag sind typisch für Anämie.

Diagnose Blutuntersuchungen bestätigen die Anämie, spezifische Untersuchung auf Babesien in den roten Blutkörperchen anhand eines Blutausstrichs unter dem Mikroskop. Es gibt auch spezielle Tests zum Nachweis von Babesia-Antikörpern im Blut.

Behandlung Bei rechtzeitiger Diagnose kann Babesiose mit speziellen Medikamenten behandelt werden. Die Vorbeugung mit Zeckenschutzmitteln ist in Ansteckungsgebieten wichtig.

Ehrlichiose

Auch diese Erkrankung wird von Zecken übertragen und kommt in warmen oder tropischen Regionen vor. Die Bakterien vom Stamm *Ehrlichia* vermehren sich in den Blutkörperchen, schädigen diese und führen zu reduzierten Blutplättchen und Blutkörperchen. In endemischen Gebieten lebende Hunde haben oft eine natürliche Resistenz entwickelt und können die Infektion jahrelang in sich tragen, aber nur schwache Symptome zeigen. Aus anderen Gegenden stammende Hunde, die z.B. im Urlaub in Verbreitungsgebiete kommen, sind aber extrem gefährdet. Bei ihnen kann die Erkrankung innerhalb von Tagen oder Wochen tödlich sein.

Symptome

- Lethargie und Schwäche
- Fieber und Schwellung der Milz
- Blutungen durch verringerte Blutplättchen, was zu Nasenbluten, Lahmheiten oder neurologischen Symptomen wie z.B. Krampfanfällen führt
- Auch Augenerkrankungen sind eine mögliche Folge.

Diagnose Blutuntersuchungen im Labor und Untersuchung von Blutausstrichen

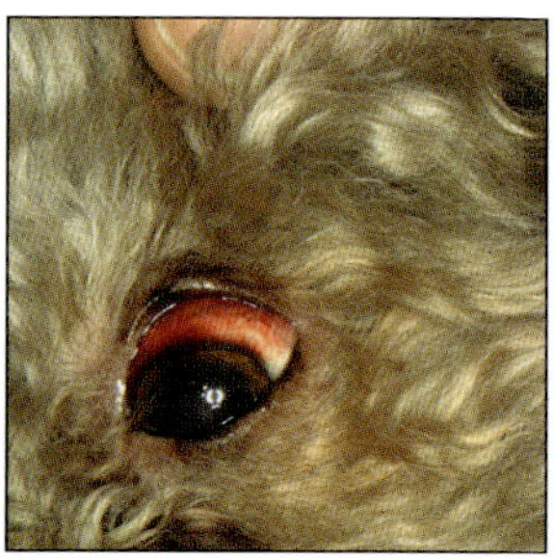

Blutungen im Weißen des Auges können Ergebnis einer Verletzung, aber auch von Blutgerinnungsstörungen aufgrund einer Lebererkrankung sein.

Behandlung Gegen *Ehrlichia* wirkende Medikamente können helfen, wenn sie schnell genug nach der Infektion gegeben werden.

Lymphome/Leukämie

Lymphome sind eine der häufigsten Krebserkrankungen beim Hund. Sie entstehen, wenn die weißen Blutkörperchen in weichem Gewebe wie Lymphknoten, Haut, Milz, Leber, Darmwand und anderen Organen Krebs entwickeln und die Tumorbildung in diesen Organen auslösen. Eng verwandt damit ist die Leukämie, die eine Neoplasie (überschießende Neubildung) dieser Zellen in Knochenmark und Blut bezeichnet.

Symptome

- Lethargie und Schwäche (sowohl bei Lymphomen als auch bei Leukämie)
- Lymphome können auch zu Husten und Kurzatmigkeit, vermehrtem Durst, Erbrechen und Durchfall oder sogar Hautknoten führen, je nachdem, welche Gewebe betroffen sind.
- Evtl. Schwellungen der Lymphknoten und anderer Organe
- Evt. Appetit- und Gewichtsverlust
- Betroffene Hunde werden infektionsanfällig, Blutungsstörungen können zu Gelenkschmerzen und neurologischen Symptomen führen.

Diagnose Durch Blutbild und Blutausstriche. Röntgen von Brust- und Bauchraum zur Identifizierung von Tumoren. Gewebepunktate oder Biopsien können die Diagnose unterstützen. Spezielle Bluttests auf Lymphome.

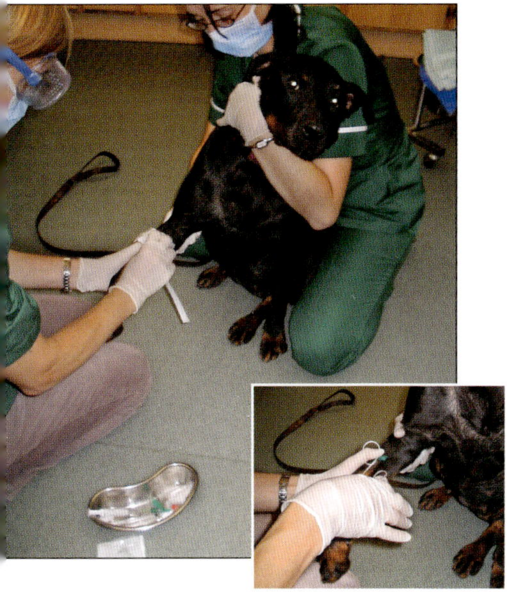

Bei der Behandlung von Lymphomen kann Chemotherapie sehr effektiv sein. Dieser Rottweiler erhält eine Infusion direkt in die Blutbahn.

Behandlung Richtet sich je nach dem exakten Typ des vorliegenden Krebses. Meist tägliche Tablettengabe, Injektionen oder Infusionen (über Tropf) in variablen Intervallen. Anhaltende Behandlung und Kontrolle sind wichtig. Die Prognose variiert je nach exaktem Typ der vorhandenen Neoplasie. Leider sterben manche Hunde trotz Behandlung innerhalb von Tagen oder Wochen, andere leben dagegen noch monate- oder jahrelang.

Chemotherapie, meist nach chirurgischer Tumorentfernung, kann hilfreich sein und hat oft nur wenig Nebenwirkungen. Hunde, die keine guten Kandidaten für eine Chemotherapie sind, können mit einer Palliativbehandlung unterstützt werden (Schmerzbehandlung und unterstützende Versorgung, bis die Lebensqualität zu sehr nachlässt).

Chemotherapie kann dem Hund eine gute Lebensqualität sichern.

Herzerkrankungen

Herzerkrankungen sind relativ häufig, besonders bei älteren Hunden mit schlechter Herzfunktion. Die Hunde zeigen in der Regel Symptome, die mit der mangelnden Sauerstoff- und Nährstoffversorgung des Gewebes zu tun haben und erleiden nur selten direkte Zusammenbrüche. Weil normalerweise bei Hunden keine Blockade der Blutgefäße der Herzwand vorkommt, erleben sie auch keine schmerzhaften „Herzinfarkte".

Symptome

- Lethargie und Schwäche
- Husten, Kurzatmigkeit und Würgen, wenn sich wegen der schlechten Herzfunktion Flüssigkeit in der Lunge sammelt (kongestives Herzversagen)
- Häufig Gewichtsverlust durch Appetitmangel und erschwerten Fressen durch Kurzatmigkeit

Diagnose

Klinische Untersuchung und Auskultation (Abhören mit Stethoskop). In der Regel sind aber weitere Untersuchungen nötig, um die Art der Erkrankung zu diagnostizieren und die passende Behandlung zu wählen.
Echokardiographie (Ultraschall des Herzens) zur Abbildung des Herzens, wobei undichte oder verengte Herzklappen sichtbar werden.
Elektrokardiographie (EKG) zur Messung der elektrischen Aktivität des Herzens und Feststellung von Herzrhythmusstörungen.
In manchen Fällen kann auch Röntgen des Brustraums hilfreich sein, weil es Veränderungen in Größe, Farbe und Kontur des Herzens erkennen lässt. Auch sekundäre Veränderungen der Lungen können hier erkennbar sein.

Behandlung

- Medikamente, die das Herz effektiver schlagen lassen oder den Blutkreislauf unterstützen
- Diuretika zur Entfernung überschüssiger Flüssigkeit und Entlastung des Herzens
- Evtl. Medikamente zur Veränderung des Herzrhythmus
- Bei Herzwurmbefall Gabe von Antiparasitika
- Bei Herzrhythmusstörungen evtl. Einsetzen eines Herzschrittmachers

Herzklappeninsuffizienz

Die häufigsten Herzprobleme haben mit den Herzklappen zu tun und treten vor allem im Alter auf. Viele Hunde entwickeln beim Älterwerden undichte Herzklappen, mit dem Ergebnis, dass bei jedem Herzschlag etwas Blut zurückgedrückt wird anstatt nach vorn in den Blutkreislauf. Dies führt zu einer verringerten Blutzirkulation und zur Flüssigkeitsansammlung in Lungen und anderen Organen wie z.B. der Leber. Auch verengte Herzklappen oder Blutgefäße haben einen ähnlichen Effekt auf den Blutfluss im Herzen und können in jedem Alter auftreten.

Symptome

- Beim Abhören mit dem Stethoskop hört der Tierarzt den anormalen Blutfluss als Herzgeräusch: Das normale „Lup-dup, lup-dup" des Herzens wird von einem Rauschen unterschiedlicher Stärke überlagert.
- Die Herzgeräusche können bei einer Routineuntersuchung eines gesund erscheinenden entdeckt werden oder wenn der Hund bereits Symptome einer Herzinsuffizienz zeigt.

So funktioniert das Herz

Das Herz liegt in der Mitte des Brustraums und ist eine in zwei Hälften geteilte muskuläre Pumpe, durch die das Blut in zwei getrennten Systemen fließt.

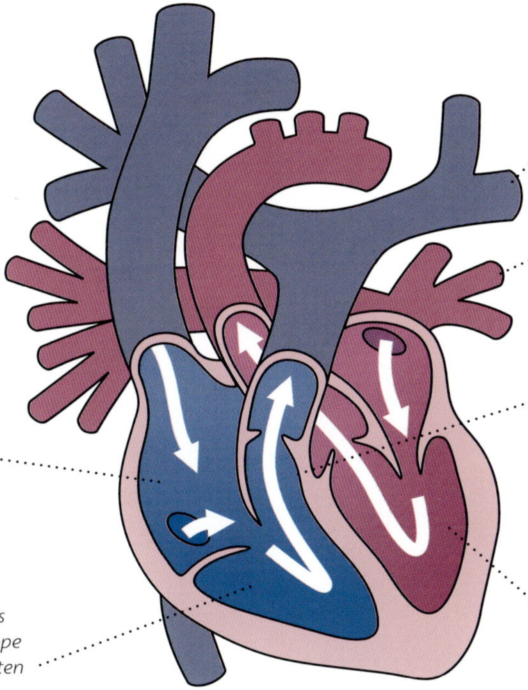

Aus der rechten Herzkammer wird Blut in die Lunge gepumpt, wo es Sauerstoff aufnimmt.

Das mit Sauerstoff angereicherte Blut kehrt zur linken Herzseite zurück.

Das Pumpen des Herzens wird vom Sinusknoten als Schrittmacher kontrolliert. Er befindet sich in der Atriumwand und sendet regelmäßige Nervenimpulse, die zu den blutpumpenden Kontraktionen des Herzens führen.

Das Blut wird über die Venen zur rechten Herzseite zurückgepumpt, wo es in den rechten Herzvorhof entleert wird.

Von hier gelangt es durch eine Segelklappe (AV-Klappe) zur rechten Herzkammer.

Aus der linken Herzkammer wird das Blut zu den Geweben und Organen des Körpers gepumpt und versorgt sie mit Sauerstoff und Nährstoffen.

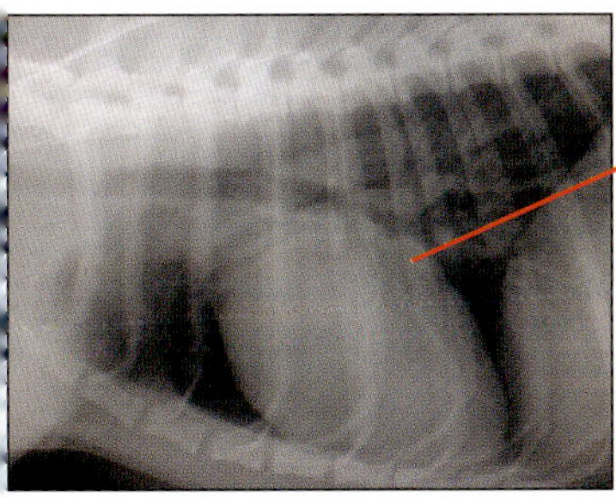

Das normale Herz zeichnet sich klar gegen die Lunge ab.

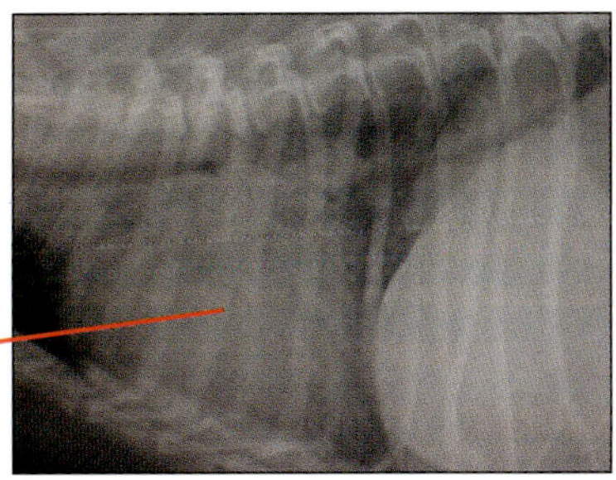

Die Vergrößerung des Herzens und Flüssigkeit in der Lunge verringern hier die Schärfe des Röntgenbildes.

Diagnose Um die Relevanz der Herzgeräusche zu bestimmen, sind weitere Untersuchungen nötig, z.B. mit Echokardiographie zur Beurteilung der Herzklappen und des Blutflusses durch das Herz. Jede anormale Blutbewegung kann gemessen und bewertet werden. Auch EKG und Röntgen können sinnvoll sein. Eine genaue Untersuchung hilft dem Tierarzt, die beste Behandlungsstrategie festzulegen.

Behandlung Mit Medikamenten kann man die Herzfunktion noch monate- oder jahrelang unterstützen, bevor sie sich so weit verschlechtert, dass sie nicht mehr kontrollierbar ist.

Herzrhythmusstörungen

Hierzu kommt es, wenn die elektrische Aktivität des Herzens nicht normal ist. Die Folge kann ein langsamerer, schnellerer oder unregelmäßiger Herzschlag sein. Wenn das Herz zu schnell schlägt, kann es sich zwischen den Schlägen nicht ausreichend füllen, sodass die Blutzirkulation genau wie beim zu langsamen Herzschlag beeinträchtigt wird. Rhythmusstörungen können auch bei Hunden auftreten, die aufgrund anderer Erkrankungen Elektrolyt-Ungleichgewichte haben. So können z.B. die Addisonsche Krankheit, Magen-Darm-Probleme oder Verbrennungen zu hohen Kaliumwerten führen, was das Herz verlangsamen und zu gefährlichen Herzerkrankungen beitragen kann.

Symptome

- Evtl. Schwäche und Kollaps, wenn der Kreislauf schlecht funktioniert
- Evtl. Anzeichen kongestiver Herzinsuffizienz

Diagnose Rhythmusstörungen sind in der Regel am besten auf einem EKG zu sehen.

Behandlung Ggf. Normalisierung des Elektrolytgleichgewichts, Medikamente zur Verlangsamung oder Beschleunigung des Herzschlags oder zur Unterstützung der elektrischen Aktivität im Herzen.

Manche Cavalier King Charles Spaniel leiden unter einem erblichen Herzklappenfehler.

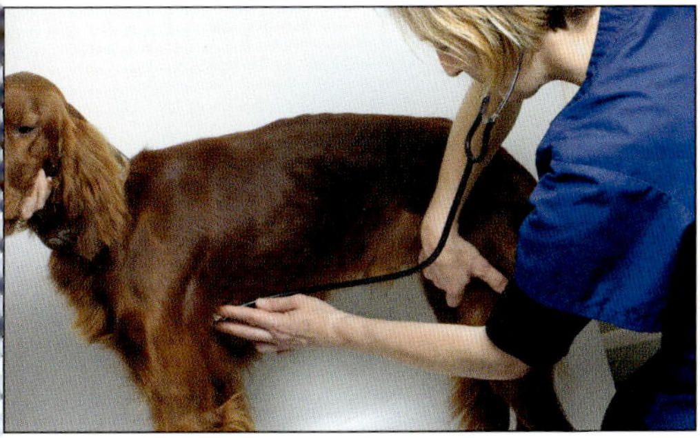

Mit einem Stethoskop kann der Tierarzt die Herzaktivität überprüfen.

Dilatative Kardiomyopathie

Dies ist eine Schwäche des Herzmuskels, die zur Vergrößerung des Herzens führt.

Symptome

- Das vergrößerte Herz kann nicht mehr effektiv Blut pumpen, in der Regel ist kongestives Herzversagen die Folge.

Diagnose Gründliche klinische Untersuchung kombiniert mit Echokardiographie und evtl. Röntgen und/ oder EKG.

Behandlung Medikamente zur Unterstützung der Herzfunktion, evtl. Diuretika zum Abführen überschüssiger Flüssigkeit aus dem Körper. Evtl. Medikamente zum Verlangsamen des Herzens. Medikamente können betroffene Hunde zwar stabilisieren, aber die langfristige Prognose ist relativ schlecht.

Herzwürmer

Manche Parasiten wie z.B. Herzwürmer können ebenfalls Herzerkrankungen verursachen.

Amerikanischer Herzwurm

Dirofilaria immitis ist in Amerika und weiten Teilen Südeuropas verbreitet und wird von Moskitos übertragen. Dirofilaria wandert im Körper bis zur rechten Herzkammer und in die Lungenarterien, wo er weiter heranreift und dabei Herz und Blutgefäße schädigt. Erwachsene Würmer geben Mikrofilarien (winzige Larven) in das Blut ab. Diese zirkulieren im Blut und können über einen Moskitobiss wieder an einen anderen Hund übertragen werden.

Symptome

- Evtl. gar keine Symptome oder Symptome einer Herzerkrankung wie Schwäche, Kurzatmigkeit und Husten. Der Hustenauswurf kann Blut enthalten.
- Symptome einer Anämie wie Schwäche und Blässe.
- Symptome einer teilweisen Blockade der die Lunge versorgenden Blutgefäße. Dies kann zu hohem Blutdruck führen, was wiederum Leberversagen und Wasser im Bauchraum zur Folge hat.

Diagnose Würmer und ihre Larven können im Blut nachgewiesen werden. Das Ausmaß schon vorhandenen Schadens am Herz kann mit Echokardiographie, Röntgen und evtl. EKG ermittelt werden.

Behandlung Problematisch, da das Abtöten großer Wurmmengen auf einmal im Herzen zu Schock, Kreislaufkollaps oder sogar Tod führen kann. Auch Lungenembolien (Blockade der Blutgefäße der Lunge) können auftreten. Es gibt spezielle Behandlungsschemata gegen Herzwürmer, die solche Probleme zu minimieren versuchen. Eine Behandlung gegen kongestive Herzinsuffizienz kann ebenfalls nötig sein. Wichtiger sind in Ansteckungsgebieten aber Mittel zur Vorbeugung. Die regelmäßige monatliche Entwurmung mit einem wirksamen Produkt beugt dem Befall mit amerikanischem Herzwurm vor und schützt gleichzeitig auch vor Würmern im Darm. Dirofilaria ist auf den Menschen übertragbar, verursacht bei diesem aber selten schwere Erkrankungen.

Lungenwurm

Der Erreger *Angiostrongylus vasorumis* kommt in vielen Teilen der Welt und neuerdings auch öfter in Deutschland vor. Dieser parasitäre Wurm lebt in der Lungenartertie und der rechten Herzkammer von Hunden und schädigt diese. Seine Larven werden aufgehustet, geschluckt und mit dem Kot ausgeschieden. Anschließend verbringen sie einen Teil ihres Entwicklungsstadiums in Schnecken, bevor sie wieder einen Hund infizieren, der ein solches Weichtier frisst oder mit seinem Schleim in Berührung kommt. Die Larven wandern dann durch den Körper zum Herzen, wo sie ihren Lebenszyklus fortsetzen. Das kann Schäden an anderen Organen wie Leber, Nieren oder Gehirn verursachen.

Symptome

- Manche Hunde zeigen nur wenige Symptome, häufig ähneln sie aber denen des Herzwurms.
- Die von den wandernden Larven verursachten Schäden können zu neurologischen Erkrankungen wie Krampfanfällen oder Lähmungen führen.
- Auch Erblindung, Leber- und Nierenerkrankungen kommen vor.
- Möglicherweise Blutungen

Lebenszyklus eines Herzwurms

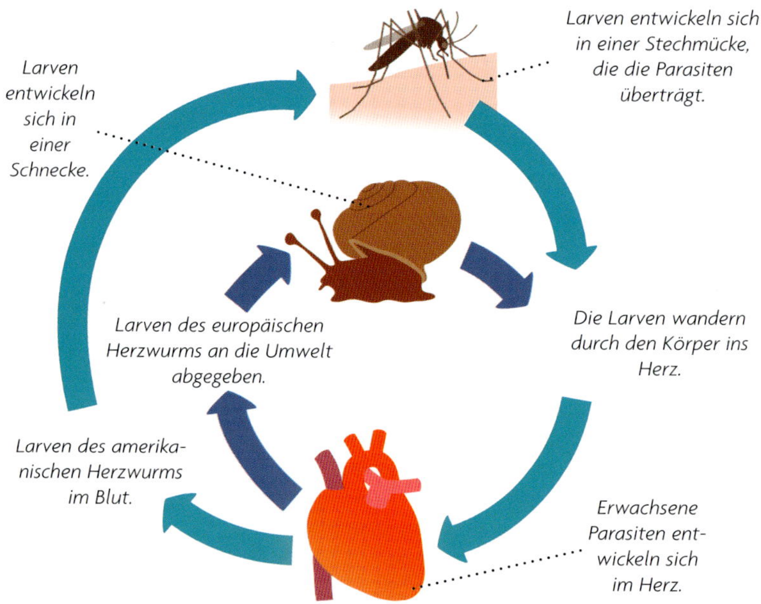

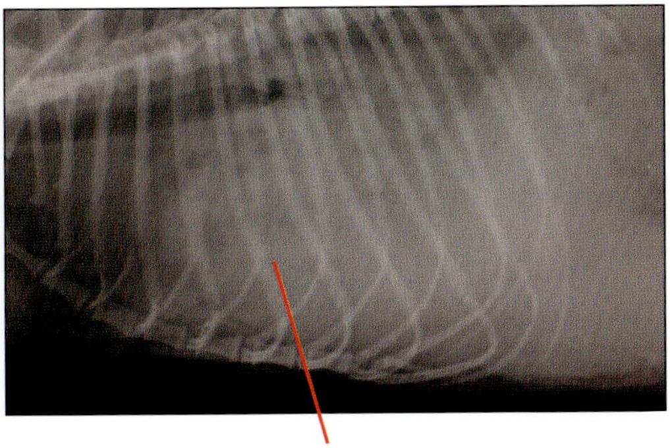

Störungen im Herzbeutel (Perikard) oder Mittelfell (Mediastinum) können das Herz auf dem Röntgenbild undeutlich erscheinen lassen.

Diagnose Nachweis ansteckender Larven in Kotproben, auch Bluttests können hilfreich sein. Echokardiographie und Röntgen zur Untersuchung der Herzfunktion.

Behandlung Betroffene Hunde müssen an Herz und Kreislauf behandelt werden, die Würmer müssen mit antiparasitären Mitteln abgetötet werden. Zur Vorbeugung in Ansteckungsgebieten sind inzwischen Präparate erhältlich, die monatlich gegeben werden können.

Erkrankungen von Perikard und Mediastinum

Infektionen im Perikard (dem Herzbeutel) können zu einer Perikarditis oder Herzbeutelentzündung führen, wobei sich Eiter im Herzbeutel ansammelt. Dadurch wird das Herz eingeengt und kann schlechter schlagen.

Symptome

- Schwäche, Unwohlsein, Kurzatmigkeit und Husten
- Ähnliche Symptome können auch auftreten, wenn nach einer Verletzung Blut in den Herzbeutel gelangt bzw. irgendeine andere Flüssigkeit sich dort oder im Mediastinum (Mittelfellraum), dem Raum zwischen den beiden Lungenflügeln, ansammelt.

Diagnose Auf dem Röntgenbild ist ein vergrößerter oder anormaler Herzschatten zu sehen. Anormale Flüssigkeits- oder Gewebeansammlungen in diesem Bereich können per Ultraschall nachgewiesen werden.

Behandlung In manchen Fällen ist es möglich, Flüssigkeit aus dem Herzbeutel zu drainieren und damit die Herzfunktion zu verbessern, was von Antibiotika und unterstützenden Maßnahmen flankiert werden kann.

Erkrankungen der Atmungsorgane

Erkrankungen der Atmungsorgane sind nicht ungewöhnlich und können bei Hunden jeden Alters vorkommen.

Symptome

- Kurzatmigkeit und Husten
- Nasenausfluss, Niesen
- Schwellungen der Lymphknoten am Hals
- Husten und Würgen, Erbrechen
- Evtl. Unwohlsein, Appetitverlust, Lethargie
- Durch mangelnde Sauerstoffanreicherung des Bluts kann es auch zu Schwäche und Lethargie kommen.

Diagnose

- Blutuntersuchungen zum Ausschluss von Anämie oder anderen Erkrankungen
- Untersuchung von Nase oder Rachen unter Anästhesie
- Röntgen von Nase, Rachen und Brust
- Endoskopie der Brusthöhle
- Untersuchung von Abstrichen aus Nase, Rachen und Lunge. Ultraschall der Brust ist selten hilfreich, weil die Luft die Bildqualität beeinträchtigt.

Behandlung

- Antibiotika gegen Infektionen
- Entzündungshemmer und Medikamente gegen Husten zur Linderung der Symptome
- Bronchodilatatoren zur Erweiterung der Atemwege
- Bei richtiger Behandlung sind viele Urachen für Atemwegserkrankungen kontrollier- oder heilbar.

Grasspelzen können, wenn sie eingeatmet werden, Atemwegsprobleme verursachen.

Erkrankungen der oberen Atemwege

Erkrankungen der oberen Atemwege sind häufig durch Niesen und Nasenausfluss charakterisiert.

Fremdkörper in der Nase

Grasspelzen, Futterpartikel oder Fragmente von Spielzeugen sind die häufigsten Schuldigen.

Symptome

Plötzlich einsetzendes Problem einschließlich:

- Reiben der Nase, Niesen
- Nasenausfluss, oft mit Blut vermischt

Diagnose Bei genauer Untersuchung der Nase (evtl. unter Anästhesie) kann der Fremdkörper entdeckt werden. Weitere Untersuchungen, z.B. von Abstrichen, oder auch Röntgen oder MRT können nötig sein.

Behandlung Entfernung des Fremdkörpers

Nasentumore

Nasentumore oder Polypen (gutartige Schwellungen) verursachen ähnliche Symptome wie Naseninfektionen oder Fremdkörper in der Nase.

Symptome

- Niesen, Nasenbluten, evtl. Nasenausfluss

Diagnose Röntgen, Endoskopie oder MRT. Die Untersuchung einer via Endoskop entnommenen Biopsie kann bei der Bestimmung des Tumortyps und der besten Behandlungsmethode helfen.

Was macht das ***Atemsystem***

Das Atemsystem besteht aus den Nasengängen, dem Kehlkopf (Larynx), der Luftröhre (Trachea) und den Lungen sowie den zugehörigen Strukturen. Es transportiert Luft in den und aus dem Körper und ermöglicht, dass das Blut Sauerstoff zu den Geweben hinführt bzw. Kohlendioxyd von dort abführt.

Das Atemsystem

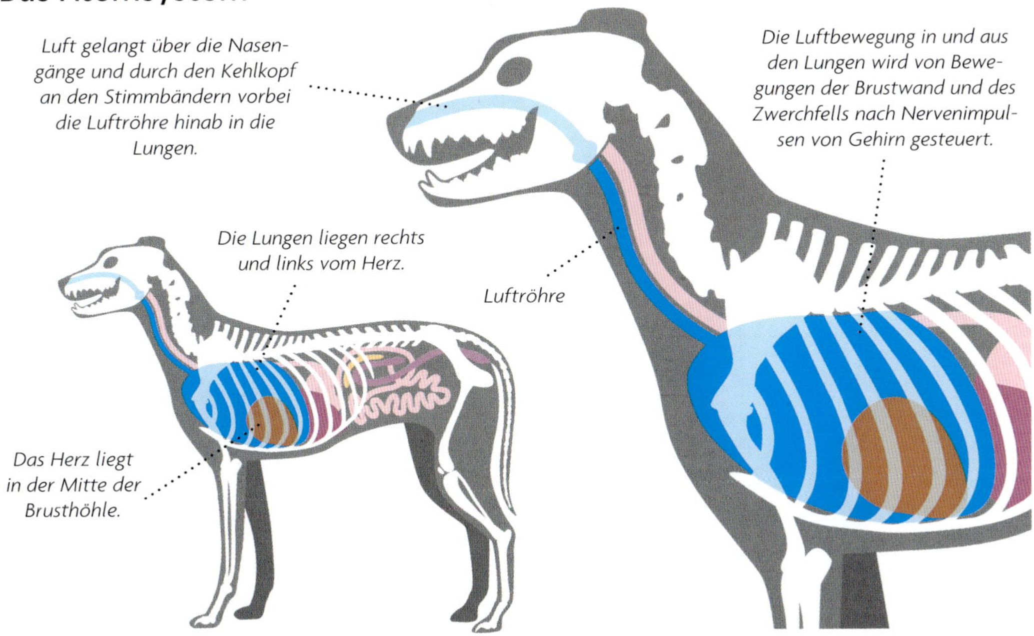

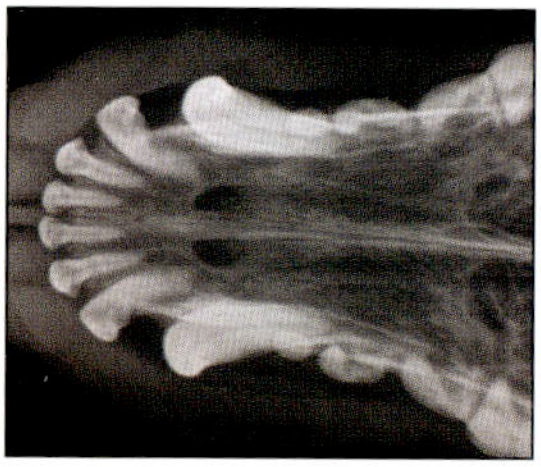

Erkrankungen der Nasenwege können sich als Unklarheit auf dem Röntgenbild zeigen. Hier sind keine Anzeichen für Probleme zu sehen.

Behandlung Je nach Typ des Tumors und ob er entfernt werden kann oder nicht.

Infektion der Nase und Nasennebenhöhlen

Symptome
- Nasenausfluss
- Evtl. Unwohlsein, erhöhte Temperatur, Hund frisst nicht und zeigt Zeichen für Schmerzen in der Nase
- Auch Infektionen mit Bakterien, Viren oder Pilzen können beteiligt sein.

Diagnose Laboruntersuchung eines Abstriches aus der Nase.

Behandlung Virusinfektionen erfordern evtl. gar keine oder nur unterstützende Behandlung wie z.B. Entzündungshemmer gegen Fieber und Schmerzen. Bei bakteriellen Infektionen Antibiotika. Pilzinfektionen sind schwieriger zu behandeln. Zwar wirken in manchen Fällen oral verabreichte fungizide Medikamente, manchmal muss das Mittel aber auch unter Anästhesie über einen Tubus in die betroffene Nasennebenhöhle gegeben werden.

Kehlkopflähmung (Larynxparalyse)

Ist der Kehlkopf teilweise oder ganz gelähmt, öffnet er sich nicht mehr richtig bei jedem Atemzug und blockiert stattdessen einen Teil der Luftwege. Dieses Problem kann zwar in jedem Lebensalter auftreten, kommt aber besonders oft bei älteren Hunden großer Rassen mit anderen Grunderkrankungen wie Hypothyreose oder Myasthenia gravis vor.

Symptome
- Der Hund verträgt Bewegung schlechter.
- Der Tonus des Bellens kann sich verändern und beim Einatmen ist oft ein Pfeifgeräusch zu hören.
- Leistungsschwäche, bläuliche Schleimhautfarbe (wegen schlechter Sauerstoffversorgung), Husten und Kurzatmigkeit
- Evtl. Schwierigkeiten beim Schlucken und Fressen oder Husten während des Fressens

Ältere Hunde großer Rassen sind anfällig für eine Lähmung des Kehlkopfs. Das kann zu Kurzatmigkeit sowie Schwäche und Husten nach Belastung führen.

Behandlung Manchmal tritt das Problem nur schwach und ohne Symptome auf und keine Behandlung ist nötig. In anderen Fällen kann eine Operation nötig sein, um die Luftröhre zu öffnen. Im Notfall Gabe von Sauerstoff und evtl. Tracheostomie.

Luftröhrenkollaps (Trachealkollaps)

Die Luftröhre oder Trachea wird von Knorpelringen gestützt. Bei manchen Hunden, insbesondere sehr kleinen Rassen, sind diese oft schwach oder fehlgeformt und die Trachea kann nach innen zusammenfallen. Das verhindert das Durchströmen der Luft, besonders bei tiefen Atemzügen, wenn der Druck in der Trachea sich erhöht.

Symptome Der Hund schnappt nach Luft, hustet oder kollabiert sogar bei Aufregung oder Anstrengung, besonders, wenn er am Halsband an der Leine zieht.

Behandlung Medikamente können die Entzündung in der Trachea lindern und betroffene Hunde sollten ein Geschirr anstelle eines Halsbands tragen. Manchen Hunden hilft eine Operation, um die Luftröhre zu stabilisieren und ihr Zusammenfallen zu verhindern.

Zwingerhusten

Die Symptome akuter Tracheobronchitis (Zwingerhusten) sind:

- Nasenausfluss
- Wiederkehrender trockener Husten
- Geschwollene, weiche Lymphknoten am Hals
- Berührungsempfindlicher Hals, Berührung löst oft Husten aus
- Evtl. erhöhte Temperatur und Appetitlosigkeit

Was ist eine ***Tracheostomie***

Eine Tracheostomie wird bei einigen Erkrankungen der Trachea wie z.B. Kehlkopflähmung oder Kehlkopfkrebs durchgeführt. Dabei wird eine Öffnung durch die Haut direkt in die Luftröhre gemacht, sodass der Hund durch ein Loch im Hals anstatt durch Nase oder Maul atmet.

Lassen Sie einen Hund mit Tracheostomie NIEMALS schwimmen – Wasser wird in die Lungen strömen und er wird ertrinken!

Diagnose Zwingerhusten kann durch Bakterien und Viren verursacht werden, vor allem vom Bakterium *Bordetella*, vom caninen Adenovirus und vom Parainfluenza- und Herpesvirus (hiergegen gibt es Impfungen). Der Erreger kann über Nasenabstriche und Blut identifiziert werden, was aber nicht immer nötig ist.

Behandlung Die meisten Hunde sprechen gut auf Antibiotika an, falls eine bakterielle Infektion vorliegt. Entzündungshemmer und Hustenlöser können ebenfalls eingesetzt werden. Es kann mehrere Wochen oder gar Monate dauern, bis der Hund sich vollständig erholt hat, vor allem bei viraler Beteiligung.

Erkrankungen der Bronchien

Die Bronchien, die Luftwege in den Lungen, können von einer Reihe von Erkrankungen betroffen sein. Manche ältere Hunde entwickeln eine chronische Bronchitis als Folge einer lange bestehenden Entzündung der Bronchien, sodass sich die Bronchienwände verdicken und weniger elastisch werden.

Symptome
- Wiederkehrender trockener Husten, gelegentlich begleitet von Hochwürgen von Schleim
- Bei schweren Hustenanfällen evtl. Kollaps
- Eine Bronchiektase, eine irreversible Schwellung der Bronchien, kann ebenfalls als Langzeitfolge von Atemwegserkrankungen entstehen und zu chronischem Husten führen.

Diagnose In beiden Fällen sind Röntgen und evtl. eine Endoskopie der Bronchien nötig, um eine Diagnose stellen zu können.

Behandlung Entzündungshemmer, Bronchodilatatoren und ggf. Antibiotika

Was ist
Strahlentherapie

Bei der Strahlen- oder Radiotherapie werden radioaktive Strahlen durch anormales Gewebe geschossen. Dies tötet vor allem die schnell wachsenden und sich schnell teilenden Zellen, wie z.B. Krebszellen, ab.

Allergische Bronchitis

Symptome
- Chronischer Husten, verursacht durch das Einatmen von Allergenen. Diese können aus Bakterien oder Pilzen bestehen, aber auch Blütenpollen oder Staub.

Diagnose Röntgen, Endoskopie der Luftwege und Untersuchung von Flüssigkeitsproben aus den Atemwegen.

Behandlung Betroffene Hunde profitieren von Entzündungshemmern, Antihistaminika und Bronchodilatatoren. Auch eine Immuntherapie kann helfen.

Fremdkörper in den Bronchien

Manchmal atmen Hunde Grasspelzen, Futterpartikel oder Spielzeugfragmente ein, die in die Bronchien gelangen können und dort Entzündungen, Schmerzen und Atemnot verursachen können. Sekundärinfektionen geschädigter Bereiche sind ebenfalls häufig.

Symptome
- Plötzlich einsetzender, rauer Husten
- Evtl. Atemnot und Unwohlsein

Diagnose Röntgenbilder, weitere Untersuchungen wie z.B. Endoskopie können nötig sein.

Behandlung Manchmal ist eine Entfernung des Fremdkörpers via Endoskop möglich. Eine operative Entfernung aus den Lungen kann nötig sein, ist aber sehr schwierig.

An Blumen schnuppern ist nicht immer gut: Das Einatmen von Blütenpollen kann zu allergischer Bronchitis und chronischem Husten führen.

Lungenwürmer

Verschiedene Arten von Lungenwürmern können bei Hunden Probleme verursachen. Sowohl *Dirofilaria* als auch *Angiostrongylus* befallen Lunge und Herz (s. S. 133), während *Crenosoma* (verbreitet in den USA, aber auch Europa) und *Oslerus* (weitverbreitet in Großbritannien) nur die Lunge befallen. Die Oslerus-Parasiten entwickeln sich in den Bronchien und im Lungengewebe, werden ausgehustet und dann geschluckt und wandern dann durch den Darm zurück in die Lunge. *Crenosoma* hat einen ähnlichen Lebenszyklus, nur dass ein Teil der Entwicklung in Schnecken und Weichtieren stattfindet, die Larven aus Hundekot aufgenommen haben. Dort entwickeln sie sich und wandern zu Hunden zurück, wenn diese ein infiziertes Weichtier fressen. In den Lungen können die Würmer entzündete Knoten, verdickte Atemwege und manchmal eine mechanische Verstopfung der Luftwege verursachen.

Symptome

- Rauer, trockener Husten
- Atemnot
- Nasenausfluss

Diagnose Laboruntersuchung des Kots, evtl. zusätzlich Blutuntersuchung, Röntgen und Endoskopie

Behandlung Gabe von Wurmmitteln, oft über einen längeren Zeitraum

Lungenentzündung (Pneumonie)

Eine Entzündung oder Infektion des Lungengewebes wird als Pneumonie bezeichnet. Wenn auch die Bronchien betroffen sind, spricht man von einer Bronchopneumonie. Ursache kann eine Infektion sein, besonders bei geschwächten oder älteren Hunden oder solchen mit Schluckbeschwerden (z.B. bei Kehlkopflähmung), da Futterpartikel inhaliert werden können. Auch Hunde mit Herzerkrankungen und Flüssigkeit in der Lunge sind anfällig. Auch das Einatmen von Rauch kann für Pneumonie prädisponieren.

Symptome

- Betroffene Hunde husten und atmen erschwert.
- Unwohlsein, erhöhte Temperatur und Appetitlosigkeit

Diagnose Die Auskultation (Abhören mit einem Stethoskop) ergibt meist knisternde Lungengeräusche. Die Diagnose kann durch Röntgen und Laboruntersuchung von Lungenflüssigkeit bestätigt werden.

Behandlung Bei bakterieller Infektion Antibiotika, evtl. Entzündungshemmer und Bronchodilatatoren.

Pleuraerguss

Ein Pleuraerguss ist eine Flüssigkeitsansammlung in der Pleura, dem die Lungen umgebenden Raum. Diese kann die Lungen an der korrekten Ausdehnung hindern. Je nach Ursache können sich verschiedene Flüssigkeiten ansammeln: Blut aus geschädigten Gefäßen nach einer Verletzung oder Eiter aufgrund einer lange bestehenden Infektion.

Symptome

- Flache, schnelle Atmung
- Atemnot und Husten

Diagnose Röntgenbilder, evtl. Untersuchungen von Blut und Flüssigkeitsproben

Behandlung Drainage der Flüssigkeit, damit die Lungen sich wieder ausdehnen können, dann Behandlung des ursächlichen Problems.

Brustverletzungen

Diese sind vor allem nach Autounfällen (Anfahren) und Stürzen aus großer Höhe häufig.

Folgen

- Blut kann in die Pleurahöhle gelangen
- Lungenverletzungen oder Punkturverletzungen durch gebrochene Rippen können Luft in die Pleurahöhle strömen lassen.
- Luft kann in die unter der Haut gelegenen Gewebe gelangen, was beim Streicheln des Hundes fühlbar wird.
- Ein Riss des Zwerchfells führt dazu, dass die Lungen sich nicht mehr normal ausdehnen können.

Achtung

Paraquat

Der Unkrautvernichter Paraquat ist für Hunde schmackhaft. Sie können sich durch direktes Verschlucken oder langfristige Einwirkung des Mittels vergiften. Es verursacht schwere Lungenschäden, Geschwürbildung im Maul und Erbrechen. Die Überlebenschance ist schlecht.

Diagnose Röntgen, Ultraschall und Blutuntersuchungen

Behandlung Bei kollabierten Lungen evtl. Behandlung, damit wieder Luft hinein gelangt, bei Verletzungen ggf. Schmerzmittel. Evtl. Sauerstofftherapie, um den Sauerstoffgehalt im Blut hoch genug zu halten. Drainage von Flüssigkeit oder Luft aus dem Brustraum, damit die Lungen sich wieder ausdehnen können. Medikamente zur Erleichterung der Atmung und Behandlung der meist nachfolgenden Infektion. Sobald die Situation sich stabilisiert hat, ggf. operative Behandlung der Verletzung.

Lungentumore

Verschiedene Krebsarten haben die Tendenz, sich über das Blut auszubreiten (zu metastasieren). Oft streuen sie als Erstes in die Lungen. Gesäugetumore bei unkastrierten Hündinnen streuen sehr häufig auf diesem Weg. Außerdem kommen in der Lunge aber auch Primärtumore vor.

Symptome

- Husten und Kurzatmigkeit
- Bei Abhören mit dem Stethoskop evtl. stille oder dumpfe Bereiche in der Brust

Diagnose

Röntgen, evtl. zusätzlich Endoskopie und Ultraschall

Weil Krebs so häufig in die Lunge streut, wird bei Krebspatienten immer zur Kontrolle die Lunge geröntgt.

Behandlung Die chirurgische Entfernung von Lungentumoren ist meist keine Option, manchmal werden Strahlen- und Chemotherapie angewendet. In den meisten Fällen lassen sich Hunde mit Lungentumoren aber nur noch palliativ (leidenslindernd) anstatt kurativ (heilend) behandeln.

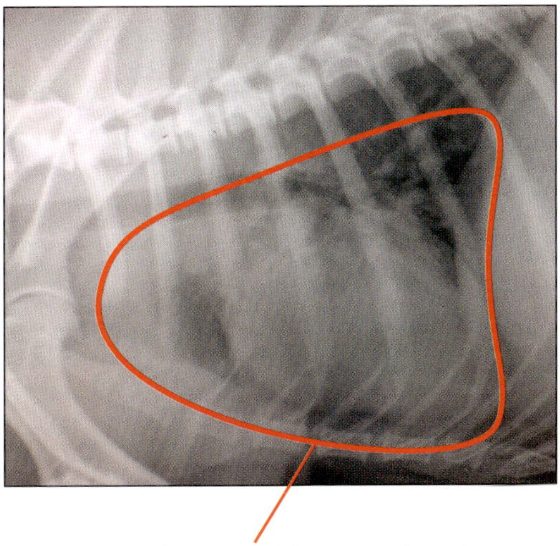

Großflächige verdichtete Bereiche auf dem Röntgenbild können auf eine Lungenerkrankung oder Tumore hindeuten.

Augenprobleme

Die Augen sind besonders anfällig für Krankheiten und Verletzungen und Augenprobleme sind häufig. Die Augenlider schützen die Augen, weshalb Verletzungen und Erkrankungen hieran zu Folgeproblemen am Auge führen und sofort behandelt werden müssen.

Ein Film aus Tränenflüssigkeit hält die Augen sauber und feucht, weshalb auch jede Störung im Tränensystem problematisch sein kann. Schäden oder Erkrankungen der Bindehaut (Konjunktiva) können die Sicht behindern und zu Schmerzen und Entzündungen führen. Die Symptome sind bei Augenerkrankungen in der Regel leicht zu erkennen.

Symptome

- Schwellungen im oder am Auge und Verfärbung der Augen
- Wunden oder Verletzungen an Auge oder Augenlid, Augenausfluss
- Transparenzverlust, Verlust von Feuchtigkeit und Klarheit als Folge verminderter Tränenproduktion
- Verfärbungen des Auges infolge Entzündung oder Schädigung
- Die Entzündung kann zur Ablagerung von Pigmenten unter der Augenoberfläche führen, was zu einem körnigen, bräunlichen Aussehen führt.
- Als Folge von Verletzungen können sich weißliche oder unklare Narben bilden.
- Erkrankungen der Augen sind oft schmerzhaft, weshalb die Hunde versuchen, sich die Augen zu reiben und zu kratzen, was wiederum zu Hautschäden, Haarverlust und Entzündungen im Augenbereich führen kann.

Diagnose

- Zuerst werden die Augenlider und äußeren Augenstrukturen untersucht, dann schaut der Tierarzt mit einem Ophthalmoskop die inneren Augenstrukturen an. So kann er die Klarheit von vorderer Augenkammer und Linse überprüfen sowie hintere Augenkammer und Netzhautoberfläche prüfen.
- Mit Schirmer-Teststreifen kann der Tierarzt die Tränenproduktion messen. Anschließend kann der Farbstoff Fluoreszin ins Auge gegeben werden, der von geschädigten Hornhautzellen aufgenommen wird. Diese erscheinen dann leuchtend grün, sodass man Größe und Tiefe der Verletzung beurteilen kann. Fluoreszin löst sich auch im Tränenfilm, der über die Nase (und nicht über das Gesicht) aus dem Auge fließen sollte. So kann der Tierarzt beurteilen, ob dieses System richtig funktioniert.

Verletzungen im Augenbereich führen zu Veränderung der Blutversorgung, was eine Trübung des Auges zur Folge hat. Diese kann vorübergehend oder bleibend sein und das Sehvermögen beeinträchtigen.

So funktioniert das Auge

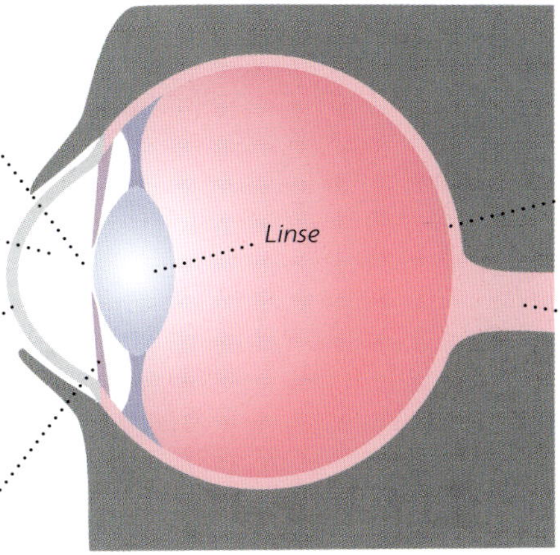

- Mit Tropfen können die Augen lokal betäubt werden, sodass eine gründlichere Untersuchung von Auge und Augenmembranen möglich ist. Das ist besonders dann hilfreich, wenn der Tierarzt einen Fremdkörper wie z.B. einen Grassamen hinter dem dritten Augenlid oder in einer Falte der Bindehautmembran vermutet.
- Letztendlich kann noch der Druck der Flüssigkeit im Auge gemessen werden, um damit Glaukome (erhöhter Druck) identifizieren zu können. Ultraschall oder Untersuchung unter Vollnarkose können ebenfalls hilfreich sein.

Behandlung

- Topische (direkt auf die betroffene Stelle applizierte) Medikamente zur Behandlung von Infektion, Schmerzen und Entzündungen und ggf. zur „Schmierung“, wenn nicht genug Tränenflüssigkeit produziert wird.
- Ggf. zusätzlich systemische (oral verabreichte oder injizierte) Medikamente
- Ggf. chirurgische Behandlung von Verletzungen oder zur Entfernung von Zubildungen. Augen sind fragile Organe, die nur langsam heilen. Eine schnelle und effektive Behandlung ist besonders dann wichtig, wenn Verletzungen des Auges vermutet werden. Bleiben Augenprobleme unbehandelt, können sie behandlungsresistent werden, sodass letzten Endes vielleicht nur noch die chirurgische Entfernung eines blinden, schmerzenden und nicht mehr heilbaren Auges übrig bleibt. Diese Aussicht ist für den Besitzer meist sehr erschreckend, aber Hunde kommen gut mit nur einem Auge oder allmählichem Sichtverlust zurecht, wenn es sich nicht vermeiden lässt.

Augenlid und Augenoberfläche

Die Augenlider sollten sich über dem Auge schließen, sodass sie beim Lidschlag die Augenoberfläche reinigen und Tränenflüssigkeit darüber verteilen. Anomalien der Augenlider können dies stören.

Fehlbildungen der Augenlider

Hunde mit Fehlbildungen der Augenlider, wie sie bei manchen Rassen häufig sind, können evtl. nicht richtig zwinkern oder ihre Augen nicht ausreichend befeuchten, sodass sie besonders anfällig für Augenprobleme sind. Rassen mit hervortretenden Augen wie z.B. Möpse und Pekingesen sind besonders betroffen. Manche Rassen haben auch auswärts (Ektropion) oder einwärts gedrehte (Entropion) Augenlider, die nicht normal funktionieren. Manche Spaniel und Bernhardiner leiden unter dem Ektropion. Das Entropion ist besonders häufig bei Bulldogs und Shar Peis, aber auch anderen Rassen, während z.B. Bassets oft unter hängenden Augenlidern leiden.

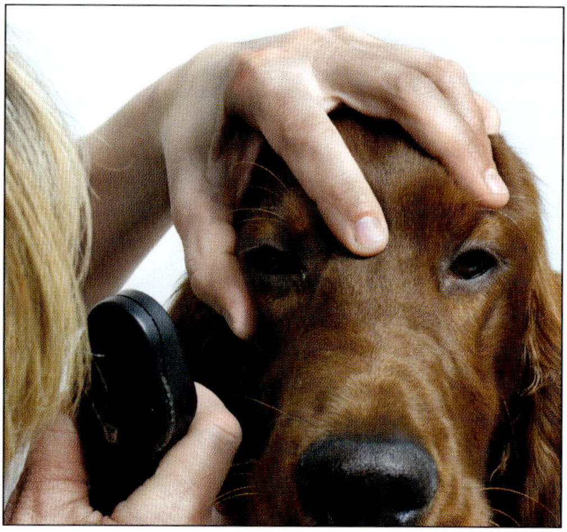

Mit einem Ophthalmoskop können das Auge und der Augenbereich ganz genau untersucht werden.

Warzen

Ältere Hunde sämtlicher Rassen leiden öfter unter Warzen am Auge.

Symptome

- Warzen bilden sich manchmal an den Augenlidern, meist erst als kleiner Punkt am Lidrand. Sie können so groß werden, dass sie an der Augenoberfläche zu reiben beginnen und diese schädigen.
- Sekundäre Schwellungen des Auges und Ausfluss können auftreten.

Behandlung Die Warze muss evtl. zusammen mit einem keilförmigen Teil des Lids herausgeschnitten werden.

Verletzungen der Augenlider

Kratzer und Schnitte können zu Schwellungen der Augenlider und Verlust der normalen Glätte des Lidrands führen. Bei fehlender Behandlung kann ein unregelmäßiger Lidrand entstehen, der für weitere Augenerkrankungen anfällig macht. Auch Bienen- und Wespenstiche können das Augenlid anschwellen lassen, genau wie Allergien, die außerdem zu einer Konjunktivitis führen können.

Richtige Anwendung von ***Augentropfen***

1. *Halten Sie den Hund sanft, aber bestimmt fest.*
2. *Halten Sie mit einer Hand den Kopf ruhig und schieben Sie die Augenlider mit Daumen und Zeigefinger auseinander.*
3. *Drücken Sie mit der anderen Hand ein oder zwei Tropfen des Medikaments so aus Fläschen oder Tube aus, dass sie auf die Augenoberfläche oder hinter das untere Lid fallen. Achten Sie darauf, dass die Tubenspitze das Auge nicht berührt.*
4. *Lassen Sie den Hund ein paar Mal blinzeln, damit sich die Tropfen verteilen.*

Fremdkörper im Auge

Im Sommer sind Grasspelzen ein häufiges Problem, die sich im Augenwinkel oder unter dem dritten Augenlid verfangen können und evtl. schwierig zu sehen sind. Auch Katzenkrallen, Dornen, Schmutzkörner oder Holzsplitter können Probleme verursachen.

Symptome

- Schwellung und Schmerzen
- Augenausfluss

Diagnose Jeder Hund mit geschwollenem, schmerzhaftem Auge muss gründlich untersucht werden, um einen eingedrungenen Fremdkörper auszuschließen. Das kann nach lokaler Betäubung des Auges mit Tropfen möglich sein, aber bei vielen Hunden ist eine Vollnarkose nötig.

Bindehautentzündung

Eine Entzündung der Bindehaut bezeichnet man als Konjunktivitis.

Symptome

- Schwellung und Rötung der Membranen auf der Innenseite der Augenlider und rund ums Auge
- Schleimiger oder eitriger Augenausfluss
- Es kann sich eine Entzündung der Hornhaut (Kornea) anschließen, die das Auge trübt.

Behandlung Es kann eine bakterielle oder virale Infektion vorliegen, evtl. sind antibakterielle Augentropfen nötig.

Ein durch mangelnde Tränenproduktion trockenes Auge führt zur Entzündung der Augenoberfläche, hier zu einer Trübung der Hornhaut.

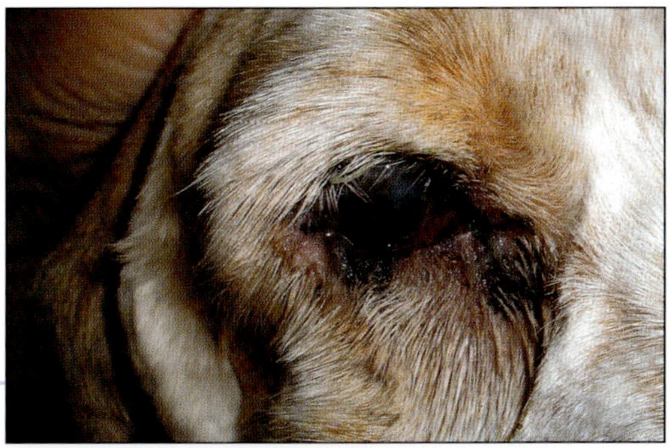

Trockenes Auge (Keratokonjunktivitis sicca)

Die Tränendrüsen in den Augenlidern produzieren Tränen, die laufend über das Auge verteilt werden und es so sauber und feucht halten. Eine gestörte Tränenproduktion aufgrund geschädigter Tränendrüsen führt deshalb zu einem „trockenen Auge".

Symptome

- Das Auge verliert seinen Glanz und wird anfällig für Entzündung und Rötung.
- Oft Bildung eines klebrigen Ausflusses
- Mit der Zeit evtl. Verfärbung und Schädigung der Augenoberfläche, Verlust der Transparenz und Einschränkung der Sehkraft

Diagnose Mit Hilfe spezieller Teststreifen

Behandlung Befeuchtende, entzündungshemmende oder immunmodulierende Augentropfen. In manchen Fällen hilft eine Operation, um einen Teil der Speichelproduktion zum Auge umzuleiten.

Ständiges Tränen

Manche Rassen, besonders solche mit flachen Gesichtern wie Lhasa Apsos oder Shih Tzus, leiden unter einer Verengung oder Blockade des Tränennasenkanals, der normalerweise überschüssige Tränen aus dem Auge in die Nase abführt. Das Problem kann aber auch die Folge einer Verletzung im Gesichtsbereich oder einer schweren Konjunktivitis sein.

Symptome

- „Überlaufen" der Tränen aus den Augenwinkeln, braune Verfärbung des Fells an dieser Stelle

Diagnose Bei Eintröpfeln von Fluoreszin ins Auge läuft dieses nicht durch die Nase heraus, wie es sollte, wodurch die Diagnose bestätigt wird.

Behandlung Chirurgische Erweiterung des Tränennasenkanals oder evtl. Spülung des Kanals, bis alle Blockaden entfernt sind.

Ständiger Tränenfluss kann zu braunen Fellverfärbungen unter dem Auge führen wie hier bei diesem Lhasa Apso.

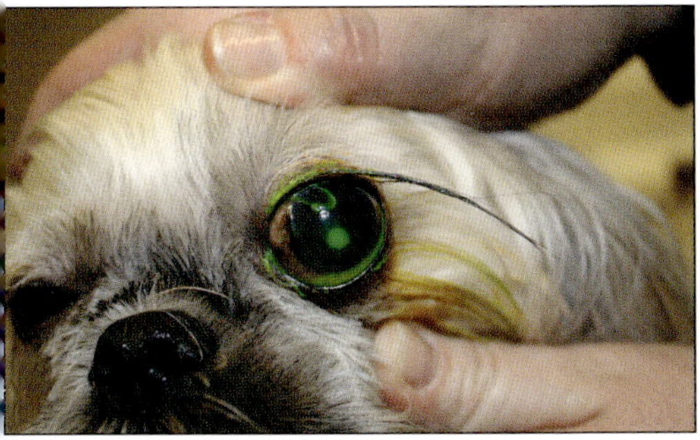

Fluoreszierende Farbe macht den geschädigten Bereich, hier ein Geschwür auf der Hornhaut, im Auge dieses Hundes sichtbar.

Augenschäden

Schäden an der Augenoberfläche können durch einen Fremdkörper, aber auch nach einer Verletzung z.B. durch Katzenkrallen auftreten.

Symptome

- Geschwollenes, schmerzhaftes Auge, das evtl. verfärbt oder getrübt ist
- Verletzungen am Weiß des Auges (Sklera) führen zu Rötungen in diesem Bereich.
- Verletzungen der Hornhaut (Kornea) sind evtl. schwierig zu erkennen.

Diagnose Fluoreszierende Augentropfen lassen geschädigte Bereiche hervortreten.

Behandlung Oft werden nur Medikamente benötigt, um das Auge feucht zu halten, damit es heilen kann. Manchmal entstehen aber auch Infektionen, die mit antibiotischen Augentropfen behandelt werden müssen oder ein operativer Eingriff macht die Heilung möglich. Klare Kontaktlinsen können das Auge unterstützen und schützen.

Die Heilung der vorderen Augenoberfläche kann lange dauern, weil sie nicht direkt durchblutet wird und auf Nährstoffzufuhr durch die Flüssigkeit in der vorderen Augenkammer angewiesen ist. Damit Wunden oder Geschwüre heilen können, muss zuerst eine Blutversorgung über die Augenoberfläche bis hin zur Verletzung wachsen. Wenn die Verletzung ausgeheilt ist, bilden sich die Blutgefäße wieder zurück und lassen eine klare oder fast klare Hornhaut zurück. Oberflächliche Verletzungen können innerhalb weniger Tage heilen, während tiefe länger brauchen, besonders, wenn auch eine Infektion beteiligt ist. Es kann eine leicht trübe Narbe zurückbleiben, welche die Sehkraft beeinträchtigt. Bei langsam heilenden Verletzungen kann eine chirurgische Reparatur oder auch eine gezielte chirurgische Reizung des umgebenden Gewebes helfen, den Heilungsprozess anzustoßen. Hierzu ist eine Vollnarkose nötig.

Schmerzende Augen lassen den Hund blinzeln und machen ihn schmerzempfindlich. Bei diesem Bichon Frisé hatte ein ungeeignetes Shampoo eine Entzündung verursacht.

Erkrankungen innerhalb der Augen

Verletzungen können zu Einblutungen in den Augapfel führen.

Symptome

- Rötliches Aussehen des Augeninneren kann die normale Färbung der Iris verdecken.
- Auch im hinteren Augenbereich können Blutungen auftreten.
- Infektionen des Auges können zur Eiterentwicklung innerhalb des Auges führen.
- Infektionen hinter dem Auge können zur Bildung eines Abszesses führen, der das Auge nach außen drückt, sodass es hervorquillt.

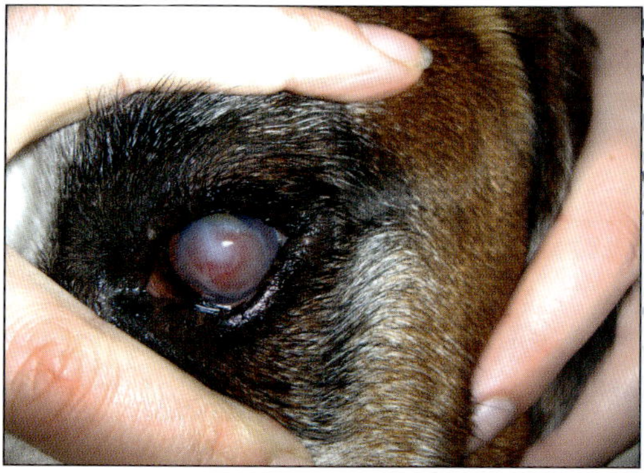

Das anormale Aussehen dieses Auges deutet auf einen Tumor hin. Ein sofortiger Fall für den Tierarzt.

Diagnose Untersuchung per Ophthalmoskop oder anderer Spezialausrüstung zur Messung des Augendrucks und zur detaillierteren Abbildung von Strukturen. Ultraschall zur genauen Untersuchung der inneren Strukturen.

Behandlung Viele Augenerkrankungen sprechen gut auf topische Tropfen, Cremes oder Salben an, andere benötigen systemische Medikation (durch den Körper) in Form von Antibiotika oder Entzündungshemmern.

! Blindheit

Hunde, die ihr Sehvermögen langsam verlieren, kommen gut damit zurecht, auch wenn sie ganz erblinden. Solange sie in bekannter Umgebung spazieren gehen und in der Nähe von Straßen oder Gefahrenbereichen an der Leine gehalten werden, können sie ihr Leben weiterhin genießen. Oft laufen und spielen sie zusammen mit Artgenossen, die sehen können.

Glaukome

Ein erhöhter Augeninnendruck wird als Glaukom bezeichnet. Schwellungen aufgrund von Glaukom oder Verletzung innerhalb des Auges können extrem schmerzhaft sein.

Symptome

- Das Auge schwillt an und quillt hervor.
- Der Hund kratzt sich am Auge oder versucht, es am Boden zu reiben.

Tumore

Tumore im Inneren des Auges können ebenfalls zu Veränderungen im Aussehen und geschwollenem Auge führen.

Was ist
Enukleation

Mit Medikamenten und Schmerzmitteln lassen sich zwar viele Augeninfektionen und -verletzungen in den Griff bekommen, aber manchmal ist es die beste Lösung, das betroffene Auge zu entfernen (Enukleation). Den Besitzern macht oft der ästhetische Aspekt Sorgen, während der Hund gut mit einem Auge zurechtkommt.

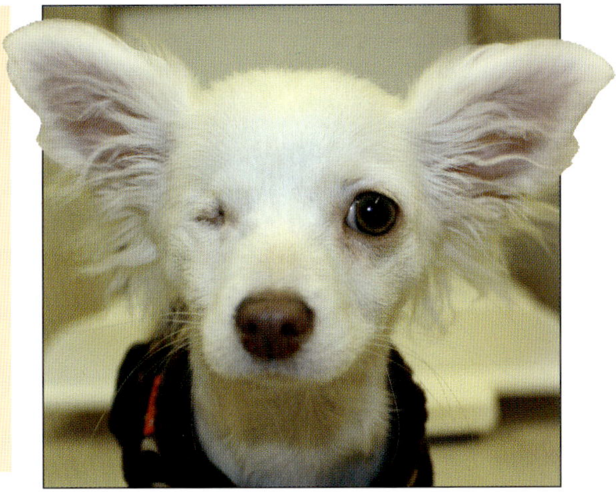

Manchmal ist eine Enukleation (Entfernung des Auges) unvermeidlich. Dieser Welpe kommt bestens damit zurecht.

Katarakte (Star)

Katarakte kommen manchmal auch bei jungen Hunden vor, sind aber häufiger bei älteren Tieren.

Symptome

- Trübung der Linse
- Verschlechterte Sicht

Diese Symptome können durch einen Tumor oder Abszess im Auge verursacht sein.

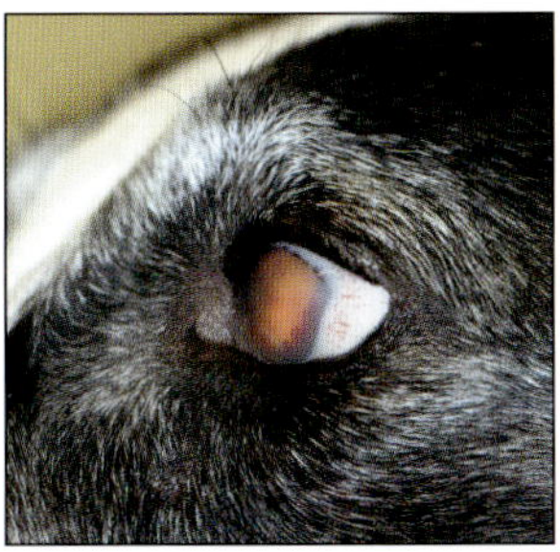

Behandlung Erbliche Katarakte bei jungen Hunden können operiert werden, wodurch das Sehvermögen verbessert wird. Bei alten Hunden haben Katarakte aber meist mit weiteren altersbedingten Veränderungen im Auge zu tun, sodass eine operative Behandlung selten sinnvoll ist. Bei Hunden mit Diabetes mellitus entwickelt sich häufig auch Grauer Star.

Progressive Retinaatrophie

Diese Erkrankung tritt bei manchen Hunden erblich auf und führt zu allmählichem Verlust der Sehkraft.

Diagnose Hunde verdächtiger Rassen sollten vor dem Zuchteinsatz einem Gentest und einer Augenuntersuchung unterzogen werden.

Neurologische Erkrankungen

Neurologische Symptome können die Folge von Erkrankungen in Gehirn, Rückenmark oder peripheren Nerven sein. Auch andere Krankheiten können neurologische Symptome verursachen, so zum Beispiel Hormonstörungen: Vor allem Diabetes geht häufig mit neurologischen Störungen einher und kann Symptome wie Bewusstlosigkeit oder verringerte Nervenempfindlichkeit verursachen. Störungen von Leber und Niere können zu erhöhtem Toxinspiegel im Blut führen, was ebenfalls zu neurologischen Störungen wie Schwäche, Taumeln oder sogar Krampfanfällen führen kann.

Symptome

- Verlust von Sehkraft, Gehör und Appetit bis hin zu Bewusstlosigkeit, Kollaps, wackligen Beinen, Taumeln, Lahmheit und Schmerzen
- Angst, Aggressionen und andere Verhaltensänderungen
- Manche Symptome wie z.B. leichte oder wiederkehrende Lahmheit können schwierig von denen anderer Erkrankungen zu unterscheiden sein. Andere sind sehr offensichtlich, wie z.B. Bewusstlosigkeit und Krampfanfälle.

Diagnose

Gründliche neurologische Untersuchung zur Überprüfung folgender Punkte:

Kann der Hund Bewegungen sehen und mit den Augen verfolgen? Kann er riechen sowie Futter normal aufnehmen, kauen und schlucken?
Tests zur Überprüfung der Nervenfunktion. Hat der

Das Nervensystem

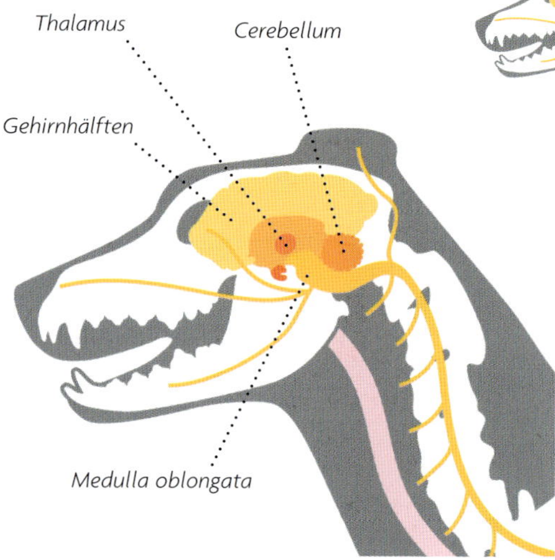

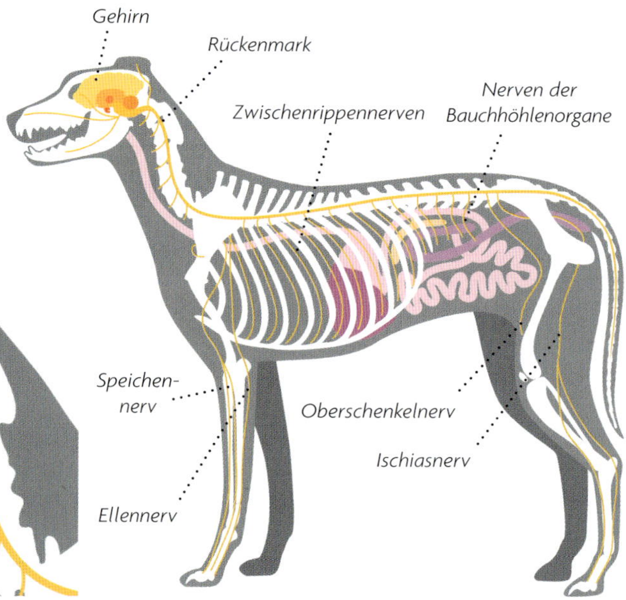

Hund bei Hautberührung Gefühl im Gesicht, an Rumpf und Gliedmaßen? Kann er seine Haut als Reaktion auf einen Reiz normal bewegen?
Sind Wirbelsäule und Gliedmaßen beweglich? Hat er Schmerzen? Reflexe zeigen, dass das Nervensystem funktioniert.

Die inneren Organe benötigen zu ihrer Funktion eine normale Nervenversorgung. Funktioniert die Nervenversorgung zu Blase und Darm normal? Anderenfalls kann Inkontinenz die Folge sein.

Behandlung

Je nach Ursache des Problems:

- Antibiotika gegen Infektionen
- Nicht-steroidale oder steroidale Entzündungshemmer
- Neuroaktive Medikamente können die Neurotransmission (Nervenübertragung) unterstützen oder verändern.
- Antioxidantien zur Entgiftung und damit ggf. Verbesserung der Gehirnfunktion
- In manchen Fällen operative Behandlung. Leider können geschädigte Nerven aber in der Regel nicht repariert werden, obwohl zu diesem Thema ständig weiter geforscht wird.

Was macht das ***Nervensystem***

Das Nervensystem besteht aus Gehirn, Rückenmark und peripheren Nerven. Zusammen steuern sie das Denken, Verhalten, bewusste und unbewusste Bewegungen. Berührungssinn, Geschmack, Gehör, Sicht, Geruch und Schmerzen werden von Rezeptoren in der Haut oder im Gewebe gefühlt und entsprechende Nachrichten werden an Gehirn und Rückenmark geschickt. Schmerzen können zu unbewussten Reflexbewegungen führen (z.B. Weichen vor Hitze), die direkt vom Rückenmark gesteuert werden und keine Beteiligung des Gehirns erfordern.

Der größte Teil der Information wird aber über das Rückenmark ans Gehirn geleitet und dort weiterverarbeitet. Dann werden wieder Impulse zurück über das Rückenmark geschickt, um Muskelkontraktionen und bewusste Bewegungen wie z.B. Hinlegen zu verursachen.

Teile des Gehirns steuern aber auch unbewusste Bewegungen wie z.B. das Atmen. Andere Nervenbahnen im Rückenmark übertragen Informationen zu Koordination und Gleichgewicht.

Störungen des zentralen Nervensystems (ZNS)

Störungen des zentralen Nervensystems verursachen Verhaltensveränderungen sowie Verlust von Gleichgewicht und Koordination.

„Schlaganfall" / Vestibulärsyndrom

Schlaganfallähnliche Symptome kommen meist nach einer plötzlichen Unterbrechung der Blutversorgung eines Teils des Gehirns zustande (z.B. durch Blockade eines Blutgefäßes durch einen Fettpartikel, Tumor, Blutgerinnsel oder bestimmte Parasiten). Ein Blutgefäß kann aber auch aufgrund einer Erkrankung des Herz-Kreislaufsystems, der Nieren oder dem Wachstum eines Gehirntumors undicht werden oder reißen. Auch Hypertension (Bluthochdruck) kann ähnliche Probleme verursachen.

Symptome

- Plötzlicher Gleichgewichtsverlust, Qual, manchmal Erbrechen. Vorübergehende Bewusstlosigkeit ist möglich.
- Oft Nystagmus (unkontrolliertes, rhythmisches Augenzittern) und Kopfschiefhaltung. Wenn der Hund stehen kann, lehnt er oft nach einer Seite oder läuft im Kreis.
- Der Hund kann evtl. schlecht fressen und trinken, weil die Funktion von Lefzen und Zunge ebenfalls beeinträchtigt ist.

Diagnose In vielen Fällen wird keine genaue Diagnose gestellt. Mit MRT oder CT kann man die Läsion sichtbar machen, die das Problem verursacht hat und es behandeln.

Behandlung Oft kann man nur wenig tun, außer den Schaden am betroffenen Gehirnbereich durch Medikamente und Antioxidantien zu begrenzen und die Gehirnfunktion zu unterstützen. Viele Hunde erholen sich nach einigen Tagen teilweise oder ganz, kommen wieder auf die Füße, beginnen zu fressen und sind wieder munter. Weitere „Schlaganfälle" können aber in Zukunft vorkommen und dann evtl. schwerer ausfallen.

Border Collies sind öfter von Epilepsie betroffen als Hunde anderer Rassen.

Was ist ein ***epileptischer Anfall?***

- *Teilweise oder vollständige Bewusstlosigkeit*
- *Hund kann nicht mehr stehen*
- *Hund liegt auf der Seite und zuckt mit den Beinen*
- *Speicheln*
- *Evtl. unkontrollierter Harn- und Kotabgang*

Bei der milderen Verlaufsform kann der Hund noch stehen und erlebt nur Muskelzuckungen.

Epileptische Anfälle

Sie können bei sehr schwer kranken Hunden als Folge verschiedener Erkrankungen auftreten, kommen aber auch ohne ersichtlichen Grund bei ansonsten gesund wirkenden Hunden vor. Letzteres bezeichnet man als idiopathische Epilepsie. Sie kommt sowohl bei jungen als auch alten Hunden vor und ist in manchen Rassen wie z.B. dem Border Collie besonders verbreitet. Manche Hunde erleiden nur einen Anfall und dann nie wieder einen, viele haben aber ihr Leben lang wiederholt damit zu kämpfen. Mit der Zeit können die Anfälle häufiger auftreten und schwerer werden. Leichte, kurze Anfälle müssen evtl. gar nicht behandelt werden (s.S. 186).

Symptome (bei schweren Anfällen)

- Vollständige Bewusstlosigkeit, Zusammenbrechen
- Zucken der Gliedmaßen
- Speicheln, oft Kontrollverlust von Blase und Schließmuskel

Behandlung Medikamente zur Reduktion falscher elektrischer Aktivität im Gehirn. Antiepileptika können Nebenwirkungen haben und die benötigte Dosis ist von Hund zu Hund sehr unterschiedlich. Normalerweise wird regelmäßig Blut untersucht, um die richtige Medikamentenmenge zu kontrollieren.

Hunde, die Anfälle infolge anderer Grunderkrankungen bekommen, leiden evtl. unter zu hohem oder niedrigem Blutzucker, Erkrankungen von Leber oder Nieren oder Störungen des Gehirns wie entzündliche Gehirnerkrankungen oder Gehirntumor.

Eine Schräghaltung des Kopfs und Speichelfluss deuten auf eine Schädigung in einer Gehirnhälfte hin, zum Beispiel nach einem „Schlaganfall" bzw. Vestibulärsyndrom.

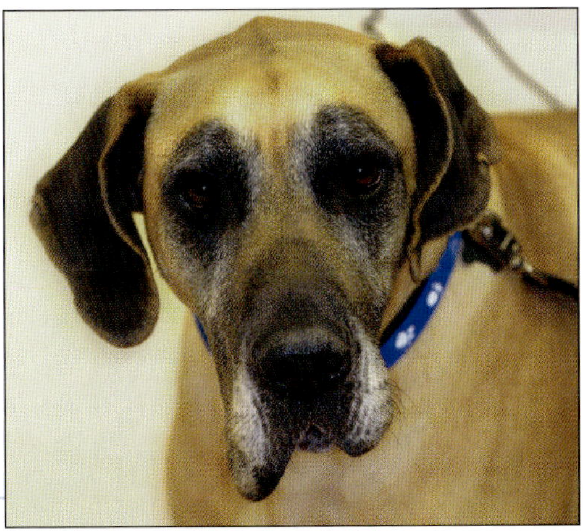

Gleichgewichts- und Koordinationsstörungen

Schlaganfallähnliche Symptome können auch nach Infektionen des Innenohrs, Vestibulärsyndrom, Meningitis und entzündlichen Gehirnerkrankungen auftreten. Auch Gehirntumore können sich so äußern.

Symptome

- Gleichgewichtsverlust
- Plötzliche Schiefhaltung des Kopfs und taumelnder, unsicherer Gang

Diagnose Schwierig, wenn keine Möglichkeit zur MRT vorhanden ist.

Behandlung Evtl. mit Antibiotika und Entzündungshemmern. Viele Hunde erholen sich teilweise oder ganz.

Verlust von Gleichgewicht und Koordination kann auch ohne Kopfschiefhaltung auftreten und mit einer Erkrankung im hinteren Hirnbereich oder im Rückenmark zu tun haben.

Symptome

- Der Hund hat Schwierigkeiten, seine Beine richtig zu setzen und stolpert evtl.
- Der Hund taumelt evtl. und macht einen schwachen und wackligen Eindruck

Diagnose MRT oder andere bildgebende Verfahren

Behandlung Je nach Ursache der Erkrankung evtl. Antibiotika und Entzündungshemmer.

Syringomyelie

Diese Erkrankung entsteht aufgrund eines Fehlverhältnisses in der Größe von Gehirn und Schädel, wie es bei manchen brachyzephalen (kurzschädeligen) Rassen oder Toy-Rassen, vor allem dem Cavalier King Charles Spaniel, vorkommt. Der hintere Gehirnbereich dehnt sich aus und ist erhöhtem Druck im Bereich des Übergangs vom Schädel zur Wirbelsäule ausgesetzt.

Symptome

- Schmerzen im Halsbereich, wiederholtes Kratzen an Hals oder Ohren
- Schwäche der Hintergliedmaßen, mangelnde Koordination derselben

Diagnose MRT

Behandlung Kann leider unwirksam sein.

Ein schief gehaltener Kopf kann auf ein Problem der Gleichgewichtsorgane hindeuten, die Sensoren im Innenohr mit dem Gleichgewichtskontrollzentrum im Gehirn verbinden.

Hunde, die nicht aufstehen können, brauchen besonders intensive Pflege und müssen es so bequem wie möglich haben.

Hydrocephalus („Wasserkopf")

Dies verursacht manchmal neurologische Störungen bei Welpen brachyzephaler Rassen, die unter der Ansammlung von Flüssigkeit im Gehirn leiden.

Symptome

- Schwache Gliedmaßen
- Blindheit
- Krampfanfälle
- Charakteristisch gewölbter Schädel, der sich oberhalb der Augen aufwölbt. Die Symptome können sich mit dem Größerwerden der Welpen und dem Schließen der Fontanelle (Schädelöffnung bei Geburt, die sich mit dem Wachstum schließt) verschlechtern.

Behandlung Möglich ist eine Operation zur Drainage der Flüssigkeit aus dem Gehirn, alternativ Medikamente zur Reduktion der Entzündung und Kontrolle der Anfälle.

Behandlung ***„bettlägeriger" Hunde***

Hunde, die wegen einer Erkrankung nicht stehen können, sollten in Brustlage auf einer weichen Unterlage liegen. Ist nur eine Seitenlage möglich, sollten sie alle zwei bis drei Stunden auf die jeweils andere Körperseite gedreht werden. Eventuell müssen Sie Ihren Hund zum Lösen nach draußen tragen und ihn anschließend säubern. Füttern Sie ihm schmackhafte Stückchen aus der Hand oder pürieren Sie das Futter und verabreichen es mit einer Spritze ins Maul. Dosenfisch oder andere stark riechende Nahrungsmittel wirken auf den Hund verlockender, ebenso das Erwärmen des Futters. Sehr stark betroffene Hunde müssen eventuell in der Tierklinik an intravenösem Tropf und ggf. Katheter bleiben, bis sich ihre Situation verbessert.

Erkrankungen der Wirbelsäule

Erkrankungen der Wirbelsäule können Gliedmaßenschwäche, Koordinationsstörungen und Schmerzen verursachen, während Gehirnfunktion und Verhalten normal bleiben.

Wobbler-Syndrom

Die zervikale Spondylopathie, auch Wobbler-Syndrom genannt, umfasst eine Fehlbildung der Halswirbel, die zur Kompression des Rückenmarks in diesem Bereich führt. Dobermänner, Dalmatiner und Berner Sennenhunde können eine genetische Veranlagung für diese Erkrankung besitzen, die am häufigsten bei schnell wachsenden Individuen auftritt. Sie kann aber auch bei Toy-Rassen wie z.B. dem Chihuahua auftreten.

Symptome

- Schwache, wacklige Hinterbeine und Ganganomalien der Vorderbeine wie z.B. ein übertriebenes Hochziehen
- Schmerzen im Halsbereich können ein weiteres (selteneres) Merkmal sein. Das Anheben des Kopfs kann einen Zusammenbruch verursachen, weil es Druck auf den betroffenen Bereich ausübt.

Diagnose Röntgen, Myelogramm (Röntgenbild der Wirbelsäule nach Injektion eines Farbstoffs ins Rückenmark) sowie evtl. MRT.

Behandlung Entzündungshemmer und Schmerzmittel, evtl. chirurgische Stabilisierung des betroffenen Bereichs.

Bandscheibenvorfall

Häufig bei kleinen Hunden mit langen Rücken wie z.B. Dackeln, vor allem bei älteren Tieren. Ein Teil der Bandscheibe bewegt sich und übt Druck auf das Rückenmark aus. Ursache kann eine plötzliche Verletzung oder eine chronische Bandscheibenerkrankung sein, die zur Verkalkung der Bandscheibe führt. Die in der Bandscheibe abgelagerten Mineralien machen sie dann weniger elastisch.

Achtung

Schokoladenvergiftung

Schon die geringe Dosis von 115 mg Theobromin pro kg Körpergewicht kann für Hunde tödlich sein, obwohl in der Regel die zweifache Menge benötigt wird.

Da dunkle Schokolade etwa 15 mg/g Theobromin enthält, reichen schon rund 8 Gramm Bitterschokolode pro Kilo Körpergewicht, um einen Hund ggf. zu töten. Symptome für eine Schokoladenvergiftung sind u.a. Krampfanfälle, beschleunigte Atmung und Herzschlag. Betroffene Hunde benötigen eine unterstützende Behandlung zur Absorption des Giftstoffs, wenn sie diesen erst kürzlich aufgenommen haben. Manche Hunde erholen sich vollständig, wenn aber die gefressene Schokoladenmenge groß war, können Kreislaufversagen und Tod die Folge sein.

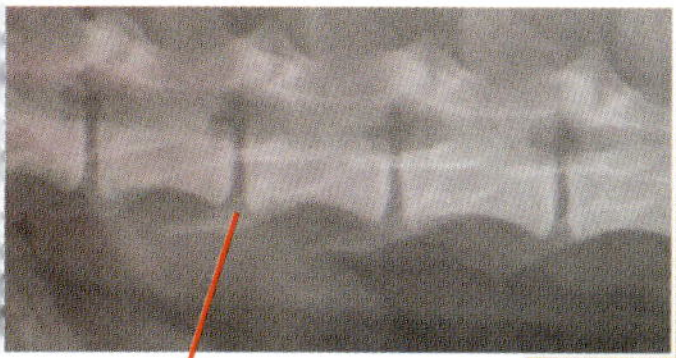

Auf einem Röntgenbild der Wirbelsäule lässt sich anhand der Zwischenräume die Bandscheibendicke beurteilen.

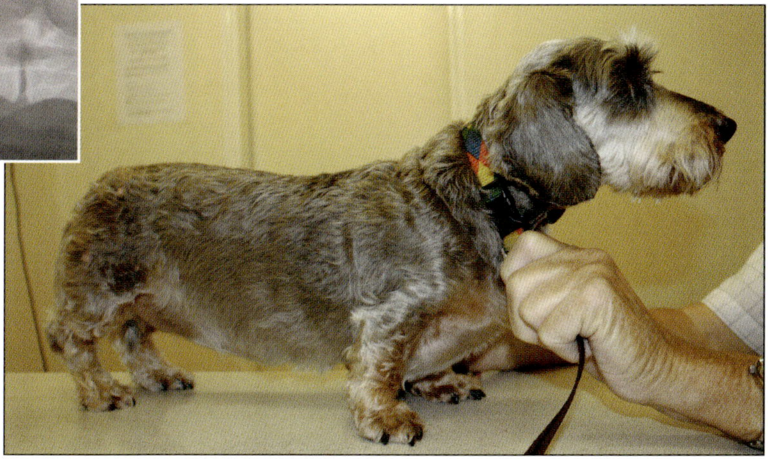

Dackel sind besonders anfällig für Bandscheibenvorfälle.

Symptome

- Rückenschmerzen und Steifheit
- Der Hund kann sich nicht mehr gut bewegen oder springen.
- Vorfallende Bandscheiben können auch Druck auf die aus dem Rückenmark austretenden Nervenwurzeln ausüben und zum Verlust der peripheren Nervenfunktion führen. Dies kann Nervenschmerzen, Schwäche von Gliedmaßen und Rücken und den Verlust von Reflexen im betroffenen Bereich nach sich ziehen.
- In den schlimmsten Fällen verlieren die Hunde die Beweglichkeit und evtl. auch das Gefühl in einigen oder allen Gliedmaßen. Außerdem können sie die Fähigkeit zum normalen Absetzen von Kot und Urin verlieren. Bleibende Nervenschäden sind möglich. Es kann auch eine Discospondylitis auftreten, bei der sich Bandscheibengewebe entzündet und ähnliche Symptome hervorrufen kann.

Diagnose Röntgen und ggf. MRT, um die betreffende Bandscheibe abbilden und andere Erkrankungen mit ähnlichen Symptomen wie z.B. Rückenmarkstumore oder fibrokartilaginären Rückenmarksinfarkt ausschließen zu können. Mit der MRT kann auch das Rückenmark untersucht werden.

Behandlung Entzündungshemmer in Kombination mit strikter Ruhe, damit die betroffene Bandscheibe zur Ruhe kommen, abschwellen und weniger schmerzen kann. Damit verringert sich dann auch der Druck auf das Rückenmark und die Gliedmaßenfunktion verbessert sich. In manchen Fällen ist aber eine Operation zur Entfernung vorgefallenen Bandscheibengewebes nötig.

Viele Hunde kommen gut mit der Erkrankung zurecht, brauchen aber besondere Pflege, um künftige Symptome zu vermeiden. Treppensteigen und Sprünge sollten untersagt sein und die Bewegung muss anfangs streng kontrolliert sein, bevor die Intensität allmählich wieder gesteigert wird.

Achtung
Strychninvergiftung

Manche Nagergifte enthalten das Nervengift Strychnin (andere enthalten Blutgerinnungshemmer). Hunde entwickeln innerhalb von Minuten bis Stunden nach der Aufnahme von Rattengift Symptome wie Angst, Nervosität, Speicheln und Muskelkrämpfe, die bis zu Krampfanfällen reichen.

Eine Untersuchung des Erbrochenen kann die Diagnose bestätigen, aber eine Notfallbehandlung muss sofort mit Einsetzen der ersten Symptome begonnen werden. Medikamente verhindern eine weitere Absorption des Giftes und versuchen die Krampfanfälle zu kontrollieren. Ein intravenöser Tropf unterstützt. Die Hunde werden in einen ruhigen und dunklen Raum gebracht, um Reizstimulation und Atmung zu senken. Der Herzschlag wird dabei überwacht. Das Gift ist 24-48 Stunden lang im Körper, Hunde, die diese Zeitspanne überleben, erholen sich in der Regel gut.

Fibrokartilaginärer Rückenmarksinfarkt

Dies ist die Folge, wenn ein Fragment von einer geschädigten Bandscheibe abbricht und die Blutversorgung eines Teils des Rückenmarks unterbricht. Auch Fett- oder sogar Tumorfragmente können die spinalen Arterien mit dem gleichen Effekt blockieren. Die fehlende Blutversorgung des betreffenden Rückenmarksbereichs führt zum Verlust der Nervenversorgung aus weiter vom Gehirn entfernten Körperteilen.

Symptome

- Je nach betroffenem Bereich des Rückenmarks plötzliche Lähmung an einer, zwei oder vier Gliedmaßen in verschiedener Stärke, typischerweise nicht schmerzhaft.

Diagnose Kann selbst mit MRT schwierig sein, da der Grund der Erkrankung evtl. nicht gefunden werden kann. Röntgen und MRT ermöglichen aber den Ausschluss anderer Erkrankungen wie Bandscheibenvorfall, Rückenmarkstumor oder Frakturen (wobei letztere extrem schmerzhaft sind und deshalb kaum verwechselt werden können). Oft ist eine genaue Diagnose des fibrokartilaginären Rückenmarksinfarkts erst nach dem Tod des Hundes bei Mikroskopuntersuchung möglich.

Behandlung Es gibt keine Behandlungsmethode, um diesen Zustand zu heilen. Unterstützende Pflege und Physiotherapie können lediglich helfen, dass der Hund sich wohl fühlt und eine gewisse Muskelkraft in den gelähmten Gliedmaßen behält. Ein Teil der Patienten (besonders die, die das Gefühl an den Pfoten der betroffenen Beine behalten haben) erholt sich ganz oder teilweise, andere dagegen leider nicht.

Degenerative Myelopathie (DM)

Die DM, als auch chronische degenerative Radiculomyelopathie bezeichnet, ist eine fortschreitende Schädigung der Nerven, die die Hintergliedmaßen versorgen. Manche Deutsche Schäferhunde haben eine erbliche Disposition hierfür, aber auch andere große Rassen können betroffen sein. Ein DNA-Test ist verfügbar.

Symptome

- Allmählicher Verlust der Funktion der Hintergliedmaßen, aber keine Schmerzen.
- Es beginnt oft mit schlechterem Anheben der Hinterläufe und schreitet dann über Nachziehen der Läufe (mit entsprechender Krallenabnutzung) bis hin zu komplettem Funktionsverlust, Zusammenbruch und Unfähigkeit aufzustehen fort.

Deutsche Schäferhunde und Hunde anderer großer Rassen können eine degenerative Myelopathie entwickeln, die zu allmählichem Funktionsverlust der Hinterläufe führt.

Diagnose Schwierig, da es wie bei der ischämischen Myelopathie keine strukturellen Veränderungen gibt, die man abbilden könnte. Die Nervenschädigung findet auf Zellebene statt und kann oft erst bei einer Untersuchung nach dem Tod festgestellt werden. Röntgen und MRT können aber helfen, andere ähnliche Erkrankungen auszuschließen und darüber zu einer Diagnose zu kommen.

Behandlung Eine Heilung ist nicht möglich, die Erkrankung schreitet unvermeidlich fort. Es gibt aber Hinweise darauf, dass Vitamin E-Gaben hilfreich sein können. Hydro- und Physiotherapie sind ratsam, damit der Hund seine Muskelkraft in den Hinterläufen so lange wie möglich behält und mobil bleibt. Manche Besitzer kaufen ihren Hunden „Rollstühle" für die Hinterläufe. Ob diese Maßnahme angemessen ist, entscheidet sich danach, wie gut der Hund damit zurechtkommt.

Cauda Equina Syndrom

Dies ist eine entzündliche Erkrankung der Nerven im hinteren Rückenbereich in der Becken- und Schwanzregion.

Symptome

- Eine Kompression der Nerven in diesem Bereich durch Bandscheibenprobleme, Rückenmarkstumore, Nervenentzündung oder Infektion verursacht Schmerzen und Schwäche im Bereich von Becken, Rute und Hinterläufen.

Diagnose Sehr schwierig, da die Symptome stark variieren. Eine Abbildung des betroffenen Bereichs kann aber helfen, andere Erkrankungen auszuschließen und mit Blutuntersuchungen kann überprüft werden, ob eine infektiöse Ursache vorliegt.

Behandlung In der Regel unwirksam, Hydro- und Physiotherapie helfen dem Hund, so lange wie möglich mobil zu bleiben.

Infektiöse neurologische Erkrankungen

Auch einige Infektionen können gelegentlich neurologische Erkrankungen hervorrufen.

Tetanus (Wundstarrkrampf)

In dieser beim Hund seltenen Erkrankung treten die bakteriellen Erreger *Clostridium tetani* aus dem Boden in tiefe und verschmutzte Wunden ein. Hunde sind zwar relativ resistent gegen Tetanus, aber die entstehenden Toxine können sich im gesamten Körper ausbreiten und dabei Muskelkrämpfe und Lähmungen verursachen. Zu Beginn sind die Symptome in den kleinsten Muskeln des Körpers am besten erkennbar.

Hängende Augenlider und Hervortreten des dritten Lids können auf ein neurologisches Problem hindeuten, das die Gesichtsnerven betrifft.

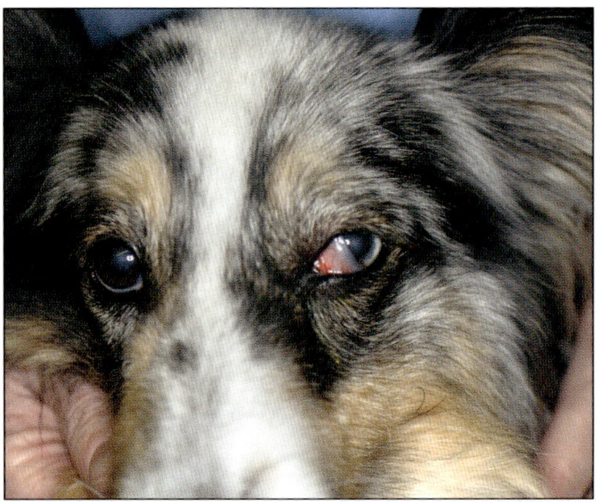

Symptome

- Gesichtslähmung mit steif aufgestellten Ohren, „grinsendem" Maul und vorgefallenem dritten Augenlid, das im Augenwinkel zu sehen ist
- Eine Lähmung der Atemmuskulatur kann folgen und zum Tod führen.

Diagnose Die Diagnose kann schwierig sein, aber die Symptome sind ziemlich eindeutig.

Behandlung Die Behandlung ist nicht immer erfolgreich. Betroffene Hunde brauchen unterstützende Pflege in einem ruhigen und dunklen Raum, um Muskelreize zu reduzieren. Eventuell benötigen sie einen intravenösen Tropf und müssen künstlich über eine Magensonde ernährt werden. Antibiotika und Tetanus-Antitoxine werden gegeben. In manchen Fällen muss auch die Atmung des Hundes mit einer Atemmaske unterstützt werden.

Tollwut

Tollwut ist unter der Wildtierpopulation vieler Länder verbreitet, in Deutschland wurde sie in den letzten Jahren aber stark zurückgedrängt. Sie entsteht durch eine Virusinfektion, die per Biss über den Speichel eines infizierten Tieres übertragen wird. Tollwut ist auf Menschen übertragbar, wenn ein infiziertes Tier einen Menschen beißt, kann dieser ebenfalls erkranken. Hunde können das Virus mehrere Monate lang in sich tragen, bevor Symptome auftreten.

Symptome

- Fieber
- Pupillenerweiterung
- Rötung der Augen
- Verhaltensänderungen
- Die Hunde werden entweder schläfrig, schwach und zeigen Lähmungserscheinungen oder werden sehr aggressiv.
- Starkes Speicheln

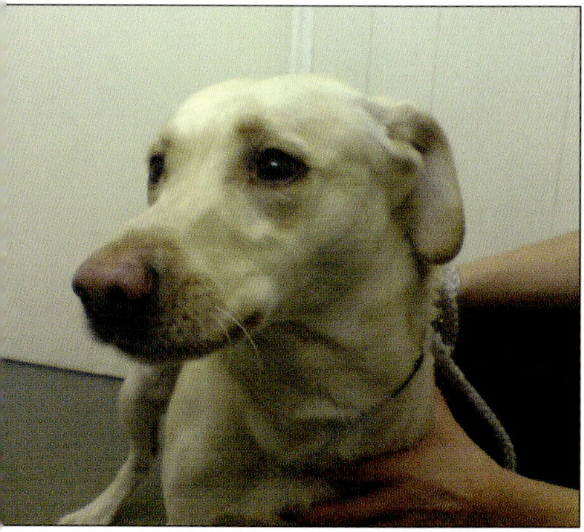

Eine Kontraktion der Gesichtsmuskeln, die zu einem angespannten Ausdruck führt, kann ein erstes Zeichen für Tetanus sein.

Erkrankten Hunden darf sich nicht genähert werden. Einschläfern ist unausweichlich, anschließend werden Tests zur Bestätigung der Erkrankung durchgeführt. Es stehen Schutzimpfungen zur Verfügung, aber sogar geimpfte Hunde können manchmal erkranken.

Staupe

Staupe war früher weit verbreitet, heute aber relativ selten, da viele Hunde dagegen geimpft sind.

Symptome

- Ungeimpfte Hunde bekommen hohes Fieber und unspezifische Krankheitssymptome gefolgt von Atemwegserkrankungen wie Husten und Schnupfen.
- Verdauungsprobleme – Durchfall und Erbrechen
- Neurologische Störungen wie z.B. Anfälle. Evtl. Koordinationsstörungen, Erblindung und Zittern
- Die Pfotenballen können sich verhärten, trächtige Hündinnen verlieren ihre Welpen.

Diagnose Blutuntersuchung im Labor

Behandlung Außer unterstützender Behandlung ist wenig machbar. Ein Teil der Hunde kann die Infektion überleben, aber viele sterben und viele der Überlebenden behalten bleibende Nervenschäden zurück.

Toxoplasmose und Neosporose

Beide Erkrankungen werden von protozoischen Parasiten übertragen und verursachen u.a. Krankheit an Rückenmark und Gehirn. Toxoplasmose ist auch auf Menschen übertragbar.

Symptome

- Schwäche und Lähmung
- Evtl. Hautausschlag, Muskelschmerzen, Herzbeschwerden, Leberstörungen und generelles Krankheitsgefühl

Diagnose Blut- und Flüssigkeitsuntersuchungen

Behandlung Beide Erkrankungen sind in manchen Fällen mit Langzeitmedikation behandelbar.

Probleme an Knochen, Gelenken und Muskeln

Die Symptome von Erkrankungen des Bewegungsapparats sind vielfältig. Lahmheit kann plötzlich und stark sein, sodass der Hund den Lauf gar nicht mehr belastet (meist die Folge einer Fraktur oder eines Bänderrisses), oder sie kann langsam einsetzen und geringgradig sein, wie es bei Steifheiten und verringerter Beweglichkeit aufgrund von Arthrose und degenerativen Gelenkserkrankungen der Fall ist.

Symptome

- Von Lahmheit und Schmerzen bis zum Verlust der normalen Körperarchitektur mit der Unfähigkeit, aufzustehen oder das eigene Gewicht zu tragen.
- Muskelschwund und -schwäche können ebenfalls die Folge sein.
- Betroffene Bereiche bekommen durch Schwellungen oder mangelnder Kongruenz der Knochen innerhalb eines Gelenks eine ungewöhnliche Kontur.
- Der gestörte Bewegungsablauf kann zur Entwicklung von Hauterkrankungen oder Wunden im betroffenen Bereich führen.

Diagnose

- Die Beobachtung des Hundes im Schritt und Trab hilft dem Tierarzt, den Grad der Lahmheit zu bestimmen und welche Gliedmaßen betroffen sind. Subtile Veränderungen in der Bewegung lassen Rückschlüsse darauf zu, ob die Störung weiter oben oder unten an der Gliedmaße zu suchen ist oder ob evtl. neurologische Probleme wie z.B. Schwierigkeiten bei der richtigen Gliedmaßenführung vorliegen.
- Als Nächstes befühlt (palpiert) der Tierarzt den betroffenen Lauf und bewegt ihn, um geschwollene, steife oder schmerzende Gelenke festzustellen oder die Schmerzursache zu lokalisieren.
- Röntgen ist oft hilfreich, weil die Strahlendichte der Knochen und assoziierten Strukturen die Diagnose erleichtert. Frakturen zeigen sich auf Röntgenbildern als Linien durch den Knochen oder eine zerstörte Knochenkontur. Arthrotische Veränderungen können sich als Unregelmäßigkeiten in der Knochenkontur innerhalb der Gelenke zeigen. Manchmal sind in erkranktem Weichgewebe in Knochen- und Gelenknähe mineralisierte (verkalkte) Fragmente zu sehen.

Was macht der ***Bewegungsapparat***

Der Bewegungsapparat oder das muskuloskelettale System besteht aus den Knochen der Gliedmaßen, der Wirbelsäule, den Rippen und dem Kopf sowie aus den Gelenken, Bändern, Sehnen und Muskeln. Seine vorrangige Funktion ist die der Bewegung.

Er bildet aber auch den Rahmen, innerhalb dem Organe und Gewebe funktionieren, weil der Brustkorb die lebenswichtigen Strukturen in der Brust schützt. Erkrankungen des Bewegungsapparats verursachen deshalb nicht nur allein Symptome wie Lahmheit, Schwäche oder Unfähigkeit, eine oder mehrere Gliedmaßen zu belasten, sondern können auch tiefgreifende Auswirkungen auf andere Organsysteme des Körpers haben.

Das muskoloskelettale System

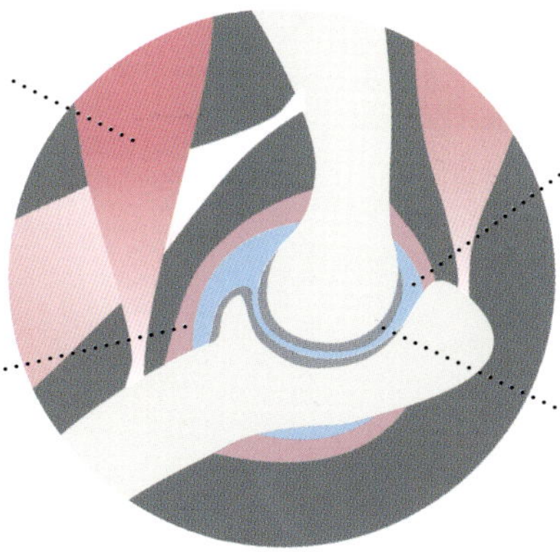

- Bei Erkrankungen, die eher die weichen Bestandteile des Bewegungsapparats wie Muskeln, Sehnen, Bänder oder Synovialmembranen betreffen, werden andere Bildtechniken wie MRT oder Ultraschall gebraucht. Letzterer zeigt sowohl das Weichgewebe als auch die Knochenoberfläche. Auch eine Kernspintomographie kann aufschlussreich sein. Dabei wird ein ungiftiger radioaktiver Farbstoff injiziert und anschließend macht eine Spezialkamera diejenigen Bereiche sichtbar, an denen sich die Farbe konzentriert, weil dort eine höhere Zellteilungsaktivität stattfindet.

Behandlung

- Am häufigsten verwendet man nicht-steroidale Entzündungshemmer zur Linderung von Schmerzen und Entzündung an Gliedmaßen oder Rücken. Es können auch Schmerzmittel anderer Klassen wie z.B. Opiate (morphinartige) oder lokale Betäubungsmittel verwendet werden.
- Bei manchen Tieren kann Akupunktur stark schmerzlindernd wirken.
- Ggf. Antibiotika gegen Infektionen, Steroide und andere immunmodulierende Medikamente zur Behandlung von Autoimmunerkrankungen und Medikamente zur Beeinflussung der Nervenfunktion bei neurologischen Erkrankungen
- Evtl. Operation zur Reparatur von Frakturen oder geschädigten Bändern und Muskeln, zur Stabilisierung erkrankter Strukturen oder zur Entfernung geschädigten Gewebes
- Ruhe, kontrollierte und langsam gesteigerte Bewegung sowie Hydrotherapie können geschädigte Strukturen heilen lassen, auch Physiotherapie kann hilfreich sein. Dabei werden Massage- und Mobilisationstechniken sowie gezielte Bewegungsübungen angewandt, damit die Mobilität erhalten und der Schmerz gelindert wird.

Achtung

Unerwartete Brüche

Manchmal brechen Knochen plötzlich und unerwartet, die bereits durch einen Knochentumor geschwächt sind. Sowohl Tumor als auch Fraktur sind auf dem Röntgenbild erkennbar.

Eine Reparatur des Bruchs ist in der Regel nicht möglich, meist bleibt nur die Amputation der Gliedmaße. Solange der Tumor noch nirgends anders hin gestreut hat, kann der Hund aber durchaus auch mit drei Beinen ein gutes Leben führen.

Akute Verletzungen

Akute Probleme können als Folge von Unfällen und Verletzungen entstehen, so z.B. Knochenbrüche, ausgekugelte Gelenke, geschädigte Sehnen oder Bänder.

Frakturen (Knochenbrüche)

Kommen in der Regel als plötzlich einsetzende Verletzung nach einem Unfall vor.

Symptome

- Wenn sich die Knochenenden beim Bruch nicht gegeneinander verschieben, sind manchmal nur Schmerzen und Lahmheit zu beobachten.
- Bei offensichtlichem Verschieben der Frakturenden ist starke Lahmheit die Folge, die gebrochene Gliedmaße kann kein Gewicht tragen.
- Im schlimmsten Fall handelt es sich um einen sogenannten offenen Bruch mit verletzter Haut, der sich zusätzlich infizieren kann.

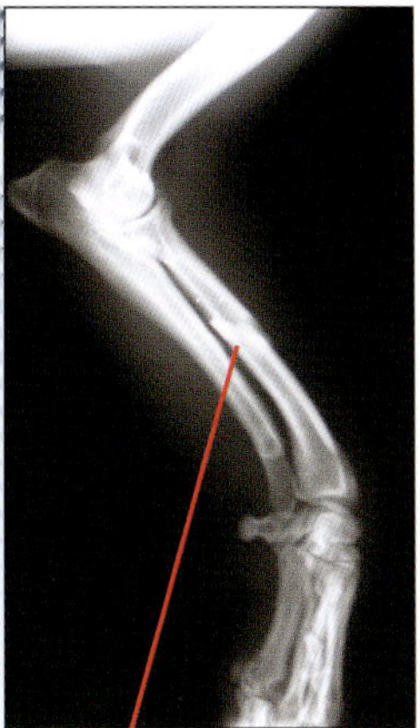

Dieser Hund hat sich beim Ballspielen Speiche und Elle eines Vorderlaufs gebrochen.

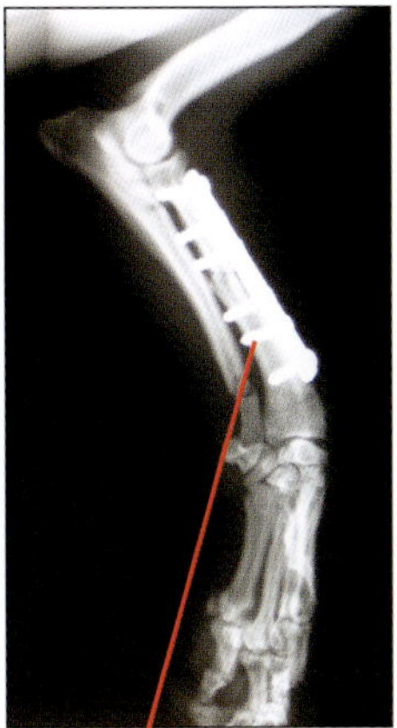

Eine Metallplatte stabilisiert den Bruch und ermöglicht die Heilung.

Frakturen der Gliedmaßen

Oft Folge von Unfällen im Straßenverkehr.

Symptome

- Der Hund kann plötzlich mit einem Bein nicht mehr auftreten.
- Das Bein wird eng an den Körper gehalten oder pendelt lose.
- Knochenenden können durch die Haut nach außen treten und sind in der Hautwunde sichtbar.
- Bei starker Schädigung der Blutgefäße können auch Blutungen ein Problem sein. Dann kann ein Druckverband (s. S. 191) nötig sein, um starken Blutverlust zu verhindern.

Behandlung Am besten bringen Sie den Hund sofort zum Tierarzt, ohne zu versuchen, das Bein zu verbinden oder schienen, da dies oft nur unnötige Schmerzen und Stress verursacht und auch für Sie gefährlich sein kann, da Hunde mit starken Schmerzen aggressiv werden können.

Die erste Maßnahme beim Tierarzt ist das Stoppen der Blutung, anschließend können Art und Schwere der Verletzung beurteilt werden. Ein dicker Stützverband kann die Fraktur ggf. stabilisieren und weitere Schäden am Weichgewebe in diesem Bereich verhindern. Die Behandlung wird meist unter Vollnarkose vorgenommen. Manche Frakturen werden am besten

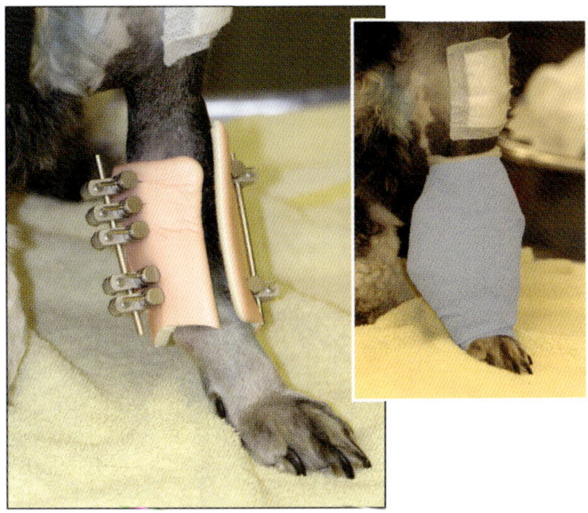

Wenn keine Metallplatte eingesetzt werden kann, wird in manchen Fällen ein externer Fixator benutzt, um die Fraktur zu stabilisieren. Ein Verband stellt sicher, dass alles sauber bleibt und beugt damit Infektionen vor.

gegipst oder geschient, während andere innerlich mit Metallplatten und Schrauben fixiert werden müssen. Manche Brüche können aber auch so kompliziert sein, dass sie irreparabel sind und eine Gliedmaßenamputation die einzige Möglichkeit bleibt.

Rippenbrüche

Auch Rippenbrüche kommen nach Unfällen vor.

Symptome

- Lahmheit der Vorderbeine durch Schmerzen in der Brustmuskulatur
- Husten, Hecheln und Atemnot
- Anzeichen für Schmerzen beim Atmen. Falls ein Knochenfragment tiefere Strukturen wie z.B. die Lunge durchstoßen hat, kann schwere Atemnot (Dyspnoe) oder das Entweichen von Luft aus der Lunge die Folge sein. Luft kann auch unter die Haut strömen, wo sie als blasenartige Textur fühlbar ist.

Was passiert nach einer ***Amputation***

Eine Amputation, die chirurgische Entfernung einer Gliedmaße, ist manchmal nach schweren Knochenbrüchen, Verletzungen oder bei manchen Krebsarten nötig.

Viele Hunde kommen gut und überraschend problemlos mit nur drei Beinen zurecht. Die verbleibenden Läufe sind allerdings für Überlastung und weitere Verletzungen anfälliger.

Behandlung Rippenbrüche müssen selten operiert werden. Die meisten heilen mit der Zeit und etwas Unterstützung von alleine. Evtl. müssen Knochensplitter entfernt werden und aus der Lunge austretende Luft muss abgeführt werden, damit die Lungen sich normal ausdehnen können.

Frakturen der Wirbelsäule

Angefahrenwerden, Stürze aus großer Höhe oder starke Stöße können Brüche der Wirbelsäule bewirken.

Symptome

- Akute Paraplegie (Lähmung der Beine), entweder nur der hinteren oder aller vier Beine, je nach Stelle der Verletzung

Trotz Amputation einer Gliedmaße führen viele Hunde noch ein aktives und glückliches Leben, wie dieser Lhasa Apso.

Behandlung Manchmal ist eine Operation möglich, aber in den meisten Fällen wird gleichzeitig auch das Rückenmark schwer verletzt und eine Euthanasie kann indiziert sein.

Ausgekugelte Hüfte

Ein ausgekugeltes Hüftgelenk ist eine weitere relativ oft vorkommende akute Verletzung, z.B. nach dem Anfahren durch ein Auto.

Symptome

- Deutliche Schmerzen, der Hund kann das Bein nicht belasten.

Diagnose Evtl. Beckenschiefstand, der Kopf des Femurs (Oberschenkelknochens) kann sich in anormaler Lage befinden.

Behandlung Unter Anästhesie kann das Gelenk meist wieder in die richtige Lage gebracht werden. Anhand von Röntgenbildern wird überprüft, ob keine weiteren größeren Verletzungen vorliegen. Solange die Gelenkkapsel stark genug bleibt, wird der wieder „eingerenkte" Gelenkkopf auch im Acetabulum (der Gelenkpfanne) des Beckens bleiben. Bei Schäden der umliegenden Strukturen kann es aber sein, dass das Gelenk erneut auskugelt. Eventuell können dann stabilisierende Verbände oder Bandagen helfen, aber meist ist eine Operation nötig, um das Gelenk dauerhaft zu stabilisieren.

Kreuzbandriss

Die Kreuzbänder befinden sich in den Kniegelenken, wo sie die Knochen von Oberschenkel und Schienbein in richtiger Ausrichtung zueinander halten und ermöglichen, dass das Gelenk wie ein Scharnier funktioniert. Ein Riss dieser Bänder lässt das Gelenk instabil werden und gibt den beiden Knochen zu viel Bewegungsspielraum, was zu Schmerzen und Gelenkschäden führt. Degenerative Gelenkerkrankungen wie Arthrose können die Folge sein. Arthrose trägt außerdem zur Schwächung der Kreuzbänder bei, was weitere Schäden verursacht. Betroffene Hunde sind meist übergewichtig, groß und älter. Geringere Schäden an den Kreuzbändern führen oft nur zu schwachen Symptomen, aber wenn die Bänder erst einmal geschwächt sind, werden sie schnell weiter geschädigt.

Symptome

- Das erste Anzeichen ist oft, dass der Hund plötzlich aufjault und starke Lahmheit an einem Hinterlauf zeigt, oft nach einem Sprung oder einer plötzlichen Drehung.

Diagnose Meist durch klinische Untersuchung möglich. Das Kniegelenk ist geschwollen und schmerzhaft, zu locker und das Schienbein lässt sich gegenüber dem Femur von vorn nach hinten verschieben. Auf Röntgenbildern sind evtl. knöcherne Schäden an den Ansatzstellen der Bänder zu sehen. Ggf. sind noch andere bildgebende Techniken nötig, aber in den meisten Fällen ist die Diagnose auch so eindeutig.

Behandlung In der Regel Operation mit Bandersatz und/oder Straffung des Gelenks und Verbesserung der Lage der Knochen zueinander. Kleine Hunde schaffen es manchmal auch ohne Operation, einen Teil ihrer Mobilität wiederzuerlangen, wenn sie lange genug Ruhe haben und Medikamente gegen Schmerzen und Entzündung bekommen. Manchmal folgt nach einem Kreuzbandriss an einem Hinterbein auch einer am anderen Hinterbein.

Überdehnte Gelenke

Überdehnungen der Gelenke können Schwellungen und Schmerzen verursachen. Ruhe und Entzündungshemmer helfen.

Was sind **Nutrazeutika**

Nutrazeutika sind Nahrungsergänzungen mit möglicher gezielter Wirkung auf die Gesundheit. Einige von ihnen haben in den letzten Jahren zunehmend Verbreitung und Anerkennung erfahren, so zum Beispiel Glukosamine bei degenerativen Gelenkserkrankungen oder sAME bei Lebererkrankungen.

Ältere, übergewichtige Hunde großer Rassen sind besonders anfällig für Kreuzbandrisse.

Chronische und degenerative Erkrankungen

Chronische oder degenerative Knochen- und Gelenkserkrankungen können Folge von Fehlbildungen und lange Zeit bestehenden geringgradigen Schäden sein. Einschränkungen der Beweglichkeit und chronische Schmerzen können folgen.

Hüftgelenksdysplasie (HD)

Hierbei ist die Pfanne des Hüftgelenks zu flach und das Gelenk zu locker, sodass die Knochen nicht fest ineinander sitzen. Die Neigung hierzu ist stark erblich, weshalb Hunde bekannt anfälliger Rassen vor dem Zuchteinsatz per Röntgen überprüft werden sollten. HD-anfällige Rassen sind z.B. Deutscher Schäferhund, Labrador und Golden Retriever, Rottweiler und Riesenrassen. Übergewicht, zu schnelles Wachstum oder übermäßige Belastung noch nicht ausgewachsener Gelenke können ebenfalls zur Entwicklung des Problems beitragen. HD begünstigt auch die Entstehung von Arthrose. Betroffene Hunde zeigen eine geringere Gelenkbeweglichkeit und oft Schmerzen, wenn man ihr Hüftgelenk bewegt.

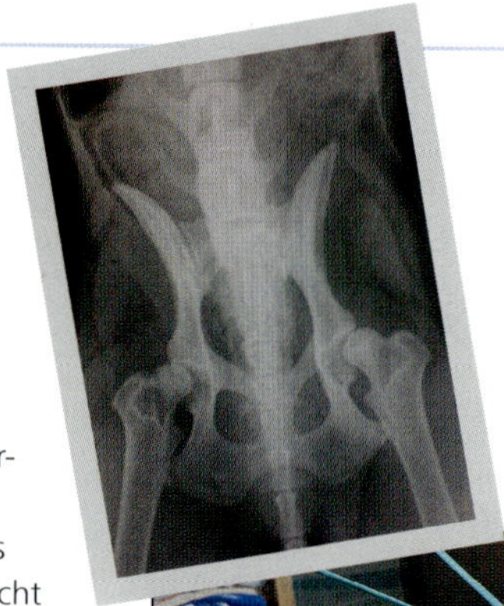

Hunde mit schlecht gebauten Hüftgelenken leiden oft unter degenerativen Gelenkserkrankungen, die auf dem Röntgenbild zu unregelmäßigen Konturen der betroffenen Knochen und Gelenke führen.

Symptome

- Schwäche der Hintergliedmaßen und Lahmheit können schon bei jungen Hunden auftreten.
- Betroffene Hunde zeigen evtl. auch nur einen „schwingenden“ Gang, bei dem das Hinterteil im Gehen stark zur Seite geschwenkt wird. Auch eine flache, schleppende Bewegung der Hinterläufe kommt vor.

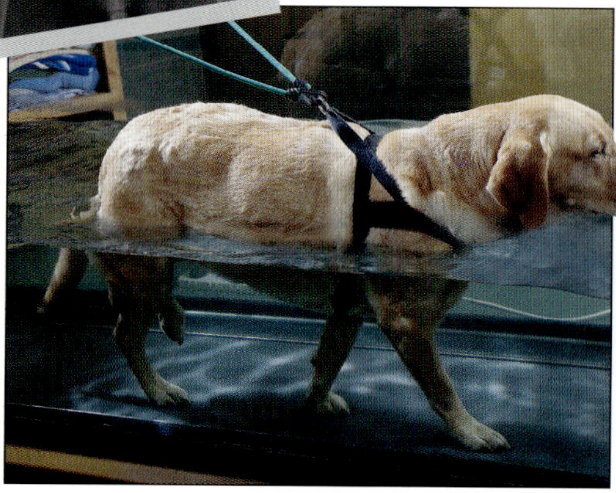

Bei degenerativen Gelenkserkrankungen kann Hydrotherapie sehr hilfreich sein. Hier ein Labrador auf einem Unterwasser-Laufband.

Diagnose Röntgen der Hüfte und Beurteilung der Lockerheit des Gelenks. Diese Faktoren ermöglichen zusammen mit der Schwere der Symptome eine Einordnung nach Schweregrad und die Wahl der besten Behandlung.

Behandlung Bei schwerer HD kann eine Operation helfen, das Gelenk in eine bessere Lage zu bringen. Auch künstlicher Gelenkersatz ist möglich. Langfristig profitieren alle HD-Hunde von regelmäßiger, aber kontrollierter Bewegung und gezielter Medikation gegen Entzündung und Schmerzen. Physiotherapie und Hydrotherapie zum Muskelaufbau sind hilfreich.

Ellbogendysplasie (ED)

Fehlbildungen oder eine anormale Entwicklung des Ellbogengelenks werden als ED bezeichnet und sind ebenfalls erblich. Auch hier sollten die Ellbogen vor geplantem Zuchteinsatz geröntgt werden. Angemessene Ernährung und Bewegung beim Welpen verringern die Wahrscheinlichkeit, dass Probleme auftreten.

Symptome

- Im Wachstum oft Lahmheit der Vorderläufe und geschwollene Ellbogen, evtl. sekundäre Arthrose im Alter
- Steife, geschwollene, schmerzende Ellbogengelenke

Diagnose Röntgen

Behandlung Evtl. operative Entfernung von Knochenfragmenten aus dem Gelenk und zur Stabilisierung des Gelenks. In schweren Fällen kann künstlicher Gelenkersatz eine Option sein. Angemessene Bewegung tut den Hunden gut. Schmerzmittel können helfen und Hydrotherapie unterstützt die Beweglichkeit.

Osteochondrose

Dies ist eine anormale Knorpelentwicklung, die vor allem bei Hunden großer Rassen im Wachstum auftritt. Osteochondrose kann die Schultern, Ellbogen und Karpalgelenke der Vordergliedmaße sowie Knie und Sprunggelenke der Hintergliedmaße betreffen.

Symptome

- Eines oder mehrere geschwollene, schmerzende Gelenke und Lahmheit aufgrund der Entzündung des geschädigten Knorpels

Diagnose Röntgen kann die geschädigten Knochen- und Knorpelbereiche zeigen, mitunter sind aber auch MRT oder Ultraschall nötig. Eine Arthroskopie, bei der eine winzige Kamera unter Vollnarkose in das Gelenk eingeführt wird, ermöglicht eine genauere Identifikation der beteiligten Strukturen.

Was ist *Hydrotherapie*

Bei der Hydro- oder Wassertherapie schwimmt der Hund oder läuft auf einem Unterwasser-Laufband.

Hunde mit aufgrund von Gelenks-, Gliedmaßen- oder Rückenproblemen eingeschränkter Beweglichkeit können so gut bewegt werden, ohne überlastet zu werden. Muskelstärke und Beweglichkeit können so bei Hunden mit orthopädischen Problemen gefördert werden.

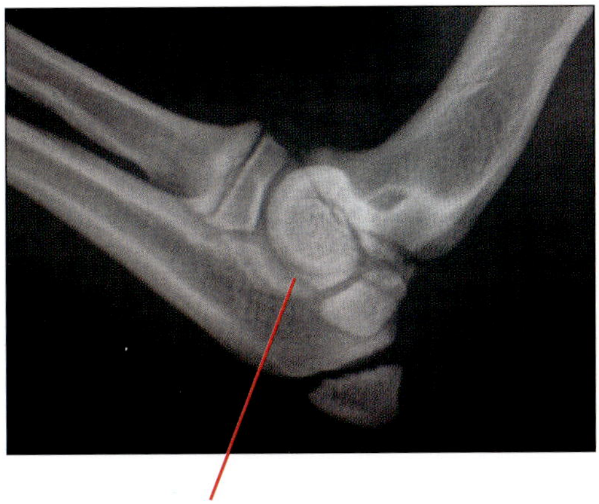

Ein anomal entwickeltes Ellbogengelenk ist für Verschleißerkrankungen besonders anfällig.

Behandlung Bei der Arthroskopie kann gleichzeitig geschädigtes Gewebe entfernt werden. Betroffene Gelenke neigen im Alter zu Arthrose, Schmerzen und Steifheit. Zusätzlich zur arthroskopischen Behandlung helfen Ruhe und Schmerzmittel.

Legg-Calvé-Perthes-Krankheit

Diese erbliche, degenerative Erkrankung der Hüfte kommt vor allem bei Hunden sehr kleiner Rassen vor. Sie führt zu einer verschlechterten Durchblutung des Femurkopfs, sodass dieser wegkrümelt.

Symptome

- Fortschreitende Lahmheit und Steifheit hinten, die oft mit Arthrose verwechselt wird

? Was ist eine **Arthroskopie**

Die Arthroskopie nutzt Faseroptik, um eine winzige Kamera durch einen winzigen Einschnitt in ein Gelenk einzuführen. So kann eine Mikro-Operation durchgeführt werden, ohne das Gelenk öffnen zu müssen. Die Technik kann zur Behandlung von Bänder- und Knorpelschäden und bei Arthrose angewendet werden.

Kleine Terrier leiden besonders häufig unter dem Legg-Calvé-Perthes-Syndrom.

- Eine Bewegung der betroffenen Hüfte ist schmerzhaft.
- Oft liegt ein Krepitus (raues Gefühl bei Bewegung) vor.

Diagnose Röntgen kann Legg-Calvé-Perthes im Hüftgelenk bestätigen.

Behandlung Vorsichtige Bewegung und Schmerzmittel können betroffenen Hunden beim Erhalt der Beweglichkeit helfen, in den meisten Fällen ist aber eine Operation zur Entfernung des geschädigten Femurkopfs ratsam, sodass ein neuer Femurkopf aus dem Femurschaft geformt wird und ein Scheingelenk entsteht. Nach der Operation kann die Mobilität durch Schmerzmittel, Physio- und Hydrotherapie unterstützt werden.

Patellaluxation

Manche Kleinhundrassen sind für eine Patellaluxation, das „Ausrenken" der Kniescheibe, anfällig. Dies kommt vor allem bei „ausgedrehten Knien" vor, die eine unregelmäßige Gelenkbelastung bewirken. Die Patella oder Kniescheibe passt nicht genau in das Gleitlager am Oberschenkel.

Symptome

- Beim Beugen des Gelenks kann die Patella aus ihrem Lager gleiten und medial dazu (auf der Innenseite des Gelenks) zu liegen kommen. Das kann bei jedem Schritt oder nur gelegentlich vorkommen, je nach Schwere des Problems. Wenn es nur manchmal auftritt, hält der Hund das betroffene Bein für ein paar Schritte hoch, bevor er es wieder normal aufsetzt.

Diagnose Beim Bewegen des Gelenks ist oft spürbar, wie die Kniescheibe hinaus- und hineinrutscht. Per Röntgen lassen sich die genaue Gelenkstruktur und schon vorhandene arthritische Schäden feststellen.

Behandlung Je nach Diagnose entweder sorgfältig kontrollierte Bewegung und Medikamente oder Operation zur besseren Fixierung der Patella.

Arthrose

Die Arthrose ist eine degenerative Gelenkserkrankung, die durch Alter oder Abnutzung entsteht. Diese Veränderungen werden dann verstärkt, wenn das Gelenk schon einmal verletzt war oder wenn es eine Fehlstellung hat und deshalb nicht gleichmäßig belastet wird. Schäden an der Knorpeloberfläche im Gelenk führen zu Entzündung. Dies wiederum kann zur Ablagerung winziger Knochenfragmente an den Gelenkrändern, Gelenkschwellung und Schwächung der umliegenden, das Gelenk stabilisierenden Strukturen führen. Die Knochenfragmente tragen weiter zu Entzündung und Steifheit bei. Mit der Zeit wird der Bewegungsspielraum des Gelenks eingeschränkt, der Hund bekommt stärkere Schmerzen und geht lahm.

Symptome

- Lahmheit und Schmerzen
- Schwellung und Steifheit des Gelenks

Diagnose Röntgenbilder zeigen die charakteristischen Veränderungen in der Knochendichte und die Knochenneubildungen rund um das betroffene Gelenk.

Was ist ***Arthrodese***

Eine Arthrodese ist eine künstliche Versteifung eines Gelenks. Sie kann bei schweren Gelenkserkrankungen die Schmerzen lindern, weil das betroffene Gelenk stabilisiert wird.

Durch diese Fixierung wird zwar die Beweglichkeit eingeschränkt, die Schmerzen lassen aber dafür nach.

Spondylose

Arthrotische Veränderungen zwischen den Rückenwirbeln werden als Spondylose bezeichnet und können Rückenschmerzen, Steifheit und reduzierte periphere Nervenfunktion verursachen.

Symptome

- Häufig steife, unbewegliche Wirbelsäule, aufgewölbter und gespannter Rücken.
- Der Hund kann sich schlecht in Wendungen biegen und verändert sein Gangbild.
- Betroffene Hunde finden den Passgang bequemer als den normalen Trab

Diagnose Röntgen, evtl. zusätzlich MRT oder andere bildgebende Verfahren

Behandlung

Entzündungshemmer und Schmerzmittel. Akupunktur und Physiotherapie können ebenfalls helfen.

Rheumatische und andere Gelenkentzündungen (Arthritis)

Entzündungen der Gelenke (Arthritis) können auch rheumatisch oder immunbedingt sein. Beides verursacht Gelenkschwellung, Steifheit und Schmerzen. Dies hat aber nichts mit Knochenneubildung zu tun wie bei der Arthrose, sondern damit, dass der Körper Antikörper bildet, die das eigene Gelenkgewebe schädigen.

Diagnose

Evtl. Röntgen, Untersuchung von Blut sowie von Flüssigkeit der betroffenen Gelenke.

Arthrose

Die Flüssigkeit in den Gelenken wirkt wie ein Stoßdämpfer. Bei Arthrose ist ihre Viskosität verringert.

Schäden am Knorpel und mineralische Ablagerungen im Gelenk führen zu fortschreitender Steifigkeit und Schmerzen.

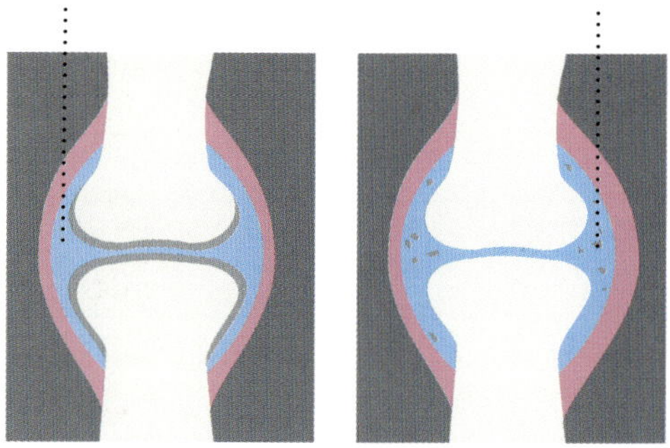

Bei der Akupunktur werden feine, sterile Nadeln durch die Haut in bestimmte Punkte gesetzt, an denen sie einen Reiz auf das Nervensystem ausüben. Schmerzen und Muskelkrämpfe lassen sich gut damit behandeln.

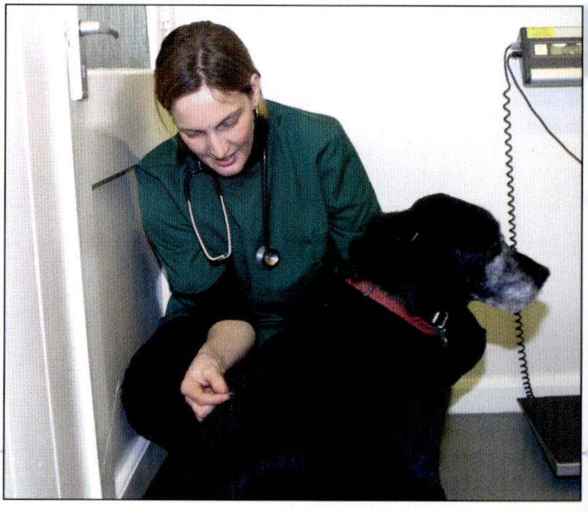

Infektiöse Arthritis

Geschwollene, schmerzende und entzündete Gelenke können auch Ergebnis einer Infektion sein, z.B. durch das Eindringen von Bakterien in eine Wunde in Gelenksnähe oder Infektionen an anderen Körperstellen, die sich auf geschädigte Gelenke ausbreiten.

Symptome

- Geschwollenes, schmerzhaftes Gelenk, oft bei erhöhter Körpertemperatur

Diagnose Untersuchung von Blut und Gelenkflüssigkeit

Behandlung Antibiotika oder Mittel gegen andere Infektionsarten

Lyme-Borreliose

Diese Erkrankung ist besonders in Gegenden mit hohem Zeckenvorkommen verbreitet. Wenn eine infizierte Zecke ein Hund beißt, kann sie den Erreger *Borrelia* übertragen, der zunächst zu einem schmerzenden, geschwollenen Bereich um die Bissstelle führt. Die Infektion kann sich nach einigen Tagen im Körper ausbreiten und Gelenkschwellungen, Schmerzen, Unwohlsein und Muskelschwäche verursachen. Die Lyme-Borreliose kann auch Menschen betreffen (über einen Zeckenbiss) und schwere Krankheit mit grippeähnlichen Symptomen hervorrufen.

Betroffene Hunde werden mit speziellen Antibiotika gegen Borrelien, Entzündungshemmern und Ruhe behandelt.

Künstliche Gelenke

Stark fehlgeformte oder arthrotische Gelenke können durch ein künstliches Gelenk ersetzt werden, um die Schmerzen zu reduzieren. Künstliche Hüftgelenke für Hunde gibt es schon seit einiger Zeit und sie bieten eine wertvolle Option in der Behandlung von HD und den nachfolgenden degenerativen Gelenkveränderungen. Zu den neueren Verfahren gehören auch künstliche Ellbogen- und Kniegelenke.

Diese Röntgenaufnahme der Brustwirbelsäule lässt Anzeichen für Spondylose, arthrotische Veränderungen zwischen den Wirbeln, erkennen.

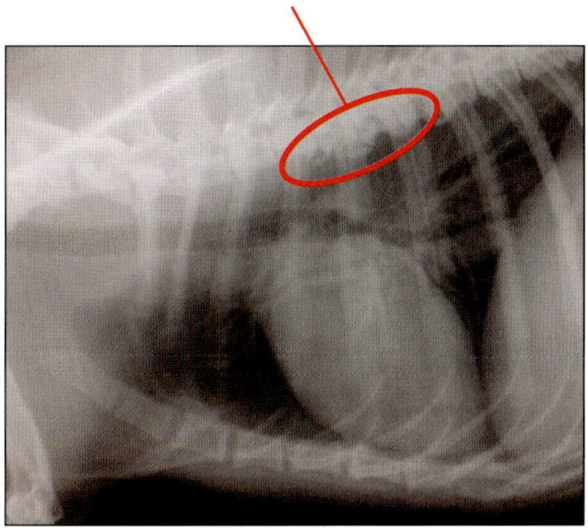

Knochen- und Gelenktumore

Tumore können auch im Bereich des Bewegungsapparats an Knochen, Gelenken und dem assoziierten Bindegewebe entstehen.

Symptome

- Anfänglich nur wenige, aber Knochen- und Gelenkstumore können schnell schmerzhaft werden und dann Lahmheit und eingeschränkte Beweglichkeit verursachen.
- Knochentumore können auch die Knochenstruktur schwächen, sodass plötzliche und katastrophale Frakturen die Folge sind.

Behandlung In manchen Fällen kann Chemotherapie sinnvoll sein. Knochentumore erfordern aber meist die Entfernung betroffener Knochenbereiche oder die Amputation der Gliedmaße (s.S. 168). Oft streuen Knochentumore schnell in andere Körperbereiche und eine Behandlung ist oft nicht sinnvoll, wenn bereits weitere Tumore vorhanden sind.

Verletzungen von Muskeln, Sehnen und Bändern

Akute Verletzungen können Muskeln, Sehnen oder Bänder schädigen, auch wenn keine Fraktur vorliegt. Tiefe und schmerzhafte Wunden können diese Strukturen betreffen, oder es finden Überdehnungen statt, die zwar keine Hautwunde verursachen, aber zu Schwellung und Schmerzen führen, wo die darunter liegenden Strukturen überdehnt wurden oder gerissen sind.

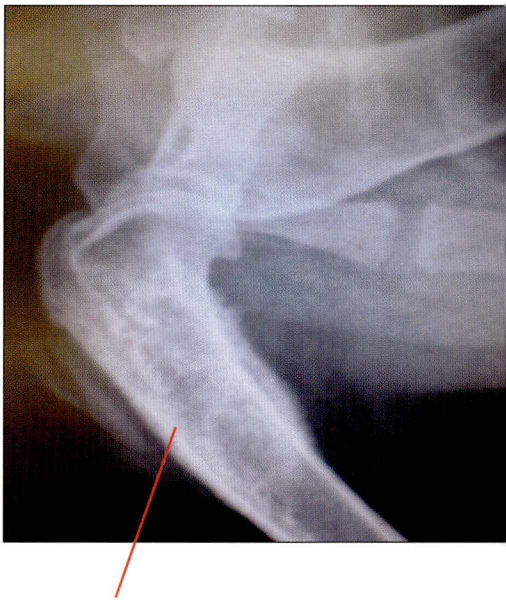

Knochentumore zerstören die Statik des Knochens, verursachen starke Schmerzen und machen den Knochen instabil.

Symptome

- Plötzlich einsetzende starke Lahmheit und Schmerzen
- Betroffene Gliedmaßen sind geschwollen oder haben eine andere Kontur durch Formveränderung des Gewebes.

Behandlung Muskelverletzungen heilen oft mit Zeit, Ruhe und Entzündungshemmern zur Schmerzkontrolle. Manche Sehnen- oder Bänderverletzungen werden aber besser operiert, um langfristige Einschränkungen der Beweglichkeit zu vermeiden.

Selten sind Muskelerkrankungen, aber neurologische Probleme können Muskelschwäche oder andere Störungen der Muskelfunktion verursachen.

Muskelatrophie / Muskelschwund

Muskelschwund oder die Atrophie von Muskeln kann Folge der Schädigung eines Nervs sein, der einen bestimmten Muskelbereich versorgt. Es findet ein starker und örtlich begrenzter Abbau des Muskels ab, der den gesamten Körperbereich schwächen und destabilisieren kann.

Eine Entzündung und Atrophie der Muskeln, die die Kaumuskeln im Kiefer versorgen, wird als Kaumuskelmyositis bezeichnet.

Symptome

- Plötzliches Anschwellen oder Schwund von Gesichtsmuskeln mit Veränderung der Gesichtsform, vor allem im Stirnbereich.
- Schmerzen beim Fressen und evtl. schmerzender Kopf
- Schwierigkeiten beim Öffnen des Mauls

Was sind **NSAIDs**

Nicht-steroidale Entzündungshemmer oder NSAIDs sind eine Gruppe von Medikamenten, die Schmerzen und Entzündung lindern. Sie werden zur Behandlung verschiedenster Erkrankungen genutzt, u.a. auch bei Arthrose.

Behandlung Hohe Dosen steroidaler Entzündungshemmer können Entzündung und Schmerzen lindern, die zugrundeliegende Erkrankung kann mit der Zeit von selbst verschwinden.

Kapitel 3

Erste Hilfe und Notfälle

Kenntnisse in Erste-Hilfe-Maßnahmen und lebensrettenden Techniken sind für jeden Hundehalter wichtig. So können Sie im Notfall angemessen handeln, bevor Sie den Tierarzt aufsuchen und Ihr Hund hat bei Unfällen oder Verletzungen verbesserte Überlebenschancen. Man kann sich zwar nicht auf jede Eventualität vorbereiten, aber ein ruhiges und praktisches Vorgehen nach ein paar Grundregeln macht es Ihnen möglich, korrekt mit jeder Situation umzugehen. Natürlich ist Vorbeugen immer besser als Heilen. Verhindern Sie Verletzungen, indem Sie sorgfältig auf die Umgebung Ihres Hundes achten. Bewahren Sie Garten- und Haushaltschemikalien immer in verschlossenen, für den Hund unzugänglichen Behältern auf und halten Sie Schokolode, Medikamente und Kinderspielsachen außer Reichweite des Hundes. Lassen Sie Ihren Hund nicht auf Steinen oder Fremdkörpern herumbeißen. Erziehen Sie Ihren Hund so, dass er verlässlich auf die Grundkommandos hört und nicht streunen geht. Halten Sie ihn in der Nähe von Straßen oder Gefahrenstellen an der Leine und lassen Sie ihn im Sommer nicht im parkenden Auto, auch nicht bei geöffnetem Fenster.

Vermeiden Sie unnötige Risiken: Geben Sie Hunden nur ungefährliche Spielsachen.

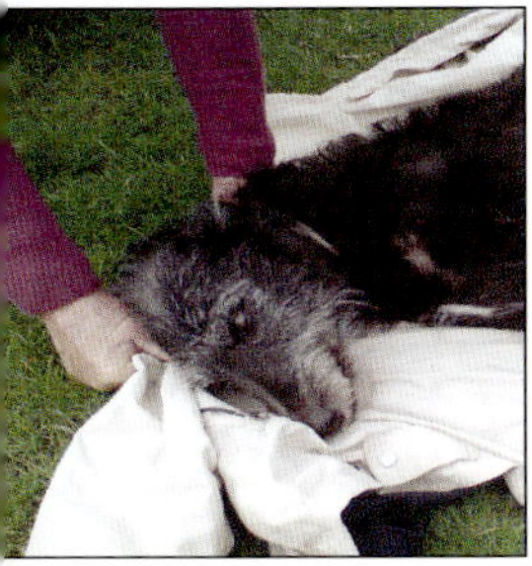

Bereiten Sie sich vor: Üben Sie am gesunden Hund, Herzschlag und Puls zu fühlen, prägen Sie sich die Normalfarbe seiner Schleimhäute (z.B. am Zahnfleisch) ein und üben Sie das Messen von Temperatur und Atmung. Vertrautheit mit dem Normalzustand wird Ihnen im Notfall helfen. Sie können auch an einem Erste-Hilfe-Kurs für Hunde teilnehmen und sollten sich einen Erste-Hilfe-Koffer anlegen.

Bleiben Sie ruhig: Atmen Sie tief durch, bevor Sie handeln. Ihr Stress macht den Hund nur ängstlicher und gestresster, was seine Schmerzen verschlimmern kann. Ein gestresster Hund kann auch aggressiv reagieren, seien Sie also vorsichtig. Gehen Sie mit Bedacht vor, konzentrieren Sie sich auf das schwerste Problem, rufen Sie den Tierarzt an und fahren sofort hin.

Erste-Hilfe-Koffer

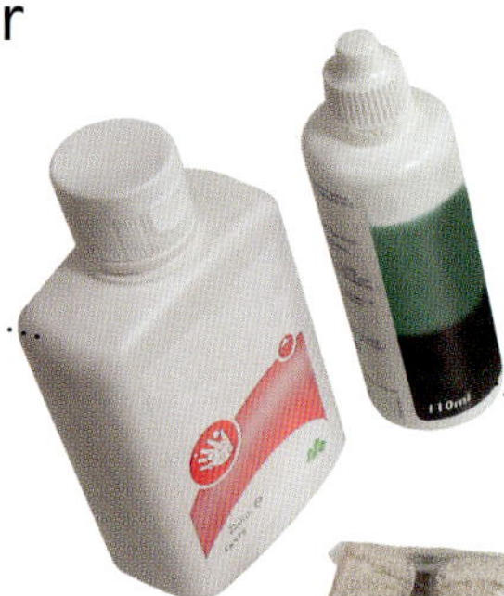

Antiseptische Lösung (Auf Iodin- oder Chlorhexidinbasis) zum Reinigen von Wunden oder infizierter Haut

Sterile Kochsalzlösung zur Augenspülung

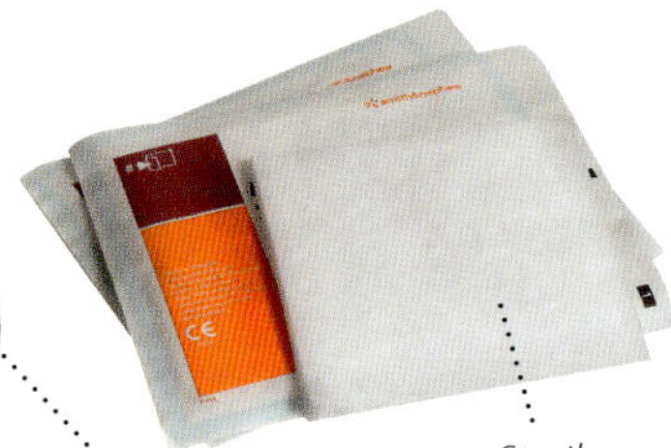

Sterile, nichthaftende Wundpolster

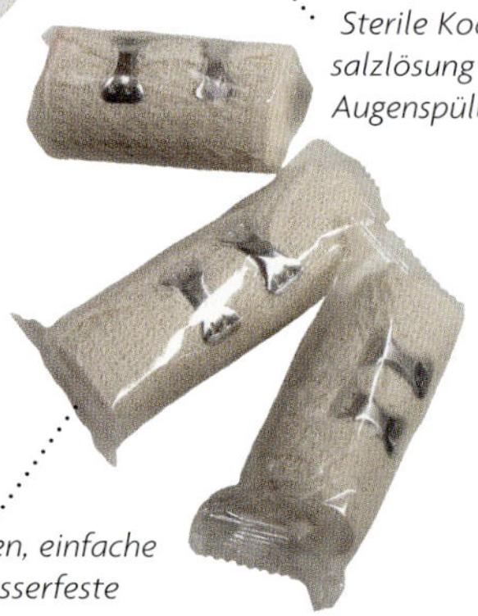

Verbände zum Fixieren, einfache und elastische, wasserfeste

Taschenlampe, am besten mit Dynamo

Puls fühlen

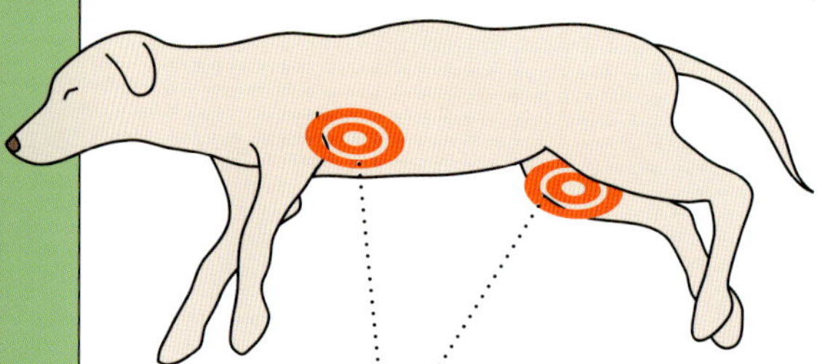

Fühlen Sie den Puls direkt hinter dem Ellbogen an der Brust oder an der Innenfläche des Oberschenkels.

Vorsicht: Bringen Sie sich selbst nicht in Gefahr. Ein gestresster Hund, der Schmerzen hat, verhält sich unvorhersehbar und kann beißen, auch wenn er sonst noch so lieb ist. Machen Sie notfalls eine Maulschlinge (s. S. 189), damit er nicht beißen kann und Sie sich auf ihn konzentrieren können, ohne um Ihre eigene Sicherheit zu fürchten.

Nichts ins Maul: Geben Sie einem verletzten Hund nie irgendein Medikament, wenn es nicht ausdrücklich vom Tierarzt angeordnet wurde. Aspirin und Paracetamol können z.B. extrem giftig für Hunde sein. Füttern und tränken Sie verletzte Hunde nicht vor dem Tierarztbesuch, weil evtl. eine Narkose nötig sein kann. Hunde mit vollem Magen können unter Narkose erbrechen und ersticken.

Tierärztlicher Notdienst

In der Regel ist es das Wichtigste, den Hund so schnell wie möglich in die nächstgelegene Tierarztpraxis zu bringen, denn nur sehr selten gibt es einen ambulanten tierärztlichen Notdienst. Sie müssen den verletzten Hund also dorthin bringen. Rufen Sie kurz vorher an, ob der Tierarzt auch vor Ort ist und beschreiben Sie kurz die Situation, sodass dieser sich schon vorbereiten kann.

Rechnen Sie damit, Ihren Hund gegebenenfalls zur weiteren Untersuchung und Behandlung allein in der Praxis lassen zu müssen. So kann sich der Tierarzt eher auf den Hund und seine Bedürfnisse konzentrieren, anstatt sich auch noch um den Besitzer kümmern zu müssen.

Kollaps

Hunde können aus mehreren Gründen kollabieren und die Begleitsymptome können variieren.

Bewusstlosigkeit, keine Atmung/Puls

Wenn Ihr Hund zusammenbricht und nicht mehr aufsteht, überprüfen Sie zuerst, ob er Atmung und Puls hat. Das schrittweise Vorgehen nach 1-2-3 (s. rechts) kann hilfreich sein, ersetzt aber keine Notfallbehandlung durch einen Tierarzt. Kümmern Sie sich als Erstes um Blutungen, da diese schnell den Kreislauf beeinträchtigen können. Sickernde Blutungen sind nicht so ernst wie stoßweise, bei denen einen Arterie betroffen sein kann. Stoppen Sie übermäßigen Blutverlust, indem Sie Druck auf die Wunde ausüben.

? Ist mein Hund tot

Wenn Ihr Hund zusammenbricht und kein Herzschlag, kein Puls und keine Atmung vorhanden ist, ist er leider wahrscheinlich tot. Überprüfen Sie seine Augenreflexe, indem Sie mit einem Finger auf die Augenoberfläche tippen. Wenn er noch lebt und nur bewusstlos ist, wird er blinzeln, was nicht der Fall ist, wenn sein Gehirn die Aktivität eingestellt hat und er tot ist.

1 Sind die Atemwege frei?

Strecken Sie den Hals des Hundes und befreien Sie das Maul von Schleim oder anderem, aber achten Sie darauf, nicht gebissen zu werden. Evtl. müssen Sie den Fang mit den Händen oder einer aus Verband oder Schnur geknoteten Schlinge um jeden Kiefer geöffnet halten. Entfernen Sie ggf. vorhandene Fremdkörper, z.B. mit der Pinzette. Ziehen Sie die Zunge sanft nach vorn und zur Seite, um das Maul besser reinigen zu können.

Normalwerte

- *Temperatur: Um die 38,6 °C, kann aber zwischen 37,2-39,2 °C variieren*
- *Puls oder Herzschlag: 70 (große Hunde) – 140 (kleine Hunde) Schläge/Min.*
- *Atmung: 10-30 Atemzüge/Min.*

Herzdruckmassage

Üben Sie Druck auf die linke Brustseite direkt hinter dem Ellbogen aus.

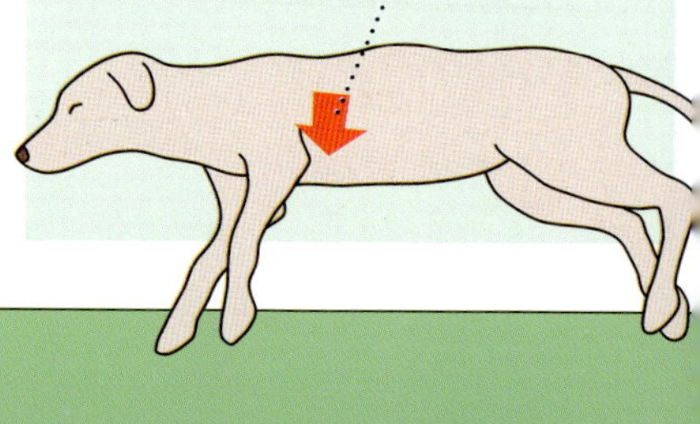

2 Atmet der Hund?

Beobachten Sie seine Flanken oder fühlen Sie den Atem an seiner Nase. Normalerweise atmet ein Hund 10-30 Mal pro Minute, aber ein verletzter Hund atmet in der Regel viel schneller. Falls er nicht atmet, versuchen Sie ihn durch Reiben seiner Seiten dazu anzuregen. Sie können auch, sofern sie unverletzt sind, die Hinterläufe vor- und zurückbewegen, um Druckveränderungen in der Brust zu verursachen, die die Atmung anregen. Oder Sie versuchen es mit Beatmung, was aber auch beim eigenen Hund riskant ist: Sie könnten gebissen werden. Halten Sie sein Maul zu, schließen Sie Ihre Lippen um seine Nase (bei kleinen Hunden um Maul und Nase) und atmen Sie hinein. Achten Sie darauf, ob sein Brustkorb sich hebt. Verringern Sie dann den Druck Ihrer Hand und nehmen Sie Ihren Mund weg, damit der Hund ausatmen kann. Wiederholen Sie dies alle 5 Minuten, bis der Hund normal atmet. Wenn Sie nicht sehen, dass der Brustkorb sich hebt, lagern Sie den Hund so, dass der Kopf tiefer liegt als die Brust und versuchen Sie nochmals, den Hals zu strecken und das Maul von Schleim zu reinigen, dann versuchen Sie es noch einmal mit der Beatmung.

3 Funktioniert der Kreislauf?

Überprüfen Sie den Herzschlag direkt hinter dem linken Ellbogen an der Brustwand und den Puls auf der Innenseite eines Hinterbeins. Normalerweise schlägt das Herz 70-140 Mal pro Minute (bei kleinen Hunden schneller als bei großen), bei Verletzung kann der Herzschlag stark erhöht sein. Überprüfen Sie dann die Farbe des Zahnfleischs: Es sollte rosa sein. Wenn Sie keinen Puls fühlen, versuchen Sie eine Herzmassage, auch wenn diese selten Erfolg hat. Legen Sie den Hund dazu auf seine rechte Seite und finden Sie auf der linken Seite den Herzbereich direkt hinter dem Ellbogen an der Brust. Üben Sie hier regelmäßig wiederkehrenden Druck aus. Bei großen Hunden müssen Sie evtl. die Handballen benutzen, um genug Druck ausüben zu können. Bei kleinen Hunden brauchen Sie dagegen evtl. nur einen oder zwei Daumen. Ziel ist, einen Abwärtsdruck des Brustkorbs auf das Herz zu erzeugen, um es zum Schlagen anzuregen. Achtung – zu starker Druck kann die Rippen beschädigen. Finden Sie einen Rhythmus von 5 (große Hunde) bis 10 (kleine Hunde) Mal drücken, gefolgt von Beatmung in die Nase oder in Nase und Maul. Überprüfen Sie Puls und Atmung und hören Sie auf, wenn beides wieder vorhanden ist.

Überprüfen Sie, ob der Kreislauf gut funktioniert und das Zahnfleisch rosa ist.

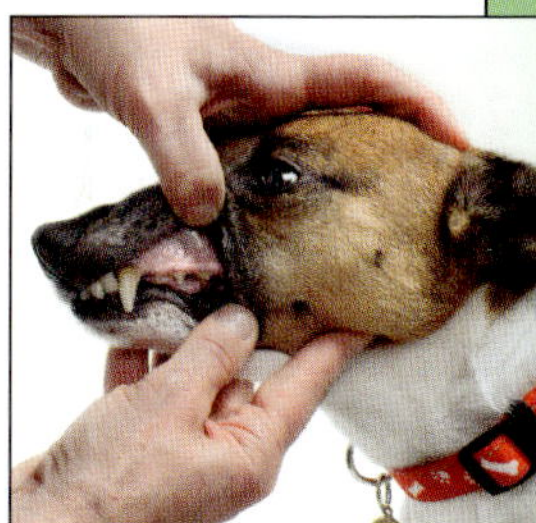

Das können Sie mit einem festen Verband erreichen, den Sie in mehreren Lagen wickeln, bis kein Blut mehr durchkommt. Wenn Sie keinen Verband zur Hand haben, üben Sie Druck mit einem sauberen Handtuch oder Stück Stoff auf die Wunde aus. Auf jeden Fall ist schnelle tierärztliche Hilfe nötig, damit nicht zu viel Blut verloren geht. Ein Druckverband muss innerhalb von zwei bis vier Stunden in der Tierarztpraxis wieder abgenommen werden, damit keine Gewebeschäden durch den Druck entstehen.

Was tun bei einem ***Hitzschlag?***

Überhitzte Hunde können schwach werden und zusammenbrechen. Sie leiden unter Atemnot und haben gerötete Schleimhäute. Prüfen Sie die Körpertemperatur (s. S. 184). Suchen Sie umgehend tierärztliche Hilfe, weil der Hund ggf. einen intravenösen Tropf braucht. Kühlen Sie ihn in der Zwischenzeit langsam mit kühlem (nicht eiskaltem) Wasser.

Bewusstlosigkeit mit Atmung und Puls

Wenn Sie überprüft haben, dass der Hund atmet und Herz und Kreislauf funktionieren, können Sie es sich leisten, ihn auf weitere Schäden zu überprüfen. Schnelle tierärztliche Hilfe ist trotzdem nötig.

- Beim Verdacht auf Knochenbrüche transportieren Sie den Hund am besten auf einer Platte oder gut unterstützten Decke. Bei Rückenverletzungen ist es besonders wichtig, den Hund vorsichtig zu bewegen.
- Wenn die Zeit es erlaubt, decken Sie tiefe Wunden mit einem möglichst sterilen Verband ab. Wenn Sie dagegen einen Fremdkörper in der Wunde vermuten, tun Sie nichts, sondern überlassen es dem Tierarzt, ihn nach sorgfältiger Untersuchung zu entfernen.
- Brandwunden müssen ebenfalls schnell tierärztlich versorgt werden. In der Zwischenzeit können Sie sie mit lauwarmem Wasser kühlen (nicht mit kaltem, da dies weitere Schäden verursachen konnte).
- Auch nicht tief aussehende Wunden können ernste Folgen haben und sollten dem Tierarzt gezeigt werden.

Krampfanfälle

Wenn ein Hund zusammenbricht und krampft, ist er nur noch bedingt bei Bewusstsein. Er tritt evtl. mit den Beinen, speichelt und verliert Urin oder Kot. Passen Sie auf, dass er Sie oder sich selbst nicht verletzt.

- Achten Sie auf freie Atemwege und dass der Hund nicht an seiner Zunge erstickt. Evtl. müssen Sie die Zunge nach vorn und zur Seite aus dem Maul ziehen, aber passen Sie auf, dass Sie nicht gebissen werden.
- Bleiben Sie ruhig und versuchen Sie, den Hund in einen ruhigen, abgedunkelten Raum zu bringen. Die meisten Hunde kommen dann nach ein paar Minuten wieder zu sich, manche brauchen aber auch Medikamente, damit der Krampfanfall abklingt. Suchen Sie sofort tierärztliche Hilfe.

Schwäche und Unfähigkeit zu stehen

Hunde können auch aufgrund von Schmerzen in Rücken oder Gliedmaßen evtl. nicht mehr auf den Beinen stehen. Auch Atemnot und Herzprobleme können dazu führen.

- Lassen Sie den Hund erst einmal ruhig liegen und wieder zu Atem kommen, bevor Sie ihm beim Aufstehen zu helfen versuchen. Dann ermuntern Sie ihn zum Aufstehen und unterstützen ihn dabei. Vorsicht, wenn er Schmerzen hat – er könnte beißen.
- Wenn Rücken oder Hinterläufe schwach sind, können Sie ein Handtuch oder Stück Stoff unter seinem Bauch durchziehen und ihn damit hochziehen.

Transport eines verletzten Hundes

1 Legen Sie ggf. eine Maulschlinge an.
2 Verbinden Sie blutende Wunden.
3 Machen Sie die Atemwege frei.
4 Transportieren Sie ihn in Seitenlage auf einer Decke oder einer Jacke und vermeiden Sie weitere Verletzungen.
5 Legen Sie den Hund vorsichtig auf die Rückbank oder in den Kofferraum des Autos und lassen Sie möglichst einen Helfer daneben sitzen. Versuche, Wunde zu verbinden oder Brüche zu schienen verursachen oft Schmerzen und werden am besten vermieden, solange keine starke Blutung vorliegt, die unbedingt gestoppt werden muss.

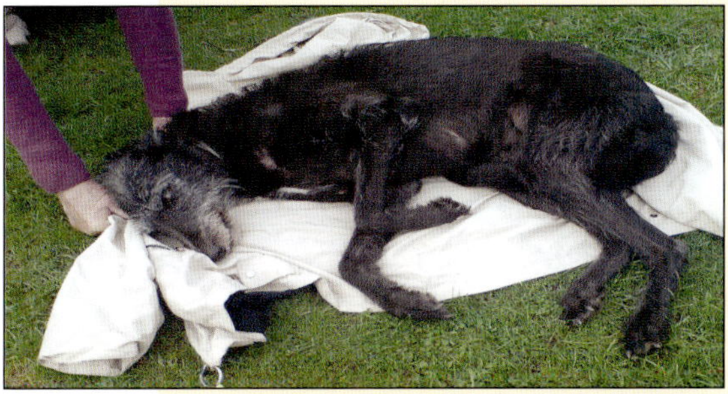

Im Notfall kann auch eine Jacke als Transportmittel für einen verletzten Hund dienen.

Eine Trageschlinge

Eine Schlinge kann einem kollabierten Hund beim Stehen und Gehen helfen.

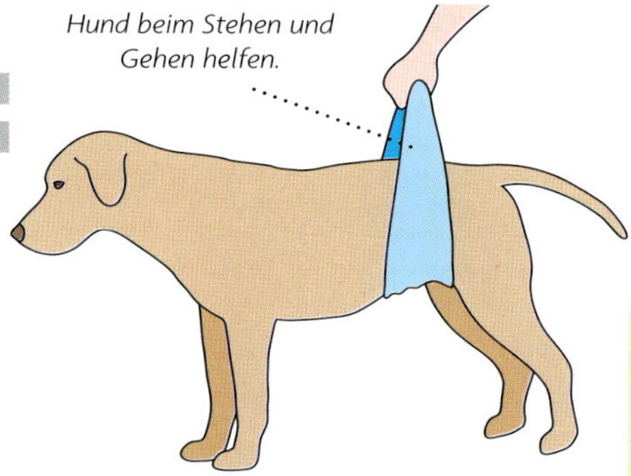

Halten Sie die Enden eines Stücks Stoff fest zusammen, sodass es das Hinterteil unterstützt.

- Wenn der Hund mit Unterstützung stehen und gehen kann, versuchen Sie, evtl. vorhandene Verletzungen zu sichten, bevor Sie ihn zum Tierarzt transportieren.
- Wenn er nicht stehen kann, richten Sie ihm eine Transporttrage her.

Was tun bei einem ***Stromschlag?***

Stromschläge können plötzlichen Zusammenbruch und Bewusstlosigkeit verursachen, auch Atmung und Herzschlag können aussetzen. Berühren Sie den Hund NICHT, bis alle elektrischen Geräte erkannt und ausgeschaltet sind. Dann untersuchen Sie den Hund und bringen ihn sofort zum Notdienst, während Sie ggf. Wiederbelebungsmaßnahmen durchführen.

Was tun bei ***Ertrinken?***

Versuchen Sie den Hund so anzuheben, dass alles Wasser aus Maul und Nase aus der Lunge fließen kann, bevor Sie die Atmung wieder anzuregen versuchen. Sie können auch auf die Brust klopfen, damit das Wasser besser abfließt und versuchen, die Flüssigkeit aus Maul und Nase zu bekommen. Wenn die Atemwege frei sind, führen Sie ggf. Wiederbelebungsmaßnahmen durch (s. S. 185). Bringen Sie den Hund sofort zum Tierarzt.

Heben Sie das Hinterteil an, damit das Wasser abfließen kann.

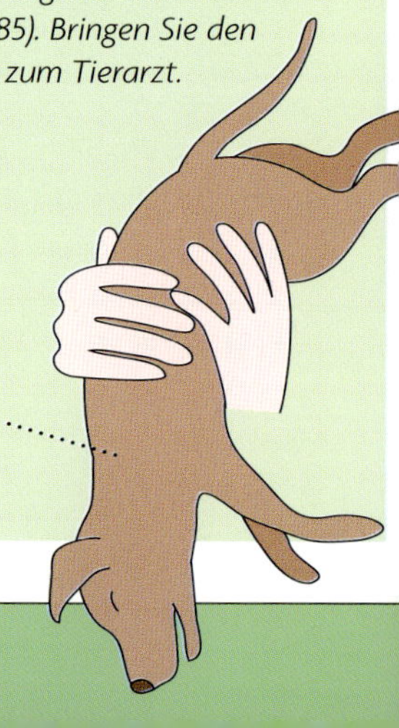

Ist das Bein gebrochen?

Wenn ein Hund plötzlich auf einem Bein so lahmt, dass er es nicht mehr belastet, kann es gebrochen oder schwer verletzt sein. Das kann nach Ausrutschen, einem Sturz oder Autounfall passieren.

- Überprüfen Sie zuerst, ob der Hund bei Bewusstsein ist und ansonsten stehen kann.
- Überprüfen Sie, ob kein Blut aus einer Wunde strömt oder pumpt.
- Überprüfen Sie, ob der Hund normal atmet.
- Überprüfen Sie, ob Sie ihn gefahrlos näher untersuchen können. Alle Hunde können beißen, wenn sie verletzt sind. Legen Sie ggf. eine Maulschlinge an.
- Wenn das Bein anormal herabhängt oder lose baumelt, kann es gebrochen oder ausgerenkt sein oder es liegt ein schwerer Bänderschaden vor. Rufen Sie den Tierarzt an und bringen den Hund schnellstmöglich hin.
- Bieten Sie ihm kein Futter oder Wasser an, falls eine Narkose nötig sein könnte. Geben Sie keine Medikamente, da dies verfälschen kann, was der Tierarzt in der Praxis sieht.
- Wenn das Bein normal aussieht, können Sie es evtl. von der Pfote an aufwärts vorsichtig abtasten. Gehen Sie dabei gründlich und methodisch vor: Prüfen Sie die Haut und das unterliegende Gewebe und bewegen Sie sanft die Gelenke. Seien Sie vorsichtig, falls Sie dem Hund wehtun.

Vielleicht finden Sie einen Dorn in der Pfote, den Sie entfernen können oder eine schnell zunehmende Schwellung, die auf eine Weichteilverletzung hindeutet. Vielleicht finden Sie auch Anzeichen für einen Biss oder eine Wunde, die dringend tierärztlich versorgt werden muss.

Maulschlinge

1 Nehmen Sie einen Schal, eine Strumpfhose, einen Gürtel oder eine Bandage, machen Sie eine Schlaufe und einen einfachen Knoten hinein.

2 Legen Sie sie dem Hund über die Nase und ziehen Sie den Knoten unter dem Kinn zu.

3 Verknoten Sie die Enden hinter den Ohren. Zusammen mit ruhigem Vorgehen kann diese Technik Schmerzen und Stress lindern oder sogar Leben retten.

Eine Maulschlinge ermöglicht es Ihnen, einen gestressten Hund im Notfall gefahrlos zu untersuchen oder zu transportieren.

Wunden

Wenn ein Hund in eine Rauferei gerät, durch einen Stacheldraht oder über Scherben läuft, kann er mit einer blutenden Wunde wiederkommen.

Blutende Wunden

- Schauen Sie, ob der Hund bei Bewusstsein ist (s.S. 184), stehen kann (s.S. 187) und normal atmet (s.S. 185).
- Stoppen Sie starke oder pulsierende Blutungen schnell, damit der Hund nicht verblutet. Legen Sie ihm evtl. zuerst eine Maulschlinge an (s.S. 189) und anschließend einen Druckverband.
- Wenn der Verband durchblutet und die Wunde sich im unteren Bereich einer Gliedmaße befindet, legen Sie außerdem einen Druckverband an (s. S. 191).
- Rufen Sie in der Zwischenzeit den Tierarzt an und fahren Sie so schnell wie möglich hin.
- Wenn das Blut nur aus der Wunde sickert, decken Sie diese am besten nur mit einem sauberen Verband ab, bevor Sie sie dem Tierarzt zeigen. Wunden, die im Idealfall innerhalb von weniger als 4 Stunden vom Tierarzt versorgt wurden, verheilen in der Regel viel schneller und besser. Wie schwer eine Wunde ist, hängt auch von ihrer Lage ab, auch wenn sie vielleicht gar nicht stark blutet oder kein Bruch vorliegt.

Wunden, die sofort behandelt werden müssen

Umgehend und notfallmäßig behandelt werden müssen alle Verletzungen an Augen, Rachen, Brust und Bauchraum. Auch kleinere Abschürfungen in diesen Bereichen können auf tiefere oder schwerere Verletzungen hindeuten, weshalb sie sofort vom Tierarzt untersucht werden sollten.

Augenverletzungen

Wunden oder Verletzungen an den Augenlidern oder in Augennähe können das Auge selbst schädigen. Dies kann zum Sehverlust führen, genau wie Stichwunden ins Auge, die einen Druckverlust im Auge bewirken. Alle Verletzungen am Auge oder in Augennähe sollten deshalb umgehend von einem Tierarzt untersucht werden. Wenn der Hund sich am Auge zu reiben versucht, halten Sie ein steriles Verbandpolster (s.S. 182) darauf, während Sie auf den Tierarzt warten.

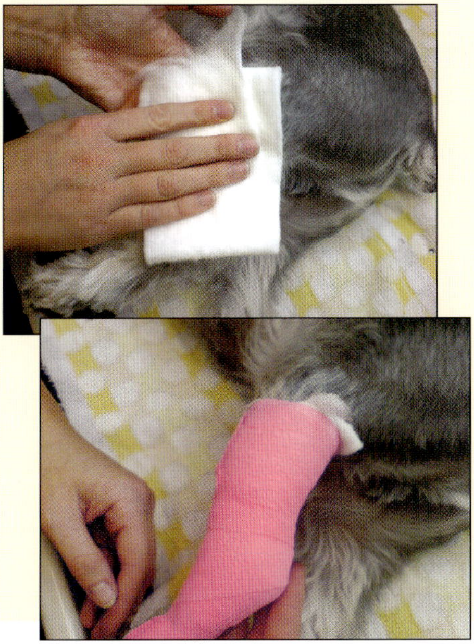

Einen Druckverband anlegen

1 Entfernen Sie , falls möglich, Glasscherben oder andere Fremdkörper, um diese nicht weiter in die Wunde hineinzudrücken.
2 Legen Sie ein Handtuch oder Stück Stoff direkt auf die Wunde und drücken Sie es fest auf.
3 Umwickeln Sie es fest mit einer Haftbandage oder Stoffstreifen, um weiteren Druck auszuüben. Wenn weiter Blut durch den Verband sickert, scheuen Sie sich nicht, weitere Verbandsschichten anzubringen und diese noch fester zu wickeln. Dies ist ein Druckverband, der nur kurz am Hund bleiben darf, weil er sonst Gewebeschäden durch Unterbrechung der Durchblutung verursachen kann.

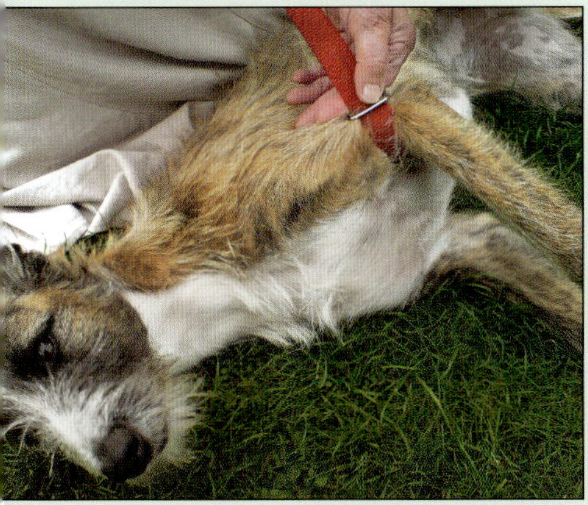

Eine Stauschlinge anlegen

1 Legen Sie ein Halstuch, einen Verband, einen Gürtel, eine Schnur o.ä. oberhalb der Wunde um die Gliedmaße.
2 Ziehen Sie die Schlinge fest, bis der Blutfluss stoppt, aber auch nicht zu fest, da sie sonst das darunterliegende Gewebe schädigen.

Eine Stauschlinge darf nur kurz (idealerweise unter 15 Minuten) angelegt bleiben, da sie durch das Abschneiden der Durchblutung die Gliedmaße schädigen kann.

Wunden

Rachenverletzungen

Können ebenfalls sehr problematisch sein. Typischerweise werden sie durch Fremdkörper verursacht, die der Hund zu fressen versucht (z.B. Knochen) oder in die er hineinläuft (z.B. Stöckchen). Verletzungen im hinteren Rachenbereich können auch die größeren Blutgefäße und Nerven des Halses schädigen, wobei die nachfolgenden Blutungen und Verletzungen tödlich sein können. Alle Verletzungen, die mit Würgen, Husten, starkem Speicheln und Husten von Blut einhergehen, müssen umgehend dem Tierarzt gezeigt werden, da evtl. eine Notoperation nötig ist. Insektenstiche oder Schlangenbisse können ebenfalls Schwellungen des Rachens verursachen.

Verletzungen im Brustbereich

Können die Rippen und die Lunge selbst betreffen. Rippenverletzungen können einerseits Schmerzen beim Atmen verursachen, aber auch zu Lungenschäden führen. Ein Durchstechen der Lungen führt dazu, dass Luft in den umliegenden Raum, in das umliegende Gewebe oder unter die Haut entweicht. Dies fühlt sich an wie Bläschen unter der Haut. In der Folge können sich die Lungen nicht mehr voll ausdehnen, was zu Atemnot führen kann – suchen Sie sofort den Tierarzt auf.

Verletzungen im Bauchraum

Können Infektionen oder Schäden am Peritoneum (Bauchfell) verursachen). Verletzungen von Darm, Leber, Nieren oder Blase kommen ebenfalls vor. Eine Bauchfellentzündung und Schäden an Bauchorganen können mit lebensbedrohlichen Infektionen einhergehen, wenn sie nicht sofort erkannt und behandelt werden.

Einen Verband anlegen

1 Legen Sie ein steriles Wundpolster auf den betroffenen Bereich.

2 Fixieren Sie es mit einer weichen Elastikbandage oder Pflaster. Wickeln Sie von der Pfote aufwärts, sodass diese aufgrund von Flüssigkeitsstau anschwillt.

3 Polstern Sie den Verband mit einer weichen Schicht aus z.B. Watte

4 Wickeln Sie alles mit einer Elastikbandage fest. Gelenke umwickeln Sie in Form einer Acht. Zuletzt bedecken Sie alles mit einer wasserfesten äußeren Schicht.

Bisse & Stiche

Flohbisse, Mücken- oder Moskitostiche

Können Hautreizungen und Hauterkrankungen auslösen, aber auch gefährliche Krankheiten wie Leishmaniose oder Lyme Borreliose übertragen. Vorbeugen ist deshalb besser als heilen – es gibt viele Insektenschutzmittel auf dem Markt. Stiche oder Bisse können einen kleinen entzündeten, geröteten und geschwollenen Bereich zurücklassen, der normalerweise etwa einen Tag lang anhält. Stärkere Reaktionen beobachtet man bei Hunden, die auf bestimmte Stiche oder Bisse allergisch sind oder einen Stich in Gesicht oder Rachen erhalten. Beides kann zu schnellem Anschwellen und Atemnot führen und damit potenziell tödlich sein. Eine Notfallbehandlung ist also ggf. nötig. In schweren Fällen müssen die Hunde evtl. intubiert werden (es wird ein Schlauch in die Luftwege eingeführt, damit Luft strömen kann) oder es wird eine Tracheostomie (s.S. 139) durchgeführt.

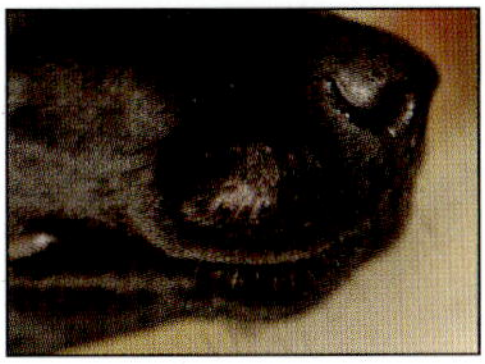

Eine solche Schwellung kann von einem Stich oder Biss kommen.

Schlangenbisse

Können durch das enthaltene Gift schwere Reaktionen auslösen. Suchen Sie sofort einen Tierarzt auf, wenn Sie wissen oder vermuten, dass Ihr Hund von einer Schlange gebissen wurde. Er muss Entzündungshemmer, eine Flüssigkeitstherapie und ein Gegengift erhalten, sofern dies erhältlich ist und die Art der Schlange, die ihn gebissen hat, klar ist. In den verschiedenen Ländern kommen die verschiedensten Giftschlangenarten vor; die Tierärzte vor Ort haben in der Regel die passenden Gegengifte der in ihrer Region vorkommenden Schlangenarten vorrätig.

In Gegenden mit Giftschlangenvorkommen können neugierig im hohen Gras schnüffelnde Hunde gebissen werden. Eine Notfallbehandlung ist dann überlebenswichtig.

Vergiftung

Vergiftungen können vorkommen, wenn der Hund Zugang zu Rattengift, Schneckenkörnern, Frostschutzmittel, Unkrautvernichter, Schokolade, Rosinen, Putzmittel, Medikamenten oder anderen Giftstoffen hatte. Eine Vergiftung kann man auch vermuten, wenn der Hund aus unerfindlichen Gründen Atemnot, unsicheren Gang, Blutungen oder Hämatome, übermäßiges Trinken oder Krampfanfälle zeigt.

- Manche Gifte wirken auch über Hautkontakt oder wenn der Hund sich nach Hautkontakt mit einem Gift sauberleckt. In solchen Fällen ist es wichtig, ihn vom Lecken abzuhalten. Abwaschen mit lauwarmem Wasser oder Seifenwasser kann hilfreich sein.

Was tun bei ***Ratten- oder Mäusegift?***

Hunde, die beim Fressen von Nagergift beobachtet wurden, müssen umgehend und intensiv behandelt werden. Wenn die Aufnahme noch nicht lange her ist, kann künstlich herbeigeführtes Erbrechen eine weitere Absorption des Gifts verhindern. Dies geschieht am besten in der Tierarztpraxis durch Injektion eines Emetikums (Brechmittels), im Notfall kann aber auch das Einflößen von Seifenwasser lebensrettend sein.

- Wenn die Giftquelle bekannt ist, nehmen Sie möglichst die Verpackung mit zum Tierarzt, weil die Angaben darauf ihm helfen, die richtige Behandlung zu bestimmen.
- Sie können sich auch bei einer Gift-Hotline vorab telefonischen Rat einholen. Bei manchen Giften kann die weitere Absorption durch das Herbeiführen von Erbrechen verhindert werden, bei anderen wiederum kann das genau falsch sein.
- Das Füttern absorbierender Mittel, die die Giftstoffe binden und aus dem Körper transportieren, kann ebenfalls hilfreich sein.
- Für manche Gifte sind spezielle Gegenmittel erhältlich. So kann Vitamin K nach der Aufnahme von Nagergift mit blutgerinnungshemmenden Wirkstoffen helfen.

In den meisten Fällen muss auch eine unterstützende Behandlung mit Medikamenten und Flüssigkeit stattfinden, um den Organismus zu stabilisieren und Begleitsymptome zu behandeln.

Stuhlgang

Manchmal bemühen sich Hunde vergeblich, Urin oder Kot abzusetzen. Dabei ist es schwierig zu sagen, womit genau sie Probleme haben, weil die Bemühungen immer ähnlich aussehen.
Die Unfähigkeit, Urin abzusetzen, ist ein ernstes Problem, weil die Blase überdehnen und sogar reißen kann. Der von ihr ausgehende Rückdruck kann Nierenschäden und ein Elektrolyt-Ungleichgewicht im Körper verursachen. Vergebliche Urinierversuche (die vor allem bei Rüden vorkommen) oder erschwertes Urinieren sind ein Notfall und müssen als solcher vom Tierarzt behandelt werden, da eine Blockade der Harnwege durch Erkrankungen wie Urolithiasis (Steinbildung), Schwellungen nach einer Verletzung oder eine Prostataschwellung die Ursache sein können.
Erschwerter Kotabsatz ist ein weniger dringender Notfall, sollte aber trotzdem prompt behandelt werden. Die Hunde mühen sich entweder, als ob sie Verstopfung hätten, haben Durchfall oder eine Erkrankung im Rektalbereich wie z.B. eine Prostataerkrankung oder einen Dammbruch (Perienalhernie).

Schwierigkeiten beim Wasserlassen können auf eine Blockade der Blase hinweisen. Das ist ein Notfall, der sofort tierärztlich behandelt werden muss.

Was tun bei ***Durchfall?***

Betroffenen Hunden tut in der Regel ein 24-stündiges Fasten mit einer anschließenden Schonkost (z.B. Reis und gekochtes, entbeintes Hühnchen im Verhältnis 2:1) gut, verteilt auf 4-6 Mahlzeiten pro Tag. Suchen Sie dringend einen Tierarzt auf, vor allem, wenn der Hund auch erbricht oder der Durchfall Spuren von Blut enthält.

Erbrechen

Erbrechen kann Anzeichen einer Darmblockade durch einen Fremdkörper sein (z.B. durch ein Spielzeug oder einen Stein), aber auch für eine Darmverschlingung oder eine Darmblockade durch eine Hernie. Leichteres Erbrechen kann, muss aber nicht ein Problem darstellen und sollte auf jeden Fall abgeklärt werden. Ein Notfall liegt jedoch dann vor, wenn der Hund wiederholt stark erbricht, besonders, wenn er auch kein Wasser bei sich behalten kann oder wenn Blut oder bräunliches, teilverdautes Blut (mit dem Aussehen von Kaffeepulver) im Erbrochenen zu sehen ist. Lassen Sie den Hund nichts fressen und bringen ihn sofort zum Tierarzt. Zusätzlich zur Behandlung des Grundproblems ist evtl. ein intravenöser Tropf nötig, um eine Austrocknung zu verhindern. Eine evtl. nötige Operation zur Behebung eines Darmverschlusses oder einer Darmverschlingung muss schnell begonnen werden, da wegen der reduzierten Durchblutung sonst schon innerhalb von 2-4 Stunden Schäden am Darm entstehen, die tödlich sein können.

Vergebliche Brechversuche

- Erfolglose Brechversuche können noch problematischer sein, besonders wenn ein geschwollener Bauch, Bauchschmerzen und Kollaps hinzukommen.
- Wiederholte erfolglose Versuche zu schlucken, erbrechen und zu würgen können auf eine Magendrehung hinweisen.
- Wenn der Magen anschwillt und sich dreht, kann er zusammen mit der Milz von der Blutversorgung abgeschnitten werden. Schwere und potenziell tödliche Schäden können dann innerhalb von 2-4 Stunden entstehen.

Dies ist eine Notfallsituation, die sofortiges tierärztliches Eingreifen erfordert.

Abgebissene Spielzeugteile können verschluckt werden und eine Blockade im Darm verursachen. Erbrechen ist eins der Symptome dafür.

Scheidenausfluss

Scheidenausfluss kann bei einem ansonsten gesunden Hund auf eine Vaginitis, die Hitze oder sogar auf eine beginnende Geburt hindeuten. Er kann aber auch von einer Pyometra, einer potenziell tödlichen Gebärmutterinfektion, stammen. Schwäche, Atemlosigkeit, starker Durst und Erbrechen können weitere Symptome sein. Hündinnen mit ungewöhnlich starkem, blutigem oder eitrigem Ausfluss oder die zu ungewöhnlicher Zeit in die Hitze kommen können eine Pyometra haben und müssen sofort tierärztlich untersucht werden. Meistens ist eine Notoperation zur Entfernung der Gebärmutter (Ovariohysterektomie) nötig.

Bei trächtigen Hündinnen kann der Ausfluss auch mit Schwierigkeiten bei den Geburtswehen zu tun haben und auf Behandlungsbedarf hinweisen.

Eine schnelle Untersuchung ist wichtig, da ggf. ein Kaiserschnitt gemacht werden muss.

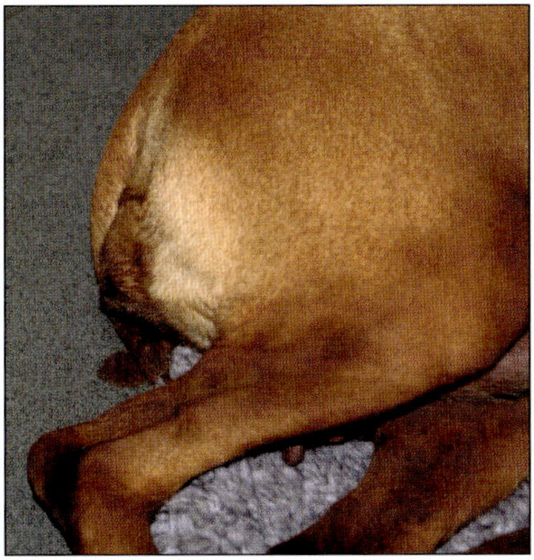

Eitriger Scheidenausfluss deutet auf Pyometra hin, eine ernsthafte Erkrankung, die schnell behandelt werden muss.

Pyometra

Bei einer Pyometra ist der normalerweise kleine und leere Uterus einer nicht trächtigen Hündin geschwollen und entzündet.

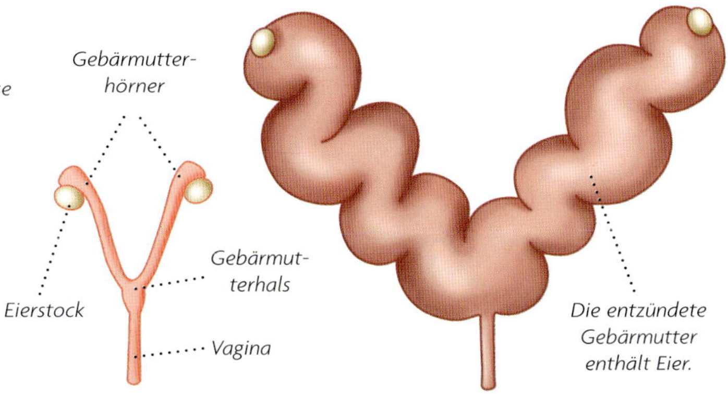

Euthanasie

Leider sind nicht alle Krankheiten heilbar. So gut man Hunde auch pflegt – sie können unter tödlichen Erkrankungen leiden oder einfach an einen Punkt gelangen, an dem das Alter stärker ist als sie. Es legen sich zwar manche alte oder kranke Hunde friedlich zuhause zum Sterben hin, aber bei vielen ist das leider nicht der Fall und sie kommen in ein Stadium, in dem das Leben zur Qual wird. Bei unheilbaren Krankheiten oder starken Altersbeschwerden und einer bis aufs Inakzeptable eingeschränkten Lebensqualität kann das Einschläfern (Euthanasie) dann die beste Lösung sein.
Natürlich möchten wir alle nicht daran denken, aber es kann der Tag kommen, an dem wir unserem kranken oder alten Hund in die Augen schauen und feststellen, dass das Licht in ihnen erloschen ist und sie keinen Lebensmut mehr haben. Kranke Hunde machen uns manchmal die Entscheidung leichter, wenn sie nicht mehr aufstehen oder fressen können. An diesem Zeitpunkt sollten Sie mit Ihrem Tierarzt die Möglichkeiten besprechen. Wenn die Entscheidung für eine Euthanasie getroffen wurde, kann diese sanft und mit Würde entweder in der Tierarztpraxis oder bei Ihnen zuhause durchgeführt werden.
In der Regel wird die tödliche Injektion während einer Vollnarkose dabei direkt in den Blutkreislauf gesetzt, meist in eine Vene am Vorderbein. Gehirn und Herz hören schnell zu funktionieren auf und der Tod tritt ein. Wenn Hunde aufgrund einer Erkrankung einen schwachen Kreislauf haben oder bei aggressiven Hunden, die schwer zu halten sind, kann dies etwas schwieriger sein und länger dauern. Nach dem Tod schließen sich die Augen des Hundes nicht, sondern bleiben offen. Blase und Schließmuskel können sich öffnen und es kann sein, dass noch ein paar Minuten lang Muskelbewegungen an den Gliedmaßen zu sehen sind. Der Tierarzt wird Ihnen all diese Vorkommnisse erklären können. Anschließend kann der Hund je nach örtlicher Vorschrift und den Gegebenheiten zuhause begraben, in ein Tierkrematorium oder in eine Tierkörperverwertungsanstalt gegeben werden.
Für viele Menschen hat der Tod eines geliebten Hundes die gleiche gefühlsmäßige Auswirkung wie der Tod eines Familienmitglieds und es schließt sich ein natürlicher Trauerprozess an. Manche Besitzer brauchen dabei auch Unterstützung. Zu bedenken ist auch der psychologische Effekt auf andere Hunde im Haus, die Zeichen von Zurückgezogenheit oder Appetitverlust zeigen können, wenn sie von ihren Kameraden getrennt wurden.

Natürlich hätten wir alle am liebsten, dass unsere Hunde uralt werden. Lebensqualität ist aber letztendlich das, worauf es ankommt.

Index

Index

Index

Index

Bildnachweis

Wir danken den folgenden Personen und Organisationen für Abbildungen:

Aquarius Veterinary Centre (Röntgenaufnahmen): 2 (u. Mitte), 37 (u. li.), 41 (o.re.), 49 (u.re.), 70, 72, 76, 91 (o.), 101, 102, 126, 131 (beide), 135, 138 (o.li.), 143, 159 (o.li.), 167 (beide), 172 (o. Mitte), 173, 177, 178

Roberta Baxter: 2 (o. Mitte), 5 (u.re.), 16 (li. Mitte, u. Mitte), 18 (u.re.), 32 (u.re.), 39 (o.), 47, 48, 53 (u.re.), 54, 55(u.li.), 61 (o.li.), 62 (beide), 63 (beide), 66, 78, 91(u.), 93, 95, 109, 112, 116, 119 (Mi.re.), 121, 129 (alle), 149 (beide), 151 (beide), 156, 159 (o.re.), 162, 163, 167 (u.Mi., u. re.), 171, 176, 181 (o., o. Mitte), 187, 189, 191 (alle), 193 (o.)

Jane Burton, Warren Photographic: 42, 106, 110, 11, 180

Melissa Causer: 43

Jamie David: 2(u.), 9 (Mi.), 36, 117, 141

Fotolia.com: 86(u.) (Valeriy Kirsanov)

Rob Gould: 18 (u.li.), 44 (beide), 50, 52, 53 (o.li.), 55 (o.re.), 56, 58, 61 (u.Mitte, u.re.), 67 (beide), 83 (u.), 108, 119 (u.li.), 128 (u.li), 147, 150, 155, 157, 197.

iStockphoto.com: 20 (Ivan Mayes), 34 (Michael Pettygrew), 136 (Jonathan Barnes), 181 (u.) und 195 (Dennis Minix), 196 (Erik Lam), 199 (Temelko Temelkov).

Chris Mattison: 181 (u. Mitte), 193 (u.)

Roddy Paine © Interpet Publishing: 30(u.), 31(u.li.)

Pet Blood Bank UK: 125

Geoff Rogers © Interpet Publishing: 2 (o.), 3,4,5 (o.li.), 6,7,8,9 (o.re., u.li., u.re.), 10, 11(li.), 12-15, 16 (o., o.Mitte), 17, 18(o.), 19 (o.re.), 21-29, 30 (o.), 31 (Mi.li.), 32 (o.li.), 33, 37 (u.re.), 41 (u.re.), 45, 49 (o.li.), 59, 66 (u.li.), 68, 73, 75, 79, 83 (o.), 86 (o.), 89, 97, 98, 100, 127, 132, 133, 138 (u.re.), 144, 146, 148, 154, 161, 168, 169, 172 (re. Mi.), 174, 182, 183, 185, 195 (u.re.)

Shutterstock.com: 113 (Paul Prescott)

Neil Sutherland © Interpet Publishing: 11(re.), 19 (u.re. alle), 31 (o.re.), 57

Ann Taggart: 103

Stuart Watkinson: 35

Danksagung

Danksagung

Wir danken den folgenden Personen für ihre Hilfe bei der Zusammenstellung des Buchs:

Jean Aldridge; Aquarius Veterinary Centre, Mildenhall, Suffolk; Bourne Hills Kennels;, Wherstead, Suffolk; Richard and Fiona Byerley; Christine Farthing; Ross Fisher; Christine Grantham; Julia Green; Jodene; Tessa Howe; Interpet Ltd., Sean Knights; Dave Marter, Tasha Noble; Pet Blood Bank UK; Vanessa Pooley, Otley College, Suffolk; William Rogers; Colin and Kay Sargeant; Jenny Shotton; Rachel S. Watkins; Meadow Farm Hydrotherapy, Diss, Norfolk; Ann Williams.